꿈속에서라도 꼭 한번 살고 싶은 곳

꿈속에서라도 꼭 한번 살고 싶은 곳

초판 인쇄 | 2016년 7월 10일
초판 발행 | 2016년 7월 15일

글 · 사진 | 신정일
책임편집 | 이용헌
펴 낸 이 | 윤용철
펴 낸 곳 | 소울앤북
주소 | 경기도 파주시 회동길 325-22 세화빌딩
전화 | 02-322-1350
팩스 | 02-322-6913
전자우편 | admin@seoulbooks.co.kr
출판등록 | 2014년 3월 7일 제406-2004-000088호

ISBN 979-11-952918-2-3 03980

꿈속에서라도 꼭 한번 살고 싶은 곳

소울앤북

책을 펴내며

옛사람들은 어떤 마음을 가지고 그들이 살 곳을 정했을까?

조선 시대의 실학자 이중환 선생은 수십 년 동안 나라 안을 떠돌면서 사람이 살 만한 곳을 찾고자 했었다.

"무릇 산수山水란 정신을 기쁘게 하고 감정을 화창하게 하는 것이다. 살고 있는 곳에 산수가 없으면 사람이 촌스럽고 거칠어진다. 그러나 산수가 좋은 곳은 생리生利가 풍부하지 못한 곳이 많다. 사람들이 자라처럼 모래 속에 숨어 살 수가 없고 지렁이처럼 흙을 먹지 못하는데, 한갓 산수만을 취해서 살 수는 없을 것이다.

그러므로 기름진 땅과 넓은 들, 그리고 지리地理가 아름다운 곳을 택하여 집을 짓고 사는 것이 좋다. 또한, 십 리 밖이나 혹은 반나절 걸을 수 있는 거리에 경치가 아름다운 산수가 있어서 가끔 생각날 때마다 가서 근심을 풀고, 혹은 머무르거나 자다가 돌아온다면 이것은 자손 대대로 이어나갈 만한 방법이다."

이중환의 『택리지』 '산수'편에 실린 글이다.

이 얼마나 탁월한 발상인가. 경치가 좋은 곳은 땅값도 비싸고 사람들이 들끓으니 삶터로서는 마땅치 않으니 십 리나 이십 리쯤 떨어진 곳에 집을 짓고 아침저녁으로 오간다.

이것이야말로 바로 내가 자연 속에 있으며, 자연이 되고, 그 자연 속에서 참다운 삶을 영위하는 첩경이 될 것이다.

필자는 이십여 년 전까지만 해도 그림 같은 강가에 작은 집을 짓고 말년을 지내고자 생각했다. 그곳이 섬진강이 될지 금강이 될지 아니면 낙동강이 될지 모르지만 답사 때마다 눈여겨보아 두었던 어느 한 곳을 택해 나의 말년을 의탁하리라 생각했다. 그러나 얼마 전부터는 그 계획을 완전히 접고 다른 계획을 세웠다. 어차피 나는 죽는 날까지 떠돌 것인데, 아무리 좋은 집을 짓고 산들 무슨 의미가 있겠는가? 주인이 집에 머물지 않고 며칠씩 떠나 있으면 누가 집을 관리하고 사랑해 준단 말인가?

하지만 필자처럼 살 수 있는 사람은 세상에 그리 많지 않을 것이다. 대다수 사람은 어딘가에 꼭 터를 잡고 살아야 하기 때문이다.

그러므로 다시 마음을 가다듬고 우리나라에서 가장 살 만한 곳이 어디일까를 정리해 보았다. 단지 하루나 이틀 머물다 떠나는 곳이 아닌, 평생을 이웃과 더불어 자연과 더불어 살고 싶은 곳.

이 책은 바로 그러한 곳을 찾아 수십 년 동안 헤매고 다니면서 옛사람들의 흔적과 사상의 궤적까지 오롯하게 담아 적은 것이다.

한편으로는 이중환 선생의 안목과 후학인 필자의 관점이 현대에 와서 합치한 것으로 볼 수도 있겠다.

아무쪼록 삶터를 구하는 사람에게 혹은 한 번쯤 바깥바람을 쐬고 싶은 사람에게 많은 도움이 되었으면 좋겠다.

2016년 7월

온고을(全州)에서 신정일 씀.

차
례

제1부_마음이 먼저 머무는 자리

제2부_천하의 기운을 품은 길지

제3부_선조의 숨결이 살아 있는 곳

제4부_세월이 지나간 자리

제1부

마음이 먼저 머무는 자리

장군봉에서 바라본 삼덕리와 한려수도

▶▶▶찾아가는 길

경남 통영시에서 통영대교를 건너면 진남초등학교가 있는데, 그곳이 미륵섬이다. 진남삼거리에서 1021번 지방도를 타고 좌측이든 우측이든 한려수도의 절경을 바라보며 따라가면 삼덕리에 이른다.

01 경상남도 통영시 산양읍 삼덕리

맑은 날씨와 역사의 숨결이 머물러 있는 곳

독일의 철학자인 니체는 자신의 글인 「자유분방한 자연」에서 이렇게 말했다.

"우리가 즐겨 자유분방한 자연自然 속에 있는 것은, 자연은 우리에 대해 아무런 생각도 품고 있지 않기 때문이다."

하지만 니체의 말과 달리 자연이 사람에게 말을 걸어올 때가 있다. 나직하게 속삭이듯 내게 이런 저런 얘기를 늘어놓다가 다음과 같이 속삭일 때가 있다.

'너! 여기 와서 한동안 살아 보지 않으련? 파도와 갈매기를 벗 삼고 인정이 차고 넘치는 바닷사람들을 이웃 삼아 한 시절을 살아 보지 않으련?'

이처럼 어김없이 필자가 찾아갈 때마다 달콤하게 유혹하는 땅이 있다. 많은 사람들에게 '한국의 나폴리'라고 불리는 경상남도 통영 부근이 바로 그곳이다.

그림처럼 아름다운 땅과 바다

남해 바닷가에 자리 잡은 통영은 한국 문학사의 기념비적인 작품인 「토지」를 낳은 박경리와 김상옥, 김춘수 등의 시인이 태어난 곳이다. 그리고 「깃발」의 시인 유치환과 극작가 유치진의 고향이기도 하다. 또한 분단 조국의 현실 속에서 평생

고향에 돌아오지 못한 채 독일에서 숨진 작곡가 윤이상과 화가 김형근, 전혁림도 이곳 통영의 아름다운 바다를 보고 꿈을 키웠다. 뿐만 아니라 비운의 화가 이중섭도 이곳에 있으면서 남망산 자락 아래 펼쳐진 통영의 풍경을 그림으로 남겼다.

통영은 남해의 푸른 바다와 올망졸망한 섬들이 펼쳐 놓은 풍경이 한 폭의 그림 같은 한려수도의 가운데쯤에 위치하고 있다. 남망산 공원에서 바라보면 마치 미륵이 누워 있는 것처럼 보이는 섬이 한눈에 들어오고, 그 앞으로 한려해상국립공원閑麗海上國立公園이 끝없이 펼쳐진다. 이 공원은 전남 여수에서 경남 통영 한산도閑山島 사이의 한려수도와 남해도南海島 · 거제도巨濟島 등 남부 해안 일부를 합쳐 지정한 세계적으로 보기 드문 바다 공원이다.

한려수도를 바라보는 삼덕리

미륵도의 미륵산 정상에서 보면 서쪽 멀리 원효대사와 의상대사가 수도를 했다는 남해 금산이 손에 잡힐 듯 눈에 들어온다. 그리고 비진도, 매물도, 학림도, 오곡도, 연대도 등의 크고 작은 섬들이 꿈길처럼 아스라한 바다 안갯속으로 떠오른다. 이에 뒤질세라 저도, 연화도, 욕지도, 추도, 사량도, 곤지도 등의 섬들도 앞다투어 달려들고, 문득 "사람들 사이에 섬이 있다. 나도 그 섬에 가고 싶다."라는 정현종의 시 구절이 떠오른다.

이처럼 아름다운 미륵도(미륵도는 통영대교, 충무교, 해저 터널 등으로 육지와 연결되어 있다.)의 일주도로를 달리다 멎는 곳이 통영시 삼양면 삼덕리 원항[院木]마을이다. 이 마을에는 오랜 역사와 전통을 자랑하는 마을제당이 남아 있는데, 그것이 바로 중요민속자료 제9호로 지정된 삼덕리 마을 제당이다.

삼덕리는 본래 거제현 지역에 속했다. 선조 때 고성현 춘원면에 편입되었다가 1900년에 진남군 산양면에 편입되었고, 1914년에 통영군에 편입되었다.

원목 북쪽에는 돌깨미라는 바위산이 있고, 남동쪽에는 동매라는 이름의 작은

장군봉에서 사량도로 지는 일몰

동산이 있다. 원목에서 남평리로 넘어 가는 고개가 원목곡이고, 원목 동쪽에 있는 골짜기 이름은 앳굴(골)이다. 원목 남쪽에 있는 개 이름은 당개(당포)라고 부르고, 장군봉 북쪽에 있는 마을은 '활목'이라 부르는 궁항弓項이 자리 잡고 있다.

궁항마을 입구에 서 있는 당산나무 밑에는 돌장승이 있는데 사시사철 막걸리 병이 놓여있다. 누군가가 기도를 드리고 간 흔적들이다. 언젠가 한번은 궁항마을에 차를 세우고 걸음을 옮기다가 막걸리 병이 놓여 있는 것을 발견하고는 객기가 동해서 동행한 도반들과 한잔 먹고 가자며 술을 따라서 마신 적이 있다. 그런데 하필 그때 오십대 중반의 마을 아낙네에게 들키고 말았다. 우리 일행은 체면이 서지 않고 부끄러운 마음에 얼굴을 붉히고 있는데, 그 아낙네가 뜻밖의 축원을 해주었다.

"복 받을 끼라. 장승 할배가 복 많이 줄끼라."

순간 필자로서는 막걸리도 배불리 먹고, 복도 생긴 셈이어서 아직까지도 따스한 추억을 간직한 곳이다.

당산나무는 생명의 유지력과 수태시키는 기능, 또는 악귀와 부정을 막아 주고, 소원을 성취시켜 준다는 당신堂神의 표상이라고 할 수 있다.

따라서 삼덕리에 있는 장군당, 산신도를 모신 천제당, 그리고 마을 입구에 서 있는 돌장승 한 쌍과 당산나무 등 모두 삼덕리 마을 제당 중요민속자료 제9호로 지정되어 있다. 이 마을 제당은 삼덕리 사람들의 다신적多神的 신앙 예배처이고 풍요와 안녕과 번영을 상징하는 곳이다.

아직도 마을 사람들이 그치지 않고 복을 비는 것은 이 제당이 신령함을 잃지 않고 있기 때문일 것이며, 한편으로는 이 지역 사람들의 믿음과 정성이 지극하기 때문이리라.

장군봉을 오르는 길

이 마을에서 가장 마음을 강하게 사로잡으며 머물고 싶은 곳이 장군봉이다. 장군봉으로 오르는 고갯마루에는 양쪽 길을 사이에 두고 돌장승 한 쌍이 서 있다. 남자 장승은 키가 90cm쯤 되고 여자 장승은 63cm쯤 된다. 원래는 나무로 만들어 세웠으나 70여 년 전에 돌로 만들어 세웠다고 전한다.

장군봉으로 가는 길은 이루 말할 수 없을 만큼 아름답다. 좌측으로 펼쳐진 삼

장군봉에 있는 사당-장군당

덕리 포구의 배들은 눈이 부시게 떠 있고, 내려다 보이는 마을은 그림 속처럼 편안하기만 하다. 울창한 나무 숲길을 헤치고 오르다 보면 암벽이 나타나고 경사가 급한 바윗길엔 밧줄이 걸려 있다. 평소 겁이 많은 사람들에게 쉬운 코스는 아니지만 조심스레 걸음을 내딛다 보면 어렵지 않게 앞으로 나아갈 수 있다. 그렇게 한참 오르다 보면 마당 같은 바위에 오르게 된다. 그곳에서 바라보는 미륵섬 일대는 험한 길을 오른 수고를 충분히 보상하고도 남을 만큼 아름다운 풍광을 선사한다.

거기서 다시 숲 사이 길을 조금만 더 오르면 산신도가 한 점이 걸려 있는 천제당이 있고 그 위쪽으로 장군당이 있다. 장군당에는 갑옷 차림에 칼을 들고 서 있는 산신 그림이 걸려 있는데 그림 속의 주인공은 고려 말 선죽교에서 이방원에게 피살당한 최영 장군이라고도 하고 노량해전에서 장렬하게 전사한 이순신 장군이라고도 한다. 어느 이야기가 맞는지는 몰라도 가로가 85cm 세로가 120cm쯤 되는 그림 앞에는 나무로 만든 말 두 마리가 서 있다. 이 지역에서는 이 말을 용마龍馬라고 부른다. 큰 말은 그 길이가 155cm이고 높이는 93cm쯤이다. 작은 말은 길이가 68cm이고 높이는 65cm쯤 된다. 두 마리 다 다리와 목을 따로 만들어 조립했다.

자세히 보면 그림이나 목마는 아주 빼어난 장인들이 만든 것이 아니고 일반인이 서툴게 만들었음을 알 수 있는데, 마치 소도시의 유원지에서 볼 수 있는 회전목마를 닮았다. 마을 사람들의 전언에 의하면 예전에는 말이 철마鐵馬였다고 하는데 그 철마가 없어진 뒤 목마로 대신했다는 것이다.

대부분의 굿당에서 말을 신으로 모시는 경우가 있는데 그 이유는 여러 가지다. 예로부터 말은 백마 혹은 용마라고 하여 신격화하는 숭배 전통도 있었고, 어떤 곳에서는 예전에 만연했던 마마병을 없게 해달라는 뜻으로 신으로 모시기도 했다고 한다. 그런가하면 어떤 경우에는 서낭신이 타고 다니시라고 말을 놓아두기도 했다.

또한 가끔씩 출몰하는 무서운 호랑이를 막기 위해 말을 만들어 두기도 했다. 그러한 경우를 보면 서낭당에 모셔진 말의 대부분은 뒷다리가 부러지거나 목이 부러져 있는데 그것은 말이 호랑이와 싸웠기 때문이라고 한다.

장군봉에서 바라보는 마을이 꿈길 같고

다시 길을 내려오다가 너른 마당 같은 바위에서 바라보면 서남쪽으로 쑥섬, 곤리도, 소장군도가 보이고, 북서쪽으로는 오비도, 월명도 등 크고 작은 섬들이 눈에 들어온다. 그 옆 서쪽으로는 통영시에 소속되어 있는 사량도의 지리망산이 한눈에 들어온다. 이곳에서 사량도 너머로 해가 지는 풍경을 바라본 사람은 가슴이 시리도록 아름다운 그 풍경을 오래도록 잊지 못할 것이다.

장군봉 동쪽에는 1932년에 창건된 대각사大覺寺라는 절이 있고, 장군봉 서쪽에는 덤바굿개라 부르는 곳이 있다.

한편 삼덕리 원항마을의 남쪽에 있는 당포마을은 1592년 6월 2일 이순신이 20여 척의 배로 왜선을 물리친 곳이기도 하다. 이곳에 있는 당포성은 경상남도 통영시 산양읍 삼덕리의 야산 정상부와 구릉의 경사면을 이용하여 돌로 쌓은 산성이다. 고려 공민왕 23년(1374) 왜구의 침략을 막기 위해 최영 장군이 병사들과 백성을 이끌고 축성했다고 한다.

그 뒤 선조 25년(1592) 임진왜란 때 왜구들에 의해 당포성이 점령당하였으나 이순신 장군이 병사들과 다시 탈환하였다. 이 전투가 바로 당포승첩이다.

성은 이중 기단을 형성하고 있는 고려 · 조선 시대 전형적인 석축진성(국경 · 해안지대 등 국방상 중요한 곳에 대부분 돌을 쌓아 만든 성)이며, 남 · 북쪽으로 정문터를 두고 사방에는 대포를 쏠 수 있도록 성벽을 돌출시켰다.

지금 남아 있는 석축의 길이는 752m, 최고 높이 2.7m, 폭 4.5m이고, 동 · 서 · 북쪽에는 망을 보기 위하여 높이 지은 망루터가 남아 있다. 문터에는 성문을 보호하기 위하여 성문 밖으로 쌓은 작은 옹성이 잘 보존되어 있다. 이 마을에도 원항마을의 돌장승과 비슷한 돌장승 한 쌍이 남아 있다.

한국의 나폴리라고 부르는 통영항

대한민국에서 가장 날씨가 좋은 땅

통영의 한산도에서 전라남도 여수에 이르는 한려수도는 우리 나라에서 남국의 정취를 즐길 수 있는 가장 아름다운 뱃길이다. 뿐만 아니라 통영 일대는 중앙기상대의 통계에 의하면 일 년 중에서 250일쯤이 맑기 때문에 가장 날씨가 좋은 지방이라고 한다.

그래서 조선 후기 삼도수군통제영의 통제사로 와 있던 벼슬아치가 정승으로 벼슬이 올라 이곳을 떠나게 된 것을 섭섭히 여겨 "강구안 파래야, 대구, 복장어 쌈아, 날씨 맑고 물 좋은 너를 두고 정승길이 웬 말이냐"라고 탄식했다고 한다.

일제 시대에는 이곳의 풍부한 수산물과 환경을 좇아 많은 일본 사람들이 몰려와 살았다.

미륵섬에서 바라다 보이는 한산도 일대는 세계 해전사에 길이 남을 전설적인 학익진이 펼쳐진 현장이다.

선조 25년(1592) 7월, 이순신 장군은 학이 날개를 펼친 모양의 진을 치고, 조선

수군이 싸울 힘을 잃고 퇴각하는 것으로 착각하고 추격하는 왜군 70여 척 가운데 59척을 격파하며 전쟁을 승리로 장식하였다. 이 한산도대첩은 행주대첩, 진주대첩과 함께 임진왜란의 3대첩에 든다. 통영이라는 지명은 이순신 장군이 설치했던 통제영을 줄여서 부르는 이름이다. 이 고장 사람들은 통영을 토영 또는 퇴영이라고 하는데, 이는 평양 사람들이 피양 또는 폐양으로 부르는 것과 같은 현상이다.

풍부한 수산물과 맑은 날씨, 빼어난 자연 풍광 외에 통영의 빼놓을 수 없는 자랑거리 가운데 통영갓이 있었다. 통제영 시대부터 이 나라에서 으뜸으로 꼽히던 통영갓은 무형문화재 제4호라는 것이 무색하게 요즘엔 그 쓰임새가 줄어들었다.

무형문화재 제10호로 지정되어 있는 통영자개, 즉 나전칠기도 기능보유자가 옻칠을 구하기 쉬운 원주로 옮겨가는 바람에 그 의미가 퇴색하고 말았다. 그뿐인가. 1930년대까지만 해도 이 노래를 모르면 한산도 사람이 아니라고 할 정도로 널리 불렸던 「한산가」라는 노래마저도 사라져가고 있다.

> 미륵산 상상봉에 일지맥一支脈이 떨어져서
> 아주 차츰 내려오다 한산도가 생길 적에
> (…)
> 동서남북 다 들러서 위수강을 돌아드니
> 해 돋을 손 동좌리東左里라.

「한산가」는 한산도 각 마을의 지명 유래와 그 아름다움을 표현한 가사체의 노래로 그 자체만으로도 중요한 인문학적 자료가 된다.

통영의 바닷가에 낙조가 내려앉으면 주변 풍광은 전혀 다른 모습을 보인다. 만선의 꿈을 안고 나갔던 배들이 꿈길처럼 아득한 바다를 가르며 하나둘 포구로 들어올 때면 하늘도 바다도 산도 온통 주황색으로 물들어 간다. 시간의 흐름에 따라 어둠이 홑이불처럼 섬들을 덮으면 멀리 바다에는 고기잡이 어선들이 빛을 발하고 갈매기 소리 끊긴 섬들은 눈을 감는다.

쑥섬, 관리도, 소장군도, 사량도, 오비도를 지나 멀리 고성 일대와 남해 일대가 산수화처럼 펼쳐진 미륵섬에서 해가 뜨고 지는 풍경들과 뱃고동소리, 파도 소리가 귓가를 간질인다. 이런 곳에서 아름답고 신비로운 풍광을 벗 삼아 한 시절을 보낸다면 그 누구라도 신선이 되지 않을까?

명옥헌 전경

▶▶▶찾아가는 길

전남 담양군 고서면에 있는 고서 사거리에서 창평 쪽으로 난 826번 지방도를 따라 1.5km쯤 가면 오른쪽으로 '명옥헌 입구'라고 쓴 비석이 서 있고, 그곳에서 700m쯤 가면 좌측으로 보이는 마을이 후산마을이다.

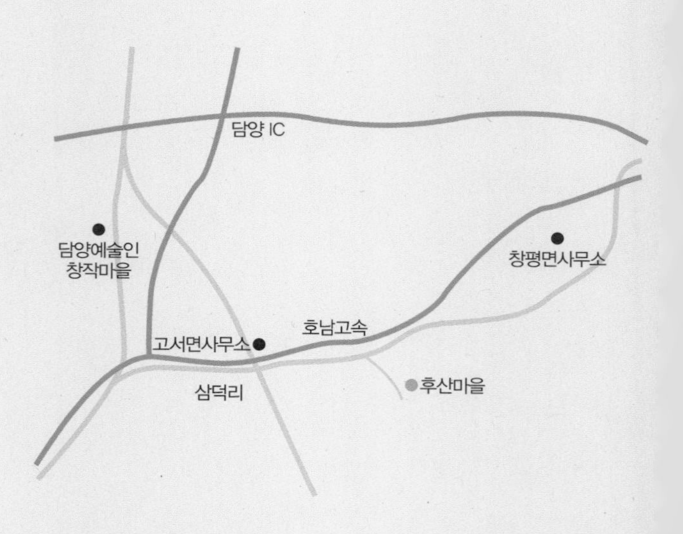

02 전라남도 담양군 고서면 산덕리 후산마을

그리움의 땅, 마음의 고향

"남방 사람은 낙타를 꿈꾸지 않고, 북방 사람은 코끼리를 꿈꾸지 않는다."

중국의 송나라 시대에 민간에서 회자되던 속담이다. 그들이 살고 있는 곳을 벗어나지 않으면서도 자족하고 산다면 더 이상 다른 것들이 필요하지 않을 것이기 때문이다. 산수가 아름답고 땅이 비옥하여 사람들의 정신과 삶이 풍요로웠던 곳, 영산강의 상류에 자리 잡은 전라남도 담양이 그러한 마음을 갖게 만드는 곳 중의 하나이다.

혹자는 담양을 일컬어 '정자문화권'의 중심지라고 부른다. 송강정, 식영정, 면앙정 등의 이름난 정자들이 곳곳에 자리 잡고 있기 때문이다.

그중에서도 담양군 고서면 산덕리에 자리 잡은 명옥헌은 빼어난 주변 풍광 덕에 많은 사람으로부터 사랑받고 있다.

어린 시절의 따뜻한 기억을 되살리는 땅

산덕리는 본래 창평군 북면의 지역으로 1914년 행정구역을 통폐합하면서 언동, 후산, 상덕리, 운월리 일부를 병합한 뒤 고서면에 편입되었다.

지형이 연꽃처럼 생겼다는 연동(언동)은 옛날 목수가 막을 짓고 살았다고 해서 막적골이라고도 부른다. 그 연동마을에 이르기 전에는 명옥헌 정원 입구라고 쓰인 비석이 서 있고, 그곳을 조금 지나서 가면 좌측에 보이는 마을이 후산마을이다.

마을 입구에 들어서면 마을 전체가 한눈에 들어오는데, 어린 시절을 시골에서 자란 사람들의 기억 속에 있는 듯한 마을의 정취가 물씬 풍겨 와서 처음 찾는 사람들도 전혀 낯설다는 느낌이 들지 않는다. 마치 어린 시절 보았던 외가를 찾아온 것처럼 마음이 편안해진다.

내 기억 속에 맨 처음 외갓집을 갔던 때가 초등학교 저학년 때였다. 깊숙한 산골 진안에서 익산시 왕궁면으로 가는 길은 멀기만 했다. 어머니와 함께 고향에서 코빵빵이라고 불리던 버스를 타고 임실, 성수를 거쳐 임실역에 닿았고, 임실역에서 삼례까지는 완행열차를 탔다. 삼례역에서 외가마을까지는 빠른 걸음으로도 한 시간 반쯤 걸렸는데, 마을 입구에 들어서자마자 어머니를 기억하는 사람들의 반가운 인사를 받으며 외갓집에 도착하면 늙으신 외할머니가 "아이고, 우리 외손자 왔네" 하며 버선발로 반기던 곳이 유년의 외갓집이었다.

후산마을에 들어서면 그날의 풍경처럼 포근한 기억들이 훈훈하게 되살아난다. 작은 저수지에 그늘을 드리운 버드나무들을 바라보며 고샅길에 들어서면, 집집마다 담장 위에 늘어진 감나무에 감들이 소담하게 달려 있는 것도 정겹다.

인조가 찾아와 혁명을 논의했던 곳

후산마을 중앙에 있는 은행나무는 행정이 또는 계마수繫馬樹라고도 부르는데, 둘레가 열두 아름이고, 그 나이가 500여 년쯤 된다. 이 나무와 관련하여 조선 시대 임금인 인조와 관련된 이야기 한 편이 전해 온다. 인조가 왕위에 오르기 전인 능양군 시절에 호남지방을 두루 돌아다니다가 이 마을에 살고 있던 오희도를 만나러 왔고, 그때 이 나무에 그가 타고 온 말을 매었다는 것이다. 별 이야기가 아닌 것 같지만, 훗날 왕위에 오른 인조와 인조반정에 기여한 선비 오희도의 만남이 서린 곳이기에 이 나무는 우리 역사의 증인으로 오늘날까지 남아 있는 셈이다. 이 나무는 전라남도 기념물 제45호로 지정되어 있다.

후산마을 남쪽에 있는 들은 바다처럼 넓고 크다고 해서 한바대 또는 대해평大海坪이라고 부른다. 그리고 마을 앞에 있는 방죽은 골방죽이라고 부르는데 연이 많아서 연방죽이라고도 부른다.

송강정 오르는 길

후산마을의 고샅길을 조금 따라서 가면 명옥헌 입구에 이른다. 명옥헌明玉軒은 후산 남쪽에 있는 정자로 옆 바위에 명옥헌이라는 글자가 새겨 있다. 소나무가 그늘을 드리운 바로 아래, 연못을 덮고 있는 꽃나무가 목백일홍이라고 부르는 배롱나무다. 꽃이 피기 시작하면 백일 동안 지지 않는다고 해서 목백일홍이라고도 부르고 모내기 철에 피기 시작하여 그 꽃이 질 때에야 벼가 익는다고 하여 쌀밥나무라고도 부른다. 옷을 벗은 모양이므로 간지럼을 잘 탈 것 같다고 해서 간지럼나무라고도 부른다. 배롱나무는 한 번 피면 쉽게 지지 않으므로 선비들은 지조의 꽃으로 여겼고, 효성스런 마음을 상징한다 하여 부모의 묘 곁에다 심었던 꽃나무다.

후산마을에 명옥헌을 조성한 사람은 오희도의 아들 오명중이었다. 광해군 시절, 아버지 오희도는 어지러운 세상을 등지고 외가가 있는 이곳에 내려와 망재忘

齋라는 조촐한 서재를 짓고 살았다. 그 무렵 훗날 임금에 오른 능양군이 이곳으로 찾아와 혁명에 대한 이야기를 나누었다고 한다. 그러한 인연으로 오희도는 인조반정 후에 한림원 기주관이 되었지만 일 년 만에 천연두를 앓다가 죽고 말았다. 그 뒤 30여 년의 세월이 흐른 1652년 오희도의 넷째아들 오명중이 아버지의 뜻을 이어받고자 아버지가 살던 터에 명옥헌을 짓고 연못을 조성한 뒤 배롱나무를 심었다. 여름 한철 눈이 부시게 아름다운 배롱나무꽃이 피어나는 명옥헌이라는 정자 이름은 정자 곁을 흐르는 계곡의 물소리가 마치 구슬처럼 떨어지면서 운다고 하여 붙여진 이름이다.

정자의 서편에 작은 연못이 있고, 그 가운데에 바위가 섬처럼 놓여 있으며, 그 연못에도 배롱나무꽃이 눈부시게 피어 있고, 아랫자락에 조성된 연못의 상류 쪽에는 길옆으로 배롱나무와 푸른 소나무가 그림처럼 늘어 서 있다.

이곳 명옥헌을 보면 오늘날 사람들 사이에 회자되는 '자본資本이 명당明堂'이라는 말이 어쩌면 틀린 말이 아닐지도 모른다는 생각이 든다. 노동력을 헐값에 부릴 수 있는 과거의 일이라고 해도 이만한 연못을 파고 정원을 조성하려면 적지 않은

송강정과 죽록정 두 개의 현판이 걸린 송강정

자금과 시간이 소요되었을 것이기 때문이다.

"돈으로 행복을 얻을 수는 없지만, 명당 같은 땅을 만들 수는 있다. 하지만 그곳은 '명당 같은 땅'이지 엄밀하게 '명당'은 아니다."

전 서울대학교 지리학과 교수이자 풍수지리가인 최창조 선생의 말이다. 하지만 명옥헌 주변은 오랜 세월의 더께가 쌓인 탓에 지금은 진실로 사람이 머물러 살고 싶은 땅이 되었다.

산덕리의 도장골은 도장곡이라고도 부르는데, 쟁거정이 동쪽에 있는 골짜기로 예전에 오한림, 정귀용, 송시열 등의 위패를 모신 도장사道藏祠라는 이름의 사당이 있었다. 도장사는 1825년에 창건되었다가 1868년 대원군이 서원을 철폐할 당시 없어졌으며 지금은 수풀만 무성하다.

도장골 북쪽 골짜기는 한때 절이 있었으므로 절안산골이라고 부르며, 절안산골 남쪽에 있는 쌍룡골은 쌍용이 다투는 형국이라고 한다. 또 두말재 동쪽에 있는 택거리바위는 끝이 길쭉하게 빠져나와 턱걸이 하기에 좋다고 하며, 택거리바위 동쪽에 있는 지각굴은 예전에 제각祭閣이 있었던 곳이다.

후산 동쪽에는 목맥산木麥山 또는 매물산이라고 부르는 산이 있는데, 그 산 동쪽에는 형세가 호랑이처럼 생긴 호봉산虎峯山이 있으며, 호봉산 동남쪽에는 광대봉이 있다.

후산 남쪽의 뒷매라고도 부르는 등성이에는 산등에 독(바위)이 박혀 있다고 해서 독배기이고, 독배기 동쪽 모랭이는 아기당이 있었다고 해서 애기당몰랭이며, 그 동쪽에 있는 부엥바위는 부엉이 집이 많다고 해서 붙여진 이름이다. 또한 된까끔은 부엥바위 동쪽에 있는 산으로 경사가 심해서 오르기가 힘들다고 해서 붙여진 이름이며 된까끔 동쪽에는 마당처럼 널다란 마당바위가 있다.

『택리지』는 조선 중기의 실학자인 이중환이 20여 년간에 걸쳐 나라의 이곳저곳을 답사한 뒤에 '과연 사대부들이 터를 잡고 살 만한 곳이 어디인가'에 대해 적은 책이다. 나라 안에 수많은 살 만한 곳들이 언급되어 있는데, 택리지에 기록되지 못한 '사람이 살 만하고 경치가 빼어난 곳' 중의 한 곳이 무등산 자락에 자리 잡은 원효계곡 일대이다.

무등산 자락의 원효계곡

무등산 북쪽 원효계곡에서 흘러내린 물이 모여 이룬 광주호 주변에는 16세기 사림문화가 꽃을 피웠던 곳으로 식영정, 소쇄원, 환벽당, 취가정, 독수정, 풍양정 등의 정자들이 자리 잡고 있다.

기름진 들이 넓었던 담양에는 큰 지주가 많았고 그 경제력에 힘입어 봉건시대의 지식인들이 터를 잡고 살았다. 그들은 중앙 정계로 진출했다가 벼슬에서 물러난 후에는 이곳에 터를 잡고 말년을 보내면서 후진을 양성하기도 했지만 그보다 그들이 이 지역에서 활동을 하게 된 연유는 16세기 조선 사회를 뒤흔들었던 사화士禍 때문이었다.

담양군 남면 연천리에 있는 독수정은 이백의 시 구절인 "백이숙제는 누구인가, 홀로 서산에서 절개를 지키다 굶어 죽었네"에서 따온 이름으로 고려 공민왕 때 병부상서를 지낸 전신민이 처음 세웠다.

담양군 고서면 원강리에 있는 송강정은, 정철이 율곡이 죽은 1584년 동인들의 탄핵을 받아 대사헌을 그만두고 돌아와 초막을 짓고 살던 곳이다. 정철은 우의정이 되어 조정에 나가기까지 4년 동안을 이곳에서 머물면서 「사미인곡」과 「속미인곡」을 비롯한 여러 작품들을 남겼다.

전남 담양군 남면 지석리 광주댐 상류에 있는 소쇄원은 남쪽으로는 무등산이 바라보이고, 뒤로는 장원봉 줄기가 병풍처럼 둘러쳐져 있는데 이 터를 처음 가꾸었던 사람은 양산보였다.

15세에 아버지를 따라 서울로 올라간 양산보는 조광조의 문하에서 수학, 신진

정암 조광조의 제자 양산보가 조성한 소쇄원

사류의 등용문이었던 현량과에 합격하였으나 벼슬을 받지는 못했다. 그 해에 기묘사화가 일어났고 조광조는 화순 능주로 유배된 뒤 그곳에서 사약을 받고 죽었다. 세상에 환멸을 느낀 양산보는 고향으로 돌아와 별서정원 소쇄원을 일구면서 55세로 죽을 때까지 자연에 묻혀 살았다. 흐르는 폭포와 시냇물을 가운데 두고 대봉대에서 외나무다리를 지나 그 주위를 한 바퀴 돌면서 감상하도록 만들어진 소쇄원에는 열 채쯤의 건물들이 있었다고 하는데 지금은 대봉대, 광풍각, 제월당만이 남아 있다. 자연의 풍치를 그대로 살리면서 계곡, 담벼락, 연못, 폭포, 계단, 다리 등을 적절하게 배치하여 자연스러움을 연출한 소쇄원을 우리나라 정원문화의 최고봉 또는 건축문화의 백미라고 평가하고 있다.

세월의 흐름을 확인시켜 주기라도 하듯 식영정 근처에는 그 사이 가사문학관이 들어섰지만 식영정으로 오르는 돌계단만은 옛날 그대로이다. 십 년이면 강산이 변한다는 것은 이미 옛말이고 2년도 안 되어 강산이 변하는 것이 요즘 세상이다. 광주호가 들어서서 옛 모습을 상상하기란 쉽지 않지만 댐이 생기기 전 이 앞의 냇가에는 배롱나무가 줄을 지어 서 있었으므로 자미탄이라고 불렀다 한다.

성산 자락에 자리잡은 식영정은 서하당 김성원이 스승이자 장인이었던 석천 임억령을 위해 1569년에 지은 정자다. 식영정이라는 이름은 『장자』의 고사 중에서 "도를 얻은 뒤 제 그림자마저 지우고 몸을 감춘다."는 식영론을 인용한 것인데 이곳의 경치와 주인인 임억령을 찾아 수많은 문인들이 드나들었다. 송순, 김윤제, 하서 김인후, 고봉 기대승, 백광훈, 고봉 송익필, 고경명 등이 그들이었으며, 그중에서 김덕령, 김성원, 정철, 고경명을 식영정의 4선이라고 불렀다. 그러나 오늘날의 식영정은 스승의 자취보다 제자 송강의 터로 더 유명해졌다. 서하당 김성원의 가계가 몰락한 후 성산별곡을 지은 송강의 후손들이 이 정자를 사들여 관리해 온 탓에 정자 마당에는 송강문학비가 들어 서 있고 입구에도 '송강가사의 터'라는 기념탑이 서 있다.

식영정에서 자미탄을 건너 마을 길을 버리고 산길을 올라가면 환벽당이 있다. 서화당을 세운 김성원과 환벽당을 세운 김윤제는 자미탄 위에다 다리를 놓고 서로 오가며 한세월을 보냈다고 한다. 나주목사로 재직하던 김윤제는 을사사화가 일어나자 고향인 충효리로 돌아와 환벽당을 짓고 말년을 그곳에서 보냈다.

정쟁에 환멸을 느낀 조선 시대 선비들의 낙향은 우리나라 지방문화를 풍요롭게 이끄는 큰 요인이 되었다. 특히 유배지에서 책을 벗하며 수많은 저작 활동을 통해 우리나라의 인문학적 자원을 풍성하게 만들었다, 물론 그것이 그들이 원했던 삶은 아니었을지도 모른다. 그들은 지방에서 학문에 정진하는 동안 세상에 나아가 보다 더 큰 뜻을 펼치겠다는 마음이 간절했을 것이다.

현대인들은 무언가를 하면서 살아야 한다는 강박증에 시달리고 있기 때문에 갈수록 우울증 환자들이 늘어나고 있다. 돈을 벌기 위해서, 이 사회에서 도태되지 않기 위해서, 우리는 끊임없이 무언가를 하고 또 한다. 그러면서도 늘 부족함을 느끼는 것은 무슨 까닭일까? 욕심의 크기가 클수록 그만큼 메워야 할 마음의 공간도 많아질 것이다. 그러니 우리가 느끼는 부족함의 크기가 곧 욕심의 크기는 아닐까.

낙조가 내려앉은 후산마을을 등지고 돌아 나오면서 필자는 '아무것도 하지 않는 삶'에 대해서 생각해 보았다. 아무것도 하지 않는 삶이라…. 때때로 우리는 곰의 겨울잠 같은 완벽한 휴식을 배워야 하지 않을까. 오래전 이곳을 찾았던 그 시절의 선비들처럼….

요선정에서 바라본 서강 풍경

▶▶▶찾아가는 길

영월에서 제천 쪽으로 38번 국도를 따라가다 북쌍리 삼거리에서 우회전하여 402번 지방도를 타고 가면 주천면이고 그곳에서 평창으로 가는 82번 도로를 따라 1.5km쯤 가다 좌회전하여 가면 수주면에 이른다. 수주면의 무릉리에서 9.2km를 가면 법흥사가 있는 절골이다.

03 강원도 영월군 수주면 법흥사 아랫마을

꿈길 같은 숲길을 지나 적멸보궁에 이르니

"바람이 산들산들 불어온다. 그 바람은 덥지도 차지도 않고 세거나 약하지도 않게 기분 좋도록 분다. 그 바람이 갖가지 보석 그물과 보석 나무 사이를 스치고 지나가면 한없이 미묘한 법음을 내고 갖가지 우아한 덕의 향기를 풍긴다. 이 같은 소리를 듣거나 향기를 맡으며 번뇌의 때가 저절로 사라지고 덕풍이 몸에 닿으면 심신이 저절로 상쾌해진다."

『무량수경』에 나오는 말이다. 그렇게 아름다운 바람을 맞는다는 것은 얼마나 상쾌하고 즐거운 일일까? 그 바람을 두고 마거릿 애드워드는 다음과 같이 말하기도 했다. "바람결에 무엇이 있는지 물어보라. 신성한 것이 무엇인지 물어보라."

신성하기도 하고 산뜻해서 안아 주고도 싶은 바람을 생각하다 보면 자연스럽게 생각나는 곳이 있다. 나라 안에 다섯 군데밖에 없는, 적멸보궁을 간직한 절 법흥사가 있는 강원도 영월군 수주면 법흥리이다. 이 지역은 본래 영월군 우변면 지역인데, 1914년 행정구역 개편에 따라 사자리, 도곡리 일부를 병합하고 법흥사의 이름을 따서 법흥리라고 지었다.

도화동과 무릉동이 이곳에 있으니

이중환은 『택리지』에서 이 근처를 일컬어 "치악산 동쪽에 있는 사자산은 수석이 30리에 뻗쳐 있으며, 법천강의 근원이 여기다. 남쪽에 있는 도화동과 무릉동도 아울러 계곡의 경치가 아주 훌륭하다. 복지福地라고도 하는데 참으로 속세를 피해서 살 만한 지역이다."라고 하였다,

아름드리 소나무가 우뚝우뚝 솟아 있는 사자산은 높이가 1,150m로 법흥사를 처음 세울 때 어느 도승이 사자를 타고 온 산이라고 한다.

사나삼과 옻나무, 그리고 가물었을 때 식량으로 사용한다는 흰 진흙과 꿀이 있는, 그래서 네 가지 보물이 있는 산, 즉 '사재산四財山'이라고 부르기도 한다. 바로 이 산에 신라 때의 고승 자장율사가 지은, 구산선문九山禪門 중에 한 곳인 법흥사가 있다.

> "치생治生(생활의 법도를 세움)을 함에 있어서는 반드시 먼저 지리地理를 가려야 한다. 지리는 물과 땅이 아울러 탁 트인 곳을 최고로 삼는다. 그래서 뒤에는 산이고, 앞에 물이 있으면 곧 훌륭한 곳이 된다. 또한, 널찍하면서도 긴속緊束해야 한다. 대체로 널찍하면 재리財利가 생산될 수 있고, 긴속하면 재리가 모일 수 있는 곳이다."

조선 시대의 풍운아인 허균이 지은 『한정록』에서 밝힌 여러 가지 중 사람이 살아갈 만한 조건을 갖춘 곳이 바로 법흥사 부근이다.

영월군 주천면을 지나 주천강을 따라가다가 요선정이 있는 미륵암 부근에서 법흥천을 거슬러 올라가다 만나는 곳이 광대평廣大坪이다. 법흥리에서 가장 들이 넓고 전답이 많았다는 광대평을 지나 한참을 오르면, 고기가 물결을 희롱하며 놀고 있는 형국, 즉 유어농파遊魚弄波형의 명당이 있다는 응어터(응아대) 마을이 나

온다. 그곳에서 법흥사 아랫마을 대촌大村이라고도 부르는 사자리는 멀지 않다. 깊숙한 산골인데도 제법 넓게 펼쳐진 들판에서 관음사 가는 길과 법흥사 가는 길로 나뉜다.

대한불교조계종 제4교구 월정사의 말사인 법흥사는 신라의 자장율사가 643년(선덕여왕 12년)에 당나라에서 돌아와 오대산 상원사, 태백산 정암사, 영취산 통도사, 설악산 봉정암 등에 부처의 진신사리를 봉안하고, 마지막으로 이 절을 창건한 뒤 진신사리를 봉안했으며 당시 절 이름은 흥녕사였다.

그 뒤 헌강왕 때 절중折中이 중창하여 선문구산禪門九山 중 사자산문獅子山門의 중심 도량으로 삼았다. 징효대사 절중은 사자산파를 창시한 철감선사 도윤의 제자로 흥녕사에서 선문을 크게 중흥시킨 인물이다. 그 당시 헌강왕은 이 절을 중사성中使省에 예속시켜 사찰을 돌보게 하였다. 그러나 이 절은 진성여왕 5년인 891년에 불에 타고 944년(혜종 1년)에 중건했다. 그 뒤 다시 불에 타서 천 년 가까이 작은 절로 명맥만 이어오다가 1902년 비구니 대원각大圓覺이 중건하고 법흥사로 이름을 바꾸었다. 1912년 또다시 불에 탄 뒤 1930년에 중건했으며, 1931년 산사태로 옛 절터의 일부와 석탑이 유실되었다.

자장율사가 창건한 다섯 개의 적멸보궁 중의 한 곳인 법흥사 적멸보궁

주차장에 차를 세우고 사자산 쪽을 바라보면 흥녕사에서 선문을 크게 열었던 징효대사 절중(826~900년)의 부도와 부도비가 서 있다. 징효대사의 부도비(보물 제 612호)에는 그의 행적과 당시의 포교 내용이 새겨 있고 고려 혜종 1년에 세웠다는 기록이 남아 있다.

소나무 숲이 너무도 아름다운 절

나라 안에 이름난 소나무 숲이 많지만 필자는 법흥사의 적멸보궁으로 올라가는 길에 있는 소나무 숲을 가장 좋아한다.

"나무는 별에 가 닿고자 하는 대지의 꿈이다."라는 빈센트 반 고흐의 말을 입증이라도 하듯 하늘을 찌를 듯 우뚝우뚝 솟아 있는 아름드리 소나무 숲길을 걸어 올라가면 법흥사 선원이 나온다. 선원 오른쪽에는 항상 흐름을 멈추지 않는 우물이 있는데 그 우물에서 목을 축인 뒤, 다시 구부러지고 휘어진 오솔길을 돌아 올라가면 적멸보궁이 나타난다. 정면 3칸, 측면 2칸의 팔작집(네 귀에 모두 추녀를

적멸보궁 뒤편에 있는 법흥사 부도

달아 지은 집)인 적멸보궁 안에는 불상이 안치되어 있지 않고 유리창 너머 언덕에 석가모니의 진신사리를 봉안하였다는 사리탑이 보인다.

하지만 진신사리 탑일 것이라는 부도탑은 실제로는 어떤 스님의 부도일 뿐이다. 정작 진신사리는 영원한 보존을 위해 자장율사가 사자산 어딘가 아무도 모르는 곳에 숨겨두었다고 한다.

그런 까닭에 가끔씩 사자산 주변에 일곱 빛깔의 무지개가 서린다고 한다. 사리탑 옆에는 자장율사가 수도했던 곳이라는 토굴이 마련되어 있고 그 뒤편 사자산의 바위 봉우리들이 웅장한 자태를 뽐내고 있다. 적멸보궁에서 내려오는 길에 우뚝우뚝 서 있는 소나무를 만날 수 있다. 어쩌면 오랜 그리움의 한 자락 같기도 하고 보고 싶은 어떤 사람의 상징 같기도 한 그 소나무 중 한 그루를 골라 '내 사랑 소나무' 혼잣말을 하고서 두 팔로 껴안아 본다. 콧속을 파고드는 나무 향기와 품안에 까실까실하게 다가오는 고적함을 즐기며 한참을 그렇게 서 있기도 한다. 살을 부대끼면 정이 더욱 커지는 법일까? 가끔씩 법흥사를 떠올릴 때마다 그 소나무와 더불어 적멸보궁으로 가는 길에 만나는 휘어지고 굽어 도는 서러움 같은 것이 떠올라 주체하지 못할 때가 있다.

법흥리 부근은 산이 높고 골이 깊기 때문에 가파른 고개들이 많다. 도마니골에서 엄둔으로 넘어가는 재는 엄둔재라 하고, 어림골에서 주천면 판운리로 넘어가는 고개는 숲이 무성하다 하여 어림치라고 부르며, 법흥리에서 횡성군 안흥면 상안흥리로 넘어가는 고개는 안흥재이다.

법흥사 북쪽에 있는 고인돌에서 평창군 방림면 운교리로 넘어가는 재는 마루턱에 서낭당이 있어서 당재이고, 절골에서 도원리로 넘어가는 재는 널목재, 절골에서 엄둔으로 넘어가는 고개는 능목재라고 부른다. 법흥리 서북쪽에 있는 마장동은 예전에 말을 먹이던 마을이고, 웅어터 동남쪽에 있는 무릉치마을은 임진왜란 당시 평창군수 권두문權斗文과 이방 지智씨가 함께 왜놈들에게 포로로 잡혔다가 탈옥하여 수풀이 무성한 이곳으로 넘어왔다고 해서 지어진 이름이다.

서강 변의 한반도 마을

마음도 머물고 몸도 머물고 싶은 계곡

법흥천을 따라 한참을 내려오면 주천강과 백덕산에서 내려온 두 물줄기가 만나는 곳인 수주면 무릉리의 작은 산에 요선정邀僊亭이라는 아담한 정자가 있다. 정자에는 숙종 임금이 지은 시詩와 이곳을 찾았던 여러 선인들이 남긴 글들이 걸려 있다. 그 앞쪽으로는 물방울같이 생긴 큰 바위가 있으며, 바위에는 마애여래좌상이 새겨 있다. 통통한 두 눈과 큼지막한 입, 코, 귀를 가진 마애여래좌상은 상체는 비교적 원만한데 하체가 워낙 커서 보기에 부자연스럽다. 뒤쪽에는 바라보기에도 아찔한 벼랑 위에 커다란 너럭바위가 있고 오래된 소나무가 그 벼랑에 길게 드리워져 있다. 소나무 가지 사이로는 백덕산과 구룡산에서 흘러내린 두 물줄기가 하나로 만나는 풍경이 펼쳐진다.

다시 멀리 눈길을 돌리면 산들은 첩첩하고 강에 푸른 실타래를 풀어놓은 듯 거침 없이 흐르는 평창강의 물줄기가 눈 속으로 파고든다. '그래, 저 강물은 흐르고 흘러 서강이 되고, 한반도마을과 선바위를 지나 영월읍에서 동강과 몸을 섞은 뒤 다시 남한강으로 태어나 단양, 충주, 여주로 흘러갈 것이다.'

요선정에서 주천강을 바라보는 것도, 대촌에서 첩첩히 포개진 백덕산을 바라보는 것도 좋은 일이지만, 이처럼 절묘한 산수山水와 오래된 나무들이 살아 숨 쉬는 곳에 자리를 잡고, 아침과 저녁을 맞는다면 얼마나 좋을까?

> 사랑하는 사람을 가지지 말라
> 미운 사람을 가지지 말라

사랑하는 사람은 못 만나 괴롭고

미운 사람은 만나서 괴롭다.

『법구경』의 한 구절이다.

사람이 아닌 자연을 두고 연모의 정을 품는다면 그것은 비정상일까? 만나지 못해 괴로워질 때면 나는 먼 길 마다치 않고 달려가 무릉리 마애여래좌상이나 법흥사를 찾아가 망연히 앉아 있는다. 그래도 채워지지 않는 것이 있으면, 마애여래불과 소나무, 그리고 잔잔하게 흐르는 강물을 바라보면서 "나는 흘러가는 모든 것을 사랑한다."던 제임스 조이스의 말 한마디를 떠올린다.

"산봉우리들이 비스듬히 물과 구름 속으로 뻗치니 푸른 나귀를 거꾸로 타고 저녁바람에 선다."고 노래했던 송지와 "하나하나 시속時俗을 물으니 화락和樂하여 옛 풍속이 있네."라고, 영월 땅을 노래했던 정구의 시 한 구절을 떠올려 보기도 한다. 흐르는 물빛에 덩달아 세월도 흐른다. 그 사이로 산그림자는 저문 강물 위에서 짙어지고, 그리고 지금도 세월은 어김없이 흐르고 있다.

금강 너머 보이는 청마리 마을 전경

▶▶▶찾아가는 길

옥천군 동이면의 금강휴게소의 아랫길로 난 길은 금강의 본류이고 그 길을 구비구비 따라가면 조령리, 합금리를 지나 청마리에 닿는다. 또 다른 길은 안남면 소재지에서 575번 지방도를 따라 7km쯤 가다가 평촌마을에서 비포장도로를 가다보면 청마리에 닿는다.

04 충청북도 옥천군 동이면 청마리

세상 사는 마음을 가르치는 땅

조선 중기의 학자이자 문신인 김정국金正國은 중종 때 기묘사화己卯士禍로 삭탈관직당했다가 복관되어, 전라감사가 되고 뒤에 병조참의 · 공조참의 · 형조참판 등을 지냈다. 그가 한번은 오로지 재산만을 모으기 위해 혈안이 되어 있는 친구에게 다음과 같은 편지를 보냈다.

> "두어 칸 집에 두어 이랑 전답을 갖고 겨울 솜옷과 여름 베옷 각 두어 벌 있었으며, 눕고도 남는 땅이 있고 신변에는 여벌옷이 있으며, 주발 밑바닥에 남는 밥이 있었소."
>
> "여기에 따라야 할 것은 오직 서적 한 시렁, 거문고 하나, 햇볕 쬘 마루 하나, 차를 달일 화로 하나, 늙은 몸 부축할 지팡이 하나, 봄 경치 찾아다닐 나귀 한 마리면 족할 것이요."
>
> "그러면서 의리義理를 지키고 도의道義를 어기지 않으며, 나라의 어려운 일에 바른 말 하고 사는 것이 그 얼마나 떳떳하오."

세상을 잘 사는 방법

김정국은 인생에 있어서 가장 바람직한 일은 재산을 모으는 것보다 문화생활을 영위하고 사람에 대한 애정을 가지고 의리를 지키면서 세상에 대한 도의를 지키고 사는 것임을 역설한 것이다.

생각해 보면 소박하기 그지없는 삶이지만, 현대를 살면서 이처럼 욕심 없이 살기란 무척 어려운 일이다. 때문에 필자는 간혹 이런 생각을 한다. 땅이 사람의 삶을 이끄는 것은 아닐까. 욕망이 넘쳐나는 땅에 사는 사람들은 욕망을 주체하지 못하고, 소비와 자본이 풍부한 땅에서는 비대해지는 욕심 때문에 끊임없이 마음의 허기를 느끼는 것은 아닐까. 그래서 도시인들의 삶이 점점 더 피폐해지는 것은 아닐까.

이런저런 생각을 하다 보면 사람의 마음을 살찌우게 하는 땅은 없을까 마음속에 그리게 된다. 사람이 사람답게 살도록 이끄는 땅, 충청북도 옥천군 동이면 청마리青馬里에 가서 필자는 참으로 그런 땅을 만났다는 생각을 하였다.

청마리는 비교적 교통이 원활한 금강의 중상류에 있지만 부근에 대청댐이 자리 잡고 있어서 주변의 다른 지역과 달리 교통이 불편하다. 하지만 지금은 그 좁던 비포장 길이 포장이 되면서 어느 정도 교통문제가 해결되었다.

청마리로 가기 위해서는 옥천군 동이면으로 가는 방법이 있고, 옥천군 안남면 소재지에서 575번 지방도를 타고 가는 방법도 있다. 금강에 접어들기만 하면 비단결보다 더 아름답게 펼쳐진 강이 산과 산 사이로 길을 내면서 만들어 낸 절경이 눈에 들어온다. 이렇게 절경에 마음을 빼앗긴 채 길을 따라가다 강 건너 보이는 마을이 바로 청마리다.

이 지역은 본래 옥천군 군동면 지역인데, 1914년 행정구역 통폐합에 따라 청동리, 가덕리, 마티리, 갈마리, 지장리 일부를 병합하여 청동青洞과 마치馬峙의 이름을 따서 청마리라고 한 뒤 동이면에 편입되었다. 말티마을 건너편인 청성면 합금

合金리는 본래 청산군 남면 지역으로 금강 가에 위치하고 있는데, 이 마을에서는 사금이 많이 났기 때문에 금과 관련된 이름이 많았다. 쇠대(금대) 또는 쇠보루(금현리)라는 이름들과 아랫쇠대(하금), 웃쇠대(상금) 등이 합금리 주변에 있는 마을 이름이다.

말티마을은 강으로 막혀 있어 나룻배로 강물을 건너야 마을로 들어갈 수 있었다. 1970년대만 해도 60여 가구가 살고 있었지만 산업사회에 접어들면서 대부분의 주민이 도시로 떠나고 지금은 불과 십여 가구가 살고 있을 뿐이다. 수년 전 청성면 합금리에서 말티마을 이장님에게 들은 이야기가 있다.

> "옛날에는 길이 소로였고 이쪽 사람이 옥천시장을 갈라면 저 나루를 건너가서 말재를 넘어 갔어요. 이곳 도로가 나니까 역순이 되었지요. 저기 물이 불어 안 보이지만 평상시에는 건널 수 있는 다리가 있어요. 지금은 또 걷는 세상이 아니니까 말재로 다니지 않고 이 길로 해서 가고 있지요. 말재 너머 동이면 지탄리로 해서 수봉리를 거쳐 옥천을 갔지요. 우리 마을에서는 대보름날 탑신제를 지내지요. 저 학교 뒤편에 탑과 솟대, 그리고 장승이 서 있는 탑신제당이 있고 저 짓대봉(깃대봉) 쪽에 서 있는 소나무가 산신제를 드리는 곳이지요. 솟대를 우리들은 진대라고 부르고 오리라고도 하지요."

대청댐이 시작되는 그 첫머리에 있는 청마리는 강물이 불지 않을 때에는 다리를 건너갈 수 있지만, 장마 때나 물이 불어날 때는 배를 타고 들어가는 마을이다. 마을 건너편에 보면 언제나 배 한 척이 매어져 있는데, 고즈넉한 풍경 속에 외롭게 떠 있는 나룻배가 또 그림처럼 아름다운 풍경을 만들어 낸다. 마을로 가기 위해 다리를 건너다 보면 여울져 흐르는 강물에 크고 작은 물고기들이 거슬러 오르는 것이 보이는데 이 또한 사람들의 마음을 빼앗곤 한다,

마법 같은 자연의 유혹에 빠져들지 않고 무사히 다리를 건넌 뒤, 마을 양쪽으로 흐르는 작은 내를 따라 조금 올라가면 돌탑과 솟대가 보인다. 이곳이 바로 마

을의 풍년과 평안을 기원하던 곳이다. '제신당' 또는 '탑신제당塔身祭堂'이라고도 불리는 신당 유적인 청마리제당은 해마다 정월 대보름이면 장승제를 지내는 곳이다. 마티리는 윤년에는 솟대와 장승을 만들어 세우는데 청마리제당은 옥천군 동이면 청마리에 자리하고 있으며, 막돌을 둥글게 쌓아올린 탑 · 장승 · 솟대 · 산신당으로 이루어져 있다. 탑은 절에서 흔히 보는 모습과는 달리 크기가 일정하지 않은 돌을 쌓아 위로 갈수록 좁아지는 형태이며 꼭대기에 길다란 돌 하나가 솟아 있다. 그 옆의 솟대는 약 5m의 높이로, 긴 장대 끝에 나무로 깎은 새의 모습을 얹어 두었다. 장승은 통나무에 사람의 모습을 먹으로 그렸는데, 마을을 지키는 수문장 역할을 하고 있다. 산신당은 뒷산의 소나무를 신이 깃든 나무로 여겨 모시고 있다. 마을에서는 매년 음력 정월 보름날 탑-솟대-장승의 순으로 제사를 올리며, 제사가 끝나면 농악대가 이곳들을 찾아다니며 굿을 하여 마을의 풍년과 평안을 빈다고 한다.

청마리 돌탑

산신제를 지내는 나무는 60여 년 전까지만 해도 어른 여섯 명이 손을 맞잡아 두를 만큼 큰 소나무가 있어서 그 나무에 제사를 지냈으나 그만 그 나무가 죽고 말았다. 이후부터는 그 다음으로 큰 나무에 제사를 지내고 있다 한다.

그런데 놀라운 사실은 말티마을의 제신당이 부족국가 시대부터 전해 내려왔다는 것이다.

솟대는 샤머니즘 문화권에서 공통으로 볼 수 있는 것으로 하늘과 인간 세상, 땅속을 꿰뚫는 우주의 축이자 신의 세계와 사람의 세계를 이어주는 역할을 하였다. 그러나 우리나라에서는 조선 후기 이래 농경문화에 통합되면서 우순풍조雨順

風調를 비는 농업 수호신이 되었다. 이 마을에서는 솟대를 세운 장대에 숯검정과 황토로 선을 나란히 그려, 검은 용과 누런 용이 하늘로 올라가는 모양을 나타냈는데 이것 역시 우순풍조를 빌기 위한 것이다. 그러나 1978년에 장대에다 두 용을 나란히 그리지 않고 X자로 꼬이게 그렸더니 여름에 홍수가 나서 큰 피해를 보았다고 한다. 말티마을의 탑과 장승, 솟대는 이러한 개별적인 의미를 모두 지니면서 한데 뭉뚱그려져 마을로 들어오는 못된 귀신이나 역병, 도적 등 액을 막아 마을을 지키고 풍년을 비는 마을신 구실을 하고 있었으며 이 마을 탑신제당은 충청북도 민속자료 제1호로 지정되어 있다.

그래서 이 마을에서는 해마다 섣달에 생기복덕을 가려 제주를 뽑고 정월 초순에 날을 잡아 산신제를 지내며 대보름날 아침에 유교식으로 탑신제를 지낸다. 제주는 제사를 지내기 전에 냉수로 목욕하고 부정한 일을 한 사람을 접하지 않는 등 금기를 지키며 몸을 청결히 한다. 탑신제는 탑-솟대-장승의 순서로 지내는데 솟대와 장승의 경우는 따로 제물을 마련하지 않고 탑제 때 쓴 제물을 나눠서 지낸다. 장승과 솟대는 4년마다 오는 윤년에 새로 세우고 예전 것은 잘 썩도록 옆에 뉘어 놓는다. 특히 솟대를 오리보다는 새쪽에 가깝다고 보는 청주대 김영진 교수는 "이 솟대는 마한馬韓 땅인 충청남도와 전라도에 남아 있고, 그나마도 원형대로 보존된 게 이 말티마을뿐이다."고 말한다.

세상의 이치는 모시며 사는 것

예전에는 모든 제사 과정이 훨씬 더 복잡하고 엄격했지만 근래에는 많이 생략한 채 지내고 있다. 또한 이 마을에선 솟대와 장승으로 쓰일 나무를 베어 올 때 고사를 지내고 "이 나무는 산주와 협의해 빌었으니 산신님도 그런 줄 아시오."하고 아뢴 후 제주가 도끼로 한 번 찍으면 마을 사람들이 나무를 베어 마을로 옮겨 오면서 노래를 부른다.

청마리의 나무 장승

모셔 가세 모셔 가세. 천하장군 모셔 가세.
모셔 가세 모셔 가세. 지하장군 모셔 가세.
모든 악귀 물리치실 추악신을 모셔 가세.
영신신령 주신 선물 조산들로 모셔 가세….

그런 다음에 솜씨 좋은 주민에 의해 천하대장군과 지하여장군을 만든다. 정월 보름날 아침 원추형으로 쌓아올린 탑신 앞에서 제주와 풍물꾼들, 그리고 각 집안의 대주들이 모여 탑신제를 지내며 솟대 앞에서 다시 한 번 제를 지내고 천하대장군, 지하여장군 순서로 장승제를 지낸다.

장승제가 끝나면 곧바로 마을 사람들은 제물을 재빨리 집어다 먹는다. 제물을 먼저 먹는 사람이 그 해에 재수가 좋다는 속설이 있기 때문이다. 제사가 끝난 후에 마을 사람들은 잡신雜神들을 위한 제물을 따로 마련해 주는데 그것은 일종의 고수레 의식이라고 볼 수 있다.

그리고 저녁이 이슥해지면 마을 사람들이 언덕에 나무를 쌓아 올려서 달집을 만든 다음 보름달이 두둥실 솟아오르는 순간에 불을 붙인다. 불길이 제법 활활 타오르면 "불이야!"하고 소리를 질러 마을 사람들을 놀라게 하는데 그것이 액을 막는 '달집태우기'이다.

제사는 이때부터 축제로 변한다. 마을 사람들은 저마다 잘하는 악기를 앞세우고 풍물굿을 벌이면서 신이 난 이들은 한쪽에서 덩실덩실 어깨춤을 춘다. 활활 타오르는 불길을 받는 마을 사람들의 얼굴은 신명 탓인지 열기 탓인지 벌겋게 상기된다.

전통을 지키며 어울림과 나눔의 미덕을 아는 사람들과 함께 어울려 산다면, 그리고 자연이 빚어 놓은 천혜의 절경 속에서 몸과 마음을 쉬게 한다면, 삶 그 자체가 한바탕 신명 난 축제가 아닐까? 청마리 말티마을과, 금강을 가장 아름답게 바라볼 수 있는 고현마을을 한가롭게 오르내리면서 하루하루를 보낸다면, 우리를 병들게 하는 온갖 욕망으로부터 자유로워질 수 있으리라.

'비단강'이라는 아름다운 이름을 가진 금강이 대청댐으로 접어드는 지점에 있기 때문에 교통은 상대적으로 다른 지방에 비해 불편하다. 그러나 강姜씨들이 터를 잡고 살았다는 강촌마을이나 아름다운 금강을 조망할 수 있는 고현마을이 가까운 곳 청마리는 그렇기 때문에 한가한 삶을 살고 싶은 사람이 한 번쯤은 꼭 살고 싶은 곳이다.

귀신사 뒤편에서 바라본 청도리 일대

▶▶▶찾아가는 길

전주시 효자동에서 712번 지방도를 타고 중인리를 지나서 청도재를 넘으면 유각마을이고, 바로 그 아래에 귀신사가 있으며 금산면 소재지이다. 원평에서 금산사를 가다가 백오동 삼거리에서 712번 지방도를 따라 3km쯤 가면 귀신사가 있는 청도마을이다.

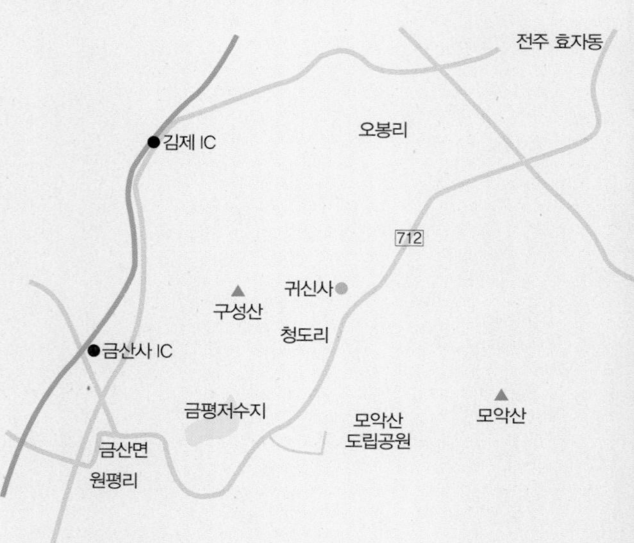

05 전라북도 김제시 금산면 청도리 귀신사 부근

내 마음의 명당

좋은 땅이란 어떤 땅을 말함인가? 아마도 그곳에 머물러 있을 때 가장 마음이 편안해지는 곳이 좋은 땅일 것이다. 누구나 세상이라는 강물을 숨 가쁘게 헤쳐가다 보면 지쳐서 쉬고 싶을 때가 있을 것이다. 그런 때 불현듯 가고 싶고, 가서 보면 머물고 싶고, 그리고 머물다 보면 몇 해쯤 살고 싶은 곳이 한 군데쯤은 있을 것이다. 필자에게는 모악산 자락의 김제시 금산면 청도리의 귀신사와 그 일대가 바로 그런 곳이다.

필자가 귀신사를 처음 갔던 때는 아마도 전주에 정착한 다음 해였으니, 삼십여 년의 세월이 흐르지 않았나 싶다. 가을이었고, 바람이 몹시 불던 저녁 무렵이었을 것이다. 당시 필자는 금산사를 찾아가는 길이었다. 그러다 문득 귀신사歸信寺라는 나무 간판이 눈에 띄었고, 무언가에 홀린 듯 무작정 발길을 재촉했다. 그렇게 찾아가서는 한눈에 마음을 빼앗겨 이후로 시도 때도 없이 찾아가게 되었으니, 필자의 '귀신사' 사랑도 어지간한 셈이다.

그런데 1980년대 후반에 필자는 귀신사 바로 아래 위치한 집에 터를 잡고 살 뻔했던 적이 있었다. 외지고 한적한 곳에 있는 집을 사서 살고자 여러 곳을 돌아다니다가 청도리에 좋은 집이 나왔다고 해서 찾아간 곳이 바로 그 집이었다. 하지만 그 집은 나의 몫이 아니었다. 내가 찾아가기 바로 며칠 전에 집이 이미 팔렸다고 했다. 아쉬운 마음에 매매가격이 얼마였냐고 물었더니 6백만 원이었다고 했다. "놓친 고기가 크다"는 말도 있지만 이미 늦은 걸 어떻게 하겠는가 생각하면서도 자위했던 것은, 새벽 예불 시간에 종소리가 들리면 며칠 동안은 괜찮겠지만 매일 새벽마다 울리는 소리가 곤한 잠을 깨운다면 그것 또한 매우 불편할 것이므로 오히려 다행이었다는 생각도 들었다. 그렇지만 귀신사를 가고 올 때마다 그 집을 바라보며 아쉬워하는 것은 그때나 지금이나 마찬가지다.

불현듯 가고 싶고 머물러 살고 싶은 곳

전주에서 시내버스를 타고 가다가 삼천三川이라고 부르는 세내다리를 건넌다. 용산리 · 황소리 · 독배마을을 거쳐 청도재를 넘어 유각마을을 지나서 좀 더 내려가면 청도리다.

청도리는 본래 전주군 우림면의 지역으로 1914년 행정구역 폐합에 따라 두정리, 동곡리와 금구군 수류면의 용정리 일부를 병합하여 청도리라고 한 뒤, 다시 전주군에 편입되었다가 1935년에는 김제군 금산면에 편입되었다.

청도리 마을회관 광장에 차를 세우면 바로 건너편에 귀신사가 보인다. 무성한 감나무가 그늘을 드리운 길은 마치 어린 시절 외갓집 가는 길의 풍경을 자아낸다. 작은 개울을 건너면 오래된 외양간이 보인다, 이십여 년 전만 해도 담쟁이 넝쿨이 수북이 덮은 나무 창틀 사이로 소 한 마리가 빠끔히 얼굴을 내밀면서 낯선 손님을 무심한 눈으로 바라보고는 했다. 그러나 어느 해부터 소가 사라져 버린 외양간에는 담쟁이 넝쿨만 무성하고 돌계단을 올라가면 귀신사에 닿는다.

귀신사歸信寺는 신라 문무왕 16년(676)에 의상대사가 세운 절로 창건 당시에는 국신사國信寺라 불리었다. 신라가 삼국을 통일한 후 정복지를 교화하여 회유하기 위해 각 지방의 중심지에 세웠던 화엄십찰華嚴十刹 중 하나로 전주 일대를 관할하던 큰 절이었다. 의상의 명으로 세워진 화엄십찰은 소백산의 부석사와 중악공산

귀신사 대적광전

의 미리사, 남악 지리산의 화엄사, 강주 가야산의 해인사, 웅주 가야협의 보원사, 계룡산의 갑사, 삭주의 화산사, 금정산의 범어사, 비슬산의 옥천사, 전주 모악산의 국신사 등으로 알려져 있는데, 의상대사 혼자의 힘이라기보다는 의상대사의 제자들이 힘을 합쳐 지은 것으로 추정된다. 하지만 지금은 그 옛날 여덟 개의 암자를 거느렸고, 금산사까지 말사로 거느렸다는 귀신사의 위용을 찾아보기 힘들다.

지친 신이 쉬러 돌아오는 자리

사기에 따르면 고려 때 원명대사가 중창하면서 절 이름이 구순사拘脣寺로 바뀌었다가, 조선 고종 10년에 고쳐 지으며 귀신사로 바뀌었다고 한다. 몇 년 전에 절 이름이 '혼령'을 뜻하는 '귀신'과 같다고 하여 국신사로 바꾸었다가 근래 다시 귀신사로 고쳤다. 고려 말에는 이 지역에 쳐들어왔던 왜구 300여 명이 주둔했을 만큼 사세가 컸으나 지금은 대적광전(보물 제826호)과 명부전, 요사채 등의 건물,

근래 들어 새로 지은 집 몇 채가 있다.

정면 5칸에 측면 3칸의 다포계 맞배지붕 집으로 양옆에 풍판을 달은 대적광전은 양쪽 처마가 겹처마이고 뒤쪽 처마는 홑처마로 된 것이 특징이다. 임진왜란 때 불에 타서 그 뒤에 복구했는데, 법당 안에는 삼신불, 즉 석가모니불을 중심으로 비로자나불과 노사나불을 모셨다. 모두 소조불로 1980년대에 금물을 입혔는데 건물에 비해 불상이 너무 커서 앉아서 바라보기가 거북하다. 완주 송광사에도 이와 같이 큰 불상을 볼 수가 있기 때문에 같은 시기에 같은 사람이 주조했을 것으로 추정하고 있다.

대적광전 뒤편으로 돌아가면 귀신사의 또 하나의 보물이라고 할 수 있는 돌계단이 있고, 그 양옆으로는 야생 차나무가 자라고 있다.

듬성듬성한 돌계단을 올라가면 오랜 세월 이 절을 지켜보았을 느티나무와 팽나무가 서 있다. 금실 좋은 부부나 의남매 같기도 한 느티나무와 팽나무가 어느 땐 나에게 말을 건네기도 한다. '우리들이 이곳에서 살게 된 지가 한 이백 년쯤 되었을까? 세월이라는 것이 하룻밤 꿈 같기도 하고 허깨비 같기도 하다고 오가는 사람들이 말하던데 그 말이 정말 맞는 것 같아.'

그랬을 것이다. 그 나무들이 침묵한 채로 지켜보는 세월 속에 귀신사 일대의 흥망성쇠가 고스란히 다 녹아 있을 것이다.

내 마음이 가장 편안해지는 곳, 내 마음의 자유, 내 마음의 평화가 있는 내 마음의 명당자리가 바로 이곳이다. 돌계단에 앉아 언제나처럼 나는 귀신사 일대를 내려다본다.

몇 그루 자라난 차나무의 잎들은 아직도 짙푸르고 대적광전 지붕 너머로 백운동마을은 평화롭다. 문득 한 줄기 바람이 뺨을 스치듯 지나가고 그 바람결에 "세상은 있는 그대로 내 마음에 드는구나!"라고 말했던 린세우스(괴테의 「파우스트」에 등장하는 인물)의 말소리가 들려온다. 그렇다. 이 절은 모두가 어지럽게 널려 있고 제멋대로 내던져진 듯하면서도 자세히 보면 질서정연한 모습을 갖추고 있다.

돌계단을 오르면 정면에 고려 시대에 세워진 것으로 추측되는 높이가 4.5m인 백제계 삼층석탑(전라북도 유형문화재 제62호)이 있다. 바로 그 옆에 엎드려 앉은 사자상 위에는 남근석이 올려져 있다. 풍수지리에 따르면 이곳의 지형이 구순혈狗脣穴이므로 터를 누르기 위해 세웠다고 알려져 있다. 구순혈이란 암캐의 성기를 닮은 땅을 일컫는데, 때문에 음기를 누르기 위해 남근석을 세워 땅의 기운을 다스리는 것이다.

귀신사 석수

백제계 삼층석탑이 서 있는 언덕에서 바라다보이는 백운동마을은 증산 강일순의 제자 안내성이라는 사람이 세운 '증산대도회'를 믿는 수많은 사람들이 모여 살았다. 그러나 지금 그들은 더러는 세상을 하직하였거나 마을을 떠나가 버려서 스무 채 남짓한 마을 사람들만 언젠가 올 그 날을 기다리며 살고 있을 뿐이다.

백운동마을에서 능선을 따라 내려가면 닿는 절이 금산사다.

호남지방 미륵신앙의 중심 도량인 금산사는 백제 법왕 때 임금의 복을 비는 사찰로 세워졌고, 신라 혜공왕 때 진표율사에 의하여 중창되어서 큰 절의 면모를 갖추었다.

법상종의 본산이었던 이 금산사를 이중환은 『택리지』에 이렇게 적고 있다.

"금산사는 모악산母岳山 남쪽에 있다. 절터는 본디 용추龍湫로서 깊이를 측량할 수 없었다. 신라 때 조사祖師가 소금 만 섬으로 메우니 용이 옮겨 갔다. 그대로 터를 쌓아 큰 불당을 세웠으며, 대웅전大雄殿 네 모퉁이 뜰 밑에는 가느다

귀신사 삼층석탑

란 간수 물이 둘러 있다. 지금도 누각이 높고 빛나며, 골이 깊숙하다. 또한 호남에서 이름난 큰 절이고, 전주부全州府와 가깝다. 『고려사高麗史』에 견신검甄神劍이 아비 훤萱을 금산사에 가두었다는 것이 곧 이 절이다."

문화재는 국보 제62호로 지정된 미륵전을 비롯 오층석탑과 석등석련대 등 보물 십여 점을 간직하고 있는 절로, 대웅전이 없고 미륵전에 있는 미륵불이 주불이다. 석가불은 대장전에 따로 모셔져 있다. 후백제를 세운 견훤이 금산사를 자기의 복을 비는 사찰로 중수했다는 설이 있지만 앞에서 인용한대로 견훤이 맏아들 신검과의 권력 다툼에 져서 한때 갇혀 지냈던 비운의 절이기도 하다. 고려 시대에 들어와 혜덕왕사가 절을 중수하였고, 조선의 선조 31년 정유재란 때에는 금강문 하나를 빼놓고 모조리 불에 타 버리는 비극을 맞는다. 지금의 건물들은 인조 때 완성되었으나 보물로 지정되었던 대적광전은 1987년 원인 모를 화재로 불타 버리고 최근에 그 자리에 다시 복원하였다.

금산사 미륵전은 아주 독특한 양식으로 팔작지붕에 3층 건물이지만 내부는 각 층간의 구별없이 통층으로 되어 있다. 그 안에는 동양에서 가장 큰 39척의 미륵상이 모셔져 있다. 진표율사가 만들었다고 전하는 미륵전의 미륵불은 불교신자들보다 증산교 신자들의 성자가 되어 그들의 발길이 끊이지 않는다.

증산 강일순이 살아서 입버릇처럼 "나는 미륵이니 나를 보고 싶거든 금산사 미륵불을 보라. 금산사 미륵은 여의주를 손에 들었으나 나는 입에 물었노라."고 말했기 때문이다.

이상문학상 수상작인 「숨은 꽃」의 작가인 양귀자의 표현대로 '영원을 돌아다니다 지친 신이 쉬러 돌아오는 자리'라는 귀신사의 분위기에 흠뻑 취해 있다 보면 이곳을 스쳐 지나갔던 사람들의 목소리가 바람 속에 실려 올 것 같기도 하고, 그들의 숨결이 다시 일어나서 속삭이는 듯한 착각에 빠져들기도 한다.

정여립의 웅지가 서린 제비산

귀신사 대적광전 지붕 너머로 바라다보이는 마을은 백운동이다. 그 마을에서 뒤로 난 길을 따라가면 위대한 어머니의 산인 모악산을 만날 수 있다.

모악산 자락 아래 호남의 거찰인 금산사가 있으며 이 일대를 청도리라고 부른다. 하운동夏雲洞은 청도 남쪽에 있는 마을로 화운동華雲洞이라고도 부르는데, 산능지에 있어서 바람이 잘 통하지 않는 곳이다. 하운동 남쪽에는 임금의 아내라는 뜻을 지닌 제비산帝妃山이 있고, 그 아래에서 조선 중기의 학자이자 혁명가인 정여립이 모두가 더불어 사는 세상을 만들기 위해 대동계를 조직했었다. 그러나 1589년에 일어난 기축옥사로 그의 큰 꿈이 꺾인 것은 물론 조선의 지식인 일천여 명이 희생당하고 말았다. 다만 그가 남긴 말은 아직도 남아 있어 그의 사상과 꿈을 미루어 짐작하게 할 뿐이다.

> "사마공司馬公이 『자치통감』에서 위魏나라를 정통으로 삼은 것은 참으로 직필直筆이다. 그런데 주자朱子는 이를 부인하고 촉한蜀漢을 정통으로 삼았는데, 후생後生으로서는 대현大賢의 소견을 알 수 없다. 천하는 공물인데 어찌 일정한 주인이 있으랴. 요堯·순舜·우禹가 임금의 자리를 서로 전했는데, 그들은 성인聖人이 아닌가? 또 말하기를 충신은 두 임금을 섬기지 아니 한다고 한 것은 왕촉王蠋이 죽을 때 일시적으로 한 말이고, 성현의 통론은 아니다. 유하혜柳下惠는 누구를 섬기든 임금이 아니겠는가?라고 하였는데, 그는 성인 중에 화和한 자가 아닌가? 맹자가 제齊나라, 양梁나라의 임금에게 천자天子가 될 수 있는 왕도정치王道政治를 권하였는데 그는 성인 다음 가는 사람이 아닌가?"

하운동 동북쪽에 있는 산이 깃대봉(262m)이고, 하운동 남쪽에 있는 산은 탁주봉이며, 하운동 서쪽에 있는 골짜기는 채봉골이다. 하운동 동쪽에 있는 등성이는 산제당이 있어 산제당골이고, 하운동 서남쪽에 있는 마을이 구리골이다. 동곡銅谷이라고도 불리는 이 마을에서 한말의 종교 사상가인 증산 강일순이 9년간에 걸쳐 세상의 도수를 바꾸었다는 천지공사를 행했다.

청도리에서 금구면 선암리로 넘어가는 고개가 살푸령재라고도 부르는 싸리재이고, 하운동에서 무악산으로 넘어가는 고개가 술바탱이라고도 부르는 씨름판날맹이다. 청도 북쪽 전주로 넘어가는 길목에 자리 잡은 마을이 유각有角마을이고, 하운동 북쪽에 있는 터는 옛날에 말을 매던 곳이라 해서 마룻등이다.

미륵 신앙의 본고장이자 동학의 고장이며, 화엄적 후천개벽을 꿈꾸었던 강증산과 차경석의 텃밭이 있는 곳이 바로 청도리이다. 그들이 이곳에 터를 잡고 새로운 세상을 꿈꾸었다는 사실은 결코 우연일 수 없을 것이다. 가끔씩 찾아가면 가슴이 훈훈해지고 문득 그리운 사람들을 만나 보고 싶은 곳이 이곳이기도 하다.

청도리의 어느 곳이건 터를 잡고서 귀신사 부근을 거닐며 한가함을 누리고 산다면 얼마나 마음이 풍요로울까?

귀신사 일대는 나처럼 조용함과 그윽함에 빠진 사람들이 즐겨 찾기에 이를 데 없는 곳이지만, 누구라도 한 번 찾은 사람은 그 은근한 맛을 잊지 못해 다시 찾게 되는 곳이다.

명당이란 사람의 마음을 편안하게 해 주고, 몸을 건강하게 만들어 주는 땅일 것이다. 귀신사에 다녀올 때마다 몸과 마음이 깨끗해지는 것을 느끼며 아쉬운 발길을 돌린다.

▶▶▶찾아가는 길

안동시 풍산읍에서 풍산평야를 바라보며 풍천 쪽으로 이어지는 916번 지방도로를 타고 가면 가곡리 삼거리에서 하회마을로 가는 길이 나타난다. 그 길을 따라 1.3km 쯤 가면 다시 병산서원 가는 길과 하회마을로 가는 길로 나누어진다. 그곳에서 병산서원까지는 4.2km이다.

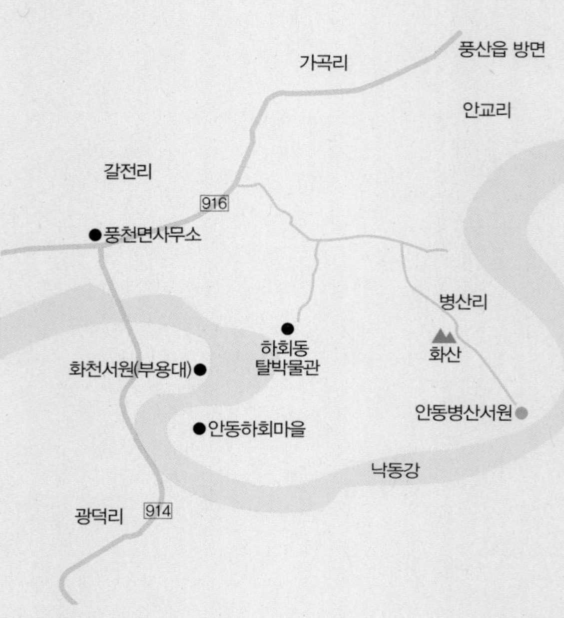

06 경상북도 안동시 풍천면 병산리 병산서원

도시 문명이 닿지 않은 해맑은 땅

조선의 큰 유학자 퇴계 이황은 "풍경 체험을 나눌 수 있는 마음 맞는 사람과 함께 떠나라."고 말했다. 여행을 할 때면 어디를 가는가도 중요하지만, 누구와 함께 가는가가 더 중요하다는 말이다. 안동시 풍천면에 있는 병산서원은 퇴계 선생의 충고를 받아들여 마음 맞는 사람과 가면 더없이 좋은 곳이다.

넓은 평야로 이름이 높은 안동시 풍산읍에서 하회마을 가는 길로 가다 보면 좌측으로 병산서원 가는 길이 보인다. 그 길에 접어들어 한참을 더 가면 그림처럼 비포장도로가 나타나고 낙동강을 왼쪽에 두고 털털거리며 길을 따라가면 마치 영화의 한 장면 같은 풍경들이 나타날 것이다.

마음 맞는 사람과 살고 싶은 곳

길은 산모퉁이를 휘돌아 가고 그 산 아래로 낙동강이 흐른다. 병산서원 가는 길은 관광객의 발길이 끊이지 않는 하회마을이나 도산서원 가는 길과는 판이하게 달라서 어느 곳에서 차를 세워도 강물소리가 귀를 간질인다.

병산서원 만대루

어느 지방 어디를 가더라도 도로포장은 다 되어 있는데 병산서원으로 가는 길은 아직도 포장이 되지 않았고 길도 비좁기 이를 데 없다. 그래서 대형 트럭이나 대형 버스가 지날라치면 한참을 실랑이가 벌어진다.

그런데 이처럼 열악한 교통 환경이 어쩌면 병산서원 일대의 자연 풍광을 보존하게 만드는 것인지도 모른다는 생각이 든다. 영국의 엘리자베스 여왕이 다녀간 뒤로 밀려드는 관광객 탓에 주민들이 장삿속에 밝아져버린 하회마을과는 전혀 다른 느낌을 준다. 그 길에 들어설 때마다 그리운 고향 길에 접어든 듯한 착각에 빠진다. 특히 찔레꽃 피는 5월쯤에 이 길을 지날라치면 열어 놓은 차창 너머에서 불어오는 찔레꽃 내음에 정신이 혼미해질 정도다.

"찔레꽃 붉게 피는 남쪽나라 내고향"이라는 한 대중가요의 노랫말 때문에 대다수 사람들이 붉은 꽃이라고 착각하는 그 꽃의 내음이 낙동강을 휘감아 돌 때 사과 과수원 길을 따라가면 병산서원 앞에 도착한다.

"서원은 성균관이나 향교와 달리 산천 경계가 수려하고 한적한 곳에 있어 환경의 유독에서 벗어날 수 있고 그만큼 교육적 성과가 크다."

영남학파의 거봉 퇴계 이황의 말이다. 그의 말대로 우리나라의 모든 서원은 경치가 좋거나 한적한 곳에 자리 잡았는데 병산서원만큼 그 말에 합당한 서원도 나라 안에서 그리 많지 않을 것이다.

병산서원은 학봉 김성일과 함께 퇴계 이황의 양대 제자 중 한 사람인 서애西厓 유성룡과 그의 아들 유전을 모신 서원으로 안동시 풍천면 병산리에 있다. 병산서원은 낙동강의 물돌이가 크게 'S'자를 그리며 하회 쪽으로 감싸고 돌아가는 위치에 있다. 서원의 누각인 만대루에 오르면 넓게 펼쳐진 누각의 기둥 사이로 조선 소나무들이 강을 따라 가지를 늘어뜨리고 흐르는 강물 건너에 우뚝 선 병산이 보인다.

유홍준 선생은 병산서원을 두고 이렇게 말한 바 있다.

> "이제 병산서원을 우리나라 내로라하는 다른 서원과 비교해 보면 소수서원紹修書院과 도산서원陶山書院은 그 구조가 복잡하여 명쾌하지 못하며 회재晦齋 이언적李彦迪의 안강 옥산서원은 계류에 앉은 자리는 빼어나나 서원의 터가 좁아 공간 운영에 활기가 없고, 남명 조식의 덕천서원은 지리산 덕천강의 깊고 호쾌한 기상이 서렸지만 건물 배치 간격이 넓어 허전한 데가 있으며, 환훤당 김굉필의 현풍 도동서원은 공간 배치와 스케일은 탁월하나 누마루의 건축적 운용이 병산서원에 미치지 못한다는 흠이 있다. 이에 비하여 병산서원은 주변의 경관과 건물이 만대루晩對樓를 통하여 혼연히 하나가 되는 조화와 통일이 구현된 것이니, 이 모든 점을 감안하여 병산서원이 한국 서원 건축의 최고봉이라고, 주장하는 것이다."

선조 41년(1608)에 편찬된 경상도 안동부 읍지인 『영가지永嘉誌』에 청천절벽晴川絶壁(맑은 물에 우뚝 솟은 절벽)이라고 표현된 병산 아래 병산담과 마라담馬螺潭이라는 깊은 소가 있어 운치를 더하고, 강변에 희디 흰 모래밭이 펼쳐져 있어 사람의 마음을 희롱한다.

그 병산을 바라보며 낙동강을 사이에 두고 서원을 품에 안은 산이 화산花山이다. 높이가 270m인 이 산은 풍천면 하회리와 병산리에 걸쳐 있는 산으로 그 형상이 꽃봉오리처럼 고우며, 산 위에 성황당이 있어서 해마다 정월 열나흘에 동제를 지낸다.

이 산 아래 삭식골이라는 골짜기가 있으며, 병산 앞강엔 인금리와 남후면으로 건너가는 병산나루터가 있었다.

만대루에 올라서서 어둠 내린 낙동강을 바라보면 "고향 그리운 사람 행여 높은 곳에 오르지 말라."고 노래했던 고려 때의 빼어난 시인 정지상의 시 구절이 생각난다. 절경을 바라보는 감상이 문득 그리움으로 변해 가슴을 아프게 만들기 때문이다.

만대루를 오르는 나무 계단 앞에 팻말이 있는데 거기에 적힌 글이 눈길을 끈다.

"마루를 올라갈 때는 신발을 벗고 올라가시오."

병산서원을 오랫동안 관리해 온 유시석 씨의 말에 의하면 조금만 관리가 소홀하면 마루에 신발을 신고 올라가는 것은 다반사고, 올라가서 음식을 먹지 않나 잠을 자지를 않나 도저히 감당할 수가 없단다. 몇 사람의 몰지각한 행동 때문에 만대루의 문화적 향취를 즐길 수 없게 된다면 그 얼마나 안타까운 일인가. 자연을 내 몸처럼 문화재를 내 집처럼 생각하고 대하는 마음가짐을 가질 수는 없을까?

피서철만 되면 한 보따리씩 짊어지고 와서는 한껏 놀다가 주변 정리도 하지 않고 얌체같이 몸만 빠져나가는 사람들 때문에 이 아름다운 자연이 몸살을 앓는 걸 보면 마음이 언짢다.

"병산 앞이 아직까지 오염되지 않은 곳이라고 언론매체에 알려진 뒤로 사람들이 너무 많이 와가지고 해수욕장이나 다름없었어요. 텐트를 많이 치고 자니까 쓰레기도 많이 생기고 어떻게 해야 좋을지 모르겠어요."

본래 서원은 선현들의 제사를 지내고 지방 유생들이 모여 학문을 토론하거나 후진들을 가르치던 곳이었으나 갈수록 향촌 사회에 큰 영향을 미치면서 사림 세력의 구심점 역할을 했다. 사림들은 서원을 중심으로 그들의 결속을 다졌고 세력을 키운 뒤 중앙 정계로 진출할 기반을 다졌다.

병산서원은 1613년에 정경세鄭經世 등 지방 유림의 공의로 유성룡柳成龍의 학문과 덕행을 추모하기 위해 존덕사尊德祠를 창건하여 위패를 모시면서 설립되었다. 본래 이 서원의 전신은 고려말 풍산현에 있던 풍악서당豐岳書堂으로 풍산 유씨柳氏의 교육기관이었는데, 1572년(선조 5년)에 유성룡이 이곳으로 옮긴 것이다. 1629년에 유진柳袗을 추가 배향하였으며, 1863년(철종 14년) '병산'이라는 사액을 받아 서원으로 승격되었다. 성현 배향과 지방 교육의 일익을 담당하여 많은 학자를 배출하였으며, 1868년(고종 5년) 대원군의 서원철폐 시 훼철되지 않고 보존된 47개 서원 중의 하나로 살아남았다. 경내의 건물로는 존덕사 · 입교당立教堂 · 신문神門 · 전사청典祀廳 · 장판각藏板閣 · 동재東齋 · 서재西齋 · 만대루晩對樓 · 복례문復禮門 · 고직사庫直舍 등이 있다.

묘우廟宇(원래는 중국에서 조상들을 제향하는 종묘였으나, 민간 신앙에서는 여러 신을 모시는 제당 역할을 한다)인 존덕사에는 유성룡을 주벽主壁으로 유진의 위패가 배향되어 있다. 존덕사는 정면 3칸, 측면 2칸의 단층 맞배기와집에 처마는 겹처마이며, 특히 기단 앞 양측에는 팔각 석주 위에 반원구의 돌을 얹어 놓은 대석臺石이 있는데 이는 자정에 제사를 지낼 때 관솔불을 켜 놓는 자리라 한다.

강당인 입교당은 중앙의 마루와 양쪽 협실로 되어 있는데, 원내의 여러 행사와 유림의 회합 및 학문 강론 장소로 사용하고 있다. 입교당은 정면 5칸, 측면 2칸의 단층 팔작기와집에 겹처마로 되어 있으며, 가구架構는 5량樑이다. 신문은 향사 시 제관祭官의 출입문으로 사용되며, 전사청은 향사 시 제수를 장만하여 두는 곳이다. 장판각은 민도리집 계통으로 되어 있으며, 책판 및 유물을 보관하는 곳이다. 각각 정면 4칸, 측면 1칸 반의 민도리집으로 된 동재와 서재는 유생이 기거하면서 공부하는 곳으로 사용하였다. 문루門樓인 만대루는 향사나 서원의 행사 시에 고자庫子가 개좌와 파좌를 외는 곳으로 사용하며 정면 7칸, 측면 2칸의 2층 팔작

유성룡의 옛집 충효당

기와집에 처마는 홑처마로 되어 있다. 그밖에 만대루와 복례문 사이에는 물길을 끌어 만든 천원지방天圓地方 형태의 연못이 조성되어 있다.

이 서원에서는 매년 3월 중정(中丁: 두 번째 中日)과 9월 중정에 향사를 지내고 제품祭品은 4변 4두豆이다. 현재 사적 제260호로 지정되었으며, 유성룡의 문집을 비롯하여 각종 문헌 1,000여 종, 3,000여 책을 소장하고 있다.

병산서원에 모셔진 유성룡(1542~1607)의 본관은 풍산이고, 자는 이견而見이며, 호는 서애西厓로, 관찰사를 지낸 유중영의 둘째 아들로 태어났다. 그는 김성일과 동문수학했으며, 스물한 살 때 형인 겸암 유운룡과 함께 도산으로 퇴계 이황을 찾아가 "하늘이 내린 인재이니 반드시 큰 인물이 될 것이다."라는 예언과 함께 칭찬을 받았다. 선조는 유성룡을 일컬어 "바라보기만 하여도 저절로 경의가 생긴다."했고, 이항복은 "이 분은 어떤 한 가지 좋은 점만을 꼬집어 말할 수 없다."고 했으며, 이원익은 "속이려 해도 속일 수가 없다."라고 말했다.

스물다섯에 문과에 급제한 유성룡은 승정원 · 홍문관 · 사간원 등을 거친 후 예조 · 병조판서를 역임하고, 정여립 모반사건 때도 자리를 굳건히 지켰을 뿐만 아니라, 동인이었음에도 불구하고 광국공신의 녹권을 받았고, 1592년에는 영의정의 자리에 올랐다. 정치가로 또는 군사전략가로 생애의 대부분을 보낸 그의 학문은 체體와 용用을 중시한 현실적인 것이었다. 그는 임진왜란 당시 이순신 장군에게 『증손전수방략』이라는 병서를 주고 실전에 활용케 하기도 했다.

그는 말년인 1598년에 명나라 경략 정운태가 조선이 일본과 연합하여 명나라를 공격하려 한다고 본국에 무고한 사건이 일어나자, 이 사건의 진상을 변명하러 가지 않았다는 북인들의 탄핵을 받아 관직을 삭탈 당했다가 1600년에 복관되었으나, 그 뒤에 벼슬에 나아가지 않고 은거했다. 그는 1605년 풍원부원군에 봉해졌고, 파직된 뒤에 고향에서 저술한 임진왜란의 기록 『징비록』과 『서애집』, 『신종록』, 『영보록』 등 수많은 저술을 남겼다.

그가 병들어 누워 있다는 소식을 전해들은 선조는 궁중 의원을 보내어 치료케 했지만 65세에 죽었다. 그런데 하회에서 세상을 떠난 유성룡의 집안 살림이 가난해 장례를 치르지 못한다는 소식을 전해들은 수천 명의 사람들이 그의 빈집이 있는 서울의 마르냇가로 몰려들어 삼베와 돈을 한 푼 두 푼 모아 장례에 보탰다고 한다.

하회마을과 병산서원은 조선 후기의 풍경을 그대로 간직하고 있는 곳이다. 세상에서의 입신을 버리고 초야에 묻혀 후학을 양성하고 가르침을 베풀던 선현들의 숨결이 이 고을을 떠도는 바람결에도 섞여 있는 것만 같다. 그 옛날 선비들이 그랬던 것처럼 낙동강을 끼고서 풀숲 우거진 산길을 천천히 걸어 고개를 넘으면 초가집과 기와집이 옹기종기 모여 있는 곳이 보이고, 강 건너편에는 부용대가 있다. 선현들의 넋이 깃든 아름다운 풍경에 마음을 맡기고 걷다 보면 오래전 헤어진 사람에 대한 그리움이 되살아날 것만 같다. 이런 곳에서 남은 시간을 자연과 더불어 산다면 이보다 더한 복이 있을까?

▶▶▶찾아가는 길

성주군 성주읍에서 대구로 이어지는 30번 지방도로를 타고 가다가 백천을 지나 한진화학에서 4번 군도를 따라 3km쯤 가면 한개마을에 이른다.

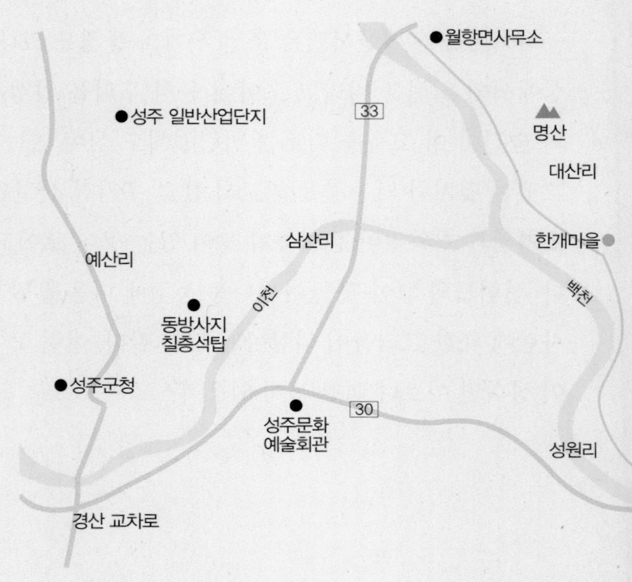

07 경상북도 성주군 월항면 대산동 한개마을

왕실의 태실이 있는 명당 중의 명당

"대저 산수는 정신을 즐겁게 하고 감정을 화창하게 하는 것이다. 그러므로 기름진 땅과 넓은 들에 지세가 아름다운 곳을 가려 집을 짓고 사는 것이 좋다. 그리고 십 리 밖, 혹은 반나절 되는 거리에 경치가 아름다운 산수가 있어 매양 생각날 때마다 찾아가 시름을 풀고 혹은 하룻밤을 묵은 다음 돌아올 수 있는 곳을 장만해 둔다면 이것은 자손 대대로 이어나갈 만한 방법이다."

이중환이 지은『택리지』「산수」편에 실린 글이다.

정신을 즐겁게 하고 감정을 화창하게 하는 산수

학군 좋고 유명 학원이 밀집한 지역으로만 몰려들어 땅값 상승을 부추기는 요즈음의 세태에서 보자면 어울리지 않는 말이다. 하지만 산과 들에 자연스레 피어난 풀과 꽃을 모른 채 아스팔트 위에서 학원을 오가며 공부에만 시달린 아이들이 자라 이 나라의 지도자가 될 것을 생각하면 아찔한 생각이 들고는 한다.

진정 우리가 키워야 하는 것은 마음이다. 자연은 그 자체만으로 우리의 마음을 넉넉하게 해 주는 미덕을 갖고 있다. 경쟁이 치열하다고는 하지만 자연을 벗 삼아 몸을 쉬게 하고 마음의 크기를 키우면 그만큼 더 큰 그릇을 품게 될 것이다.

성산 이씨들의 씨족마을

한개마을은 성산 이씨 집안이 터를 잡고 살아온 집성촌으로 경북 성주군 월항면 대산리에 자리 잡고 있다. 대산동大山洞은 본래 성주군 유동면의 지역으로 1914년 행정구역을 개편하면서 대포동과 명산동 등의 여러 곳을 병합하면서 대포와 명산의 이름을 따서 대산동이라고 지었다.

그중 한개[大浦]마을은 대산동에서 가장 큰 마을이다. 이 마을에는 기름진 땅이 펼쳐져 있고, 마을 앞으로 이천이라는 큰 내가 흐르고 있어서 사람이 살기 좋은 땅의 입지조건을 거의 완벽하게 갖추고 있다. 그리고 한개마을 앞에 서서 보면 높이가 332m인 영취산이 한눈에 들어오는데, 영취산의 품 안에 꼬옥 안긴 듯해서 더 없이 포근하게 느껴진다.

마을 앞에 있던 한개나루는 이미 사라지고 없고, 야트막하게 흐르는 강물만이 이곳이 예전에 나루터였음을 말해 주고 있다. 조선 초기까지만 해도 이곳은 이천伊川과 백천이 합류하는 곳으로 성주 내륙과 김천 칠곡 지방을 연결하는 경상도 지방 교통의 요지였다. 한개마을 앞을 흐르는 이천은 벽진면의 고당산과 염표봉산에서 발원하여 남동쪽으로 흘러 벽진면과 성주읍을 지나 월항면 대산리에 이른다. 백천은 성주군 초전면 백마산에서 발원하여 동쪽으로 흘러 용봉동을 지나 월항면의 남서쪽에서 이천과 합하여 낙동강으로 들어간다.

성산 이씨들이 이곳에 터를 잡게 된 것이 조선 초기였다. 세종대왕 태실(왕과 왕비, 왕세자, 왕자. 왕손, 공주, 옹주 등의 태를 봉안하던 곳)이 서진산에 들어서면서 성주가 정3품관인 목사가 머무르는 성주목이 되었고, 역驛이 들어서면서 말과 역을 관리하는 중인들이 몰려들었다. 그 무렵 진주목사를 지내고 성주읍 내에

한개마을 한주정사

살고 있던 이우李友가 "성주읍은 체통 있는 양반들이 살 곳이 못 된다."고 이곳 한개로 옮겨와 살게 된 것이다.

이우가 처음 자리 잡은 뒤부터 대를 이어 살아왔는데, 한개마을이 씨족마을로 온전히 자리를 잡게 된 것은 성산 이씨 21세 손인 월봉月峯 이정현에 의해서였다. 월봉은 퇴계 이황의 직계 제자로 당시 많은 선비들을 가르친 한강 정구의 문하에서 공부하였으며 1612년에 문과 식년시에 합격하며 장래가 촉망되었으나 스물여섯 살에 요절하고 말았다. 이정현의 외아들인 이수성에게는 달천 · 달우 · 달한 · 달운 등 네 아들이 있었다. 그 아들들이 백파伯派 · 중파仲派 · 숙파叔派 · 계파季派의 파시조가 되고 이때부터 각파의 자손들이 몰려들어 집성촌을 이루게 된 것이다.

한개마을은 지금도 조선시대에 지어진 100여 채의 전통 고가가 옛 모습 그대로 간직하고 있으며, 한주정사寒洲精舍를 비롯한 가옥들은 저마다의 영역을 지켜가며 유기적으로 연결되어 있어 집성촌의 면모를 그대로 보여 주고 있다.

영남지방에서 손 꼽히는 살만한 곳

인걸은 지령地靈에 의해서 태어난다는 풍수지리설이 들어맞아서 그런지 영남 지방에서 손꼽히는 거처로 이곳에서 조선 시대에 여러 인물들이 나왔다. 영조의 아들이자 정조의 아버지인 사도세자의 호위무관을 지낸 돈재 이석문이 이곳 출신이다.

영조의 명으로 사도세자가 죽음에 직면했을 때 그는 세손이던 정조를 업고서 왕 앞으로 달려가 사도세자의 죽음을 막고자 했다. 하지만 그의 충절은 받아들여지지 않았고, 오히려 곤장만 맞은 채 벼슬에서 쫓겨나 이곳으로 낙향하고 말았다. 그 뒤 사도세자를 사모하는 마음으로 북쪽을 향해 사립문을 내고 평생토록 절의를 지켰다. 그의 후대 인물로서 조선 말 기로소耆老所에 들었던 응와凝窩 이원조李原祚의 고향이 이곳이고, 조선 말의 유학자 한주寒洲 이진상李震相(1818~1886)도 이곳에서 태어났다.

이진상은 8세 때 아버지로부터 『통감절요通鑑節要』를 배웠고 사서삼경 및 모든 학문을 배운 뒤 17세에 숙부인 이원조로부터 성리학을 배웠다. 그는 철저한 주리론자로서 주자와 이황의 학통에 연원을 두었으면서도 주자의 학설을 초년설과 만년설로 구별하여 초년설을 부정하고 만년설만 받아들였다. 또한 이황의 "이와 기가 동시에 발한다."는 이기호발설理氣互發說을 받아들이지 않고 '이' 하나만이 발한다는 이발일도理發一途만을 인정하였다. 그는 이황의 '마음은 이와 기의 합체'라고 말한 이황의 심합이기설心合二氣說에 대해서도 '마음은 곧 이'라는 심즉리설心卽理說을 주장하여 학계에 큰 파문을 던졌고 당시 도산서원의 분노를 사기도 했다. 화서華西 이항로, 노사蘆沙 기정진과 함께 근세 유학 3대가로 불리는 이진상의 문인들이 곽종석, 이승희, 김창숙으로 이어져 계몽운동과 민족운동을 활발하게 전개하였다. 특히 이상진의 아들인 대계大溪 이승희는 나라가 망한 뒤 소복을 입고서 얼굴을 씻지 않았고, 성묘 이외에는 문밖 출입을 하지 않았다고 한다. 이 한개 마을에는 경상북도 문화재로 지정된 건조물과 민속자료 등이 많다. 월봉정 · 첨경

재 · 서륜재 · 일관정 · 여동서당 등 다섯 동의 재실이 있고, 이석문이 사립문을 내고 사도세자를 흠모했다는 북비고택과 월곡댁, 고리댁 등의 조선집들이 아직 남아 있다.

이진상이 학문을 연구한 한주寒洲 종택의 사랑채에는 주리세가主理世家라는 현판이 걸려 있고, 한주 종택의 동쪽에 세워진 한주정사에는 조운헌도재祖雲憲陶齋라는 현판이 걸려 있다. 이는 한주 이상진의 제자들이 변함없이 퇴계 이황의 맥을 잇고 있음을 말해 주는 것이다.

이 마을 남쪽에 있는 들판은 예전에 금다리라는 다리가 있어서 금다리들이라고 부르고, 관동寬洞이라 부르는 어은골 마을 앞에 있는 들판은 조선 시대에 사창이 있어서 사챙이들이라고 부른다.

봉우리 셋이 있는 삼봉

한개 서쪽에 있는 삼봉마을은 뒷산의 봉우리가 셋이 나란히 있어서 삼봉三峯이라 부르고, 한개 북쪽의 명산鳴山마을은 영취산에서 유래된 소리개가 이곳에 앉아서 울고 갔다고 해서 울뫼라고 불렀다. 그런데 울뫼라는 이름이 좋지 않아 마을에 근심이 떠날 날이 없다고 하여 화산華山이라고 고쳤다.

명산 동북쪽에 있는 정자인 심원정心遠亭은 완당完堂 이석오李碩伍가 지었다는 정자이고, 일명 영축산靈畜山이라고도 부르는 영취산靈鷲山은 월항면 대산동과 선도면 문방동 경계에 있는 산으로 높이는 325m인데, 이 산자락에 있는 감응사에 신라 애장왕의 아들이자 제4대 임금인 헌덕왕憲德王에 얽힌 이야기가 서려 있다. 애장왕이 늦게서야 왕자를 보았으나 불행하게도 왕자는 앞을 잘 볼 수가 없었다. 하루는 임금의 꿈에 한 승려가 나타나 "독수리를 따라 본피현(지금의 성주)에 있는 약수를 찾아 그 물로 눈을 씻게 하면 낫게 될 것이다."고 하여 그 이튿날 군사에게 명하여 독수리를 따라가 약수를 길어오게 하였다. 그 약수로 눈을 씻은 왕자

세종대왕의 아들들과 손자인 단종의 태실

는 앞을 잘 보게 되었으므로 임금은 은혜를 잊지 못하여 약수가 있던 곳에 절을 짓고 감응사라는 이름을 지어 주었으며, 산은 '신령스러운 독수리 산'이라는 뜻으로 영취산이라고 부르게 하였다.

앞서 말한 것처럼 한개마을에서 그리 멀지 않은 곳인 월항면 인촌리의 서진산棲鎭山에 세종대왕 왕자 태실이 있다. 성주의 선주[鎭山]인 서진산은 월항면 인촌리와 칠곡군 약목면의 경계에 위치한 산으로 일명 선석산禪石山으로 불리고 있다. 대부분 편마암으로 이루어진 서진산의 서남쪽 기슭에는 신라 때 의상대사가 창건하고 고려 시대의 고승 나옹대사가 세운 선석사가 있다. 이 절은 태실이 들어선 뒤 태실을 관리하는 절이 되어 영조 임금의 어필이 하사되었다고도 한다.

그 앞의 태봉은 서진산의 한쪽 자락이 빙 돌아 감싸고 있는 양지바른 봉우리인데 풍수지리학상 최고의 명당으로 알려져 세종의 큰 아들 문종을 제외한 안평, 수양(진양), 금성, 평원, 영흥, 임영의 대군들과 화의군, 계양군, 의장군, 한남군, 밀성군, 수춘군, 익현군, 영풍군, 장, 거, 당 등의 왕자들, 그리고 문종의 아들이자 비운의 임금인 단종의 태가 모셔 있다. 주변의 골짜기와 개울들이 절경을 이루는 곳이 많아 사시사철 찾는 사람들의 발길이 끊이지 않는다.

이 태봉에 처음 무덤을 쓴 사람은 성산 이씨의 시조인 이장경이었다. 그의 장례를 치르던 날 어느 노스님이 찾아와 다음과 같이 말하는 것이었다. "저 산의 나무를 베어내고 저곳에 묘를 쓰게, 저곳이 더 없는 길지吉地라네. 하지만 저곳에 누각樓閣을 지어서는 안 되네. 그것을 어기면 당신들의 소유가 안 될 것이네." 그 말을 들은 이장경의 후손들이 노승이 가리킨 나무들을 도끼로 베어 넘기자 큰 벌 한 마리가 노승이 사라진 쪽으로 날아갔고 절 아래에 도착해서 보니 벌써 떠난 줄 알았던 그 노스님이 그 벌에 쏘여 죽어 있었다. 후손들은 그 노스님의 말을 절반만 따라 묘를 쓰면서 세우지 말라던 묘각을 세웠다. 그 뒤부터 그 자리가 태를 묻을 자리라는 소문이 나 돌기 시작했고, 그 소문을 전해들은 왕실에서 사람을 내려 보내 그 자리를 확인했다.

하지만 왕실 지관이 처음에 본 바로는 그다지 좋은 자리가 아니었다. 그런데 묘각에 올라서 주위를 바라보는 사이 안개가 걷히며 봉우리가 환하게 드러났다. 그곳이 바로 명당 중의 명당이었다.

결국 그 자리에 왕가의 태실이 들어서게 되고, 이장경의 묘는 성주읍 대가면으로 옮겨가게 되었다. 한편 그의 묘를 쓴 뒤에 그의 아들 다섯 형제가 다 높은 벼슬자리에 올랐으며, 묘를 옮긴 뒤로는 큰 인물이 나오지 않았다고 한다.

전국 여러 곳에 흩어져 있는 태실 가운데 가장 많은 태가 모여 있는 태봉은 장방형으로 평평하게 다듬어진 봉우리 꼭대기에 앞줄에 11기, 뒷줄에 8기 합해서 모두 19기의 태비胎碑를 앞세우고 두 줄로 길게 세워져 있다.

주변에 동방사터 칠층석탑, 법수사터, 금당터 돌축대, 청암사, 수도암, 가야산 국립공원 등의 유적지와 관광지가 자리 잡고 있다.

나라 안의 여느 민속마을처럼 드러낼 만한 문화재로 지정된 건물들은 많지 않지만, 옛 맛이 그대로 남아 한가롭고 포근함을 주는 곳이 한개마을이다. 지금은 퇴락해서 바라보기가 조금은 안쓰럽지만, 분위기가 있는 한주정사에서 지는 나뭇잎을 바라보다가 휘적휘적 길을 걸어 내려오는 길에 마음에 두었던 어떤 사람을 만난다면 얼마나 좋으랴?

서석지 근처 남이포의 전경

▶▶▶찾아가는 길

경북 영양군 입암면 소재지에서 31번 국도를 따라가다 반변천을 건너 2km쯤 가면 입암에 이르고 911번 지방도를 따라 1.5km쯤 가면 서석지에 닿는다.

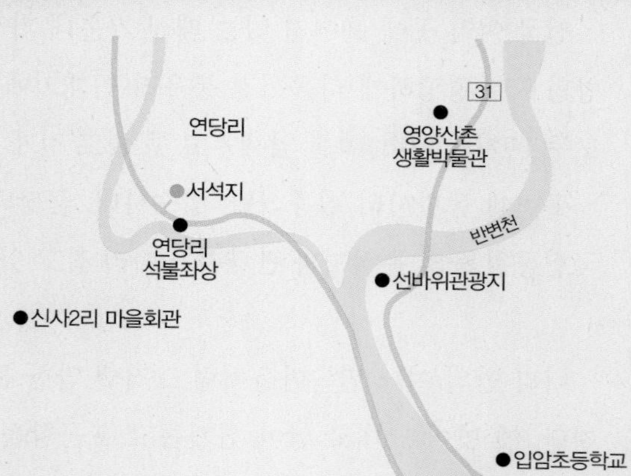

08 경상북도 영양군 입암면 연당리 서석지

사람이 그리운 날에는 이곳으로 가라

나라 안에 이름 높은 정자나 정원들이 많지만 한 번 다녀온 뒤에도 그 아름다움을 잊지 못해 자주 가는 정자나 정원들은 그렇게 흔치 않다. 그러나 이곳 영양 서석지는 한 번 다녀온 뒤 거리가 만만치 않음에도 불구하고 그 일대를 답사할 때에 꼭 빼놓지 않고 다시 들르고는 한다.

산수를 사랑했던 사람들

산이 높은 고원 지대이기 때문에 서리는 흔하고 햇빛은 귀하다고 알려진 이곳 영양의 조선 시대 모습을 『영양읍지』에서는 이렇게 전하고 있다.

> "이곳이 교통이 불편하고 흉년이 잦아 풀뿌리와 나무껍질로 목숨을 이을 때가 많았으나 조선 숙종 때에 현이 부활된 후에 이웃인 안동과 예안의 영향을 받아 점차로 글을 숭상하게 되었고 주민의 성질이 소박하면서도 인정이 있다."

『택리지』를 지은 이중환을 비롯한 옛사람들이 사람이 살 만한 가장 중요한 조건 중에 하나로 인심을 들었다.

지리적 조건과 자연 환경이 척박하더라도 사람 사는 정이 있으면 그곳은 좋은 땅이 될 수 있지만, 아무리 입지 조건이 뛰어나도 정이 없으면 사람이 살 만한 땅아 아니라고 본 것이다. 그런 면에서 본다면 경상북도 중에서도 가장 낙후된 지역으로 알려져 있는 영양, 봉화, 영주 등지는 비록 현실적인 입지 조건은 열악하더라도 그만큼 도시문명과 거리를 둔 탓에 아직까지도 향토의 인정을 그대로 간직하고 있는 땅이다.

> "군자君子가 산수를 사랑하는 까닭은 그 뜻이 어디에 있는가. 전원에 거처하면서 자신의 천품을 수양하는 것은 누구나 하고자 하는 바요. 천석泉石이 좋은 곳에서 노래하며 자유로이 거니는 것은 누구나 즐기고 싶은 바이다."

중국 북송 시대를 살았던 곽희郭熙가 지은 『임천고치林泉高致』에 실려 있는 글이다.

조선 중기의 대표적인 연못과 정자-서석지

곽희가 말한 곳과 같은 정원이 우리나라에 있으니, 그곳이 바로 경북 영양군 입암면에 있는 서석지다.

그런데 서석지의 중요성이 알려진 것은 그리 오래되지 않았다.

1982년 2월 20일 서울에 있는 산림청 임업시험장 강당에서 한국정원문화연구회 주최로 서석지 학술연구발표회가 열렸다. 이 발표회에서 문화재 전문위원인 민경현閔庚玹 씨가 서석지라는 민가民家 정원庭園이 갖는 독특한 양식과 조경술造景術 등을 분석 평가하여 국내외에 최초로 소개하였다. 그때부터 사람들에게 널리 알려진 영양서석지英陽瑞石池는 경상북도 영양군 입암면 연당리에 있는 조선 중기의 연못과 정자이다. 조선 시대 민가 정원의 백미로 손꼽히는 이 조원造園은 석문石門 정영방鄭榮邦이 광해군 5년인 1613년에 축조하였다고 전한다.

경북 예천에서 태어난 정영방(1577~1650)의 본관은 동래東萊, 자는 경보慶輔, 호는 석문石門, 홍문시독弘文侍讀 정환鄭渙의 현손으로 예천군 용궁면에서 태어났으나 뒤에 입암면 연당리로 이주하였다.

정영방은 우복 정경세愚伏 鄭經世가 우산愚山에서 제자들을 가르칠 때 수업하여 경학經學의 지결旨訣을 배웠다. 성리학과 시詩에 능하였던 정영방은 1605년(선조 38)에 성균 진사가 되었으며, 정경세가 그의 학문을 아깝게 여겨 천거하였으나 벼슬길에 올랐다가 광해군 때 벼슬을 버리고 낙향했다.

군자가 숨어 살며 뜻을 세우는 곳

정영방은 병자호란이 일어나 세상이 어지러워지자 숨어 살기에 합당한 이곳 첩첩산중으로 들어왔다. 그는 산세가 아름답고 인적이 드문 이곳 연당리를 '석인군자碩人君子가 숨어 살며 뜻을 세울 만한 곳'으로 보고 자리를 잡은 뒤 서석지瑞石池라는 이름의 연못과 정자를 짓고서 자연을 벗 삼아 유유자적하였다. 이 연못은 현재 영양서석지英陽瑞石池라 불리우며 정자와 함께 중요민속자료 제108호로 지정되어 있다. 정영방은 영양이 폐현되었을 때 1633년에 복현을 위한 상소를 올려 영양현이 복현될 수 있는 기틀을 마련하기도 했다.

영양서석지는 수려한 자양산紫陽山의 남쪽 완만한 기슭에 자리 잡고 있는데, 문을 열고 들어서면 오른쪽으로 펼쳐진 연못 너머에 방 두 칸과 마루 한 칸으로, 공부하기에 좋은 운서헌雲棲軒이라 편액한 주일재主一齋가 있으며, 북서쪽으로는 서석지를 마음껏 드러내 주는 경정敬亭이 있다. 6칸 대청과 2칸 온돌의 규모를 갖춘 정자인 경정 뒤편에는 수직사守直舍 두 채를 두어서 연못을 중심으로 한 생활에 불편이 없도록 하였다. 북단의 서재 앞에는 못 안으로 돌출한 석단인 사우단四友壇을 축성하여 송 · 죽 · 매 · 국을 심었다.

연못은 동서로 길며, 가운데에 돌출한 사우단을 감싸는 U자형을 이루고 있다. 연못의 석벽은 그 구축법이 매우 가지런하고 깔끔하다. 서석지 동북쪽의 모퉁이에는 산 쪽에서 물을 끌어들이는 수구인 읍청거挹淸渠를 내었고, 그 반대쪽의 서남쪽 모퉁이에는 물이 나갈 수 있는 토장거吐藏渠를 만들었다.

이 연못의 이름은 못 안에 솟은 서석군瑞石群에서 비롯되었다. 서석군은 연못 바닥을 형성하는 크고 작은 암반들이 각양각색의 형태로 솟아 있는 것으로 그 돌 하나하나에 모두 명칭이 붙어 있다. 돌들의 이름은 그 생김새가 신선이 노니는 듯하다는 선유석仙遊石과 통진교通眞橋, 희접암戱蝶巖을 비롯하여 물고기 모양의 돌인 어상석魚狀石, 옥성대玉成臺), 조천촉調天燭, 별이 떨어진 돌이라는 낙성석落星石 등 20개에 이른다. 이 돌들이 정원을 조성하기 이전부터 그 자리에 있었다고 하며 돌들을 그대로 살려서 정원을 조성하였다고 한다. 이러한 명칭은 정영방의 학문과 인생관은 물론 은거생활의 이상적 경지와 자연의 오묘함을 흠모하고 심취하는 심성을 잘 나타내고 있다.

연못 가운데에 있는 부용화(연화)는 여름철에 그윽한 향기로 정원의 정취를 더하고, 정자 앞에 서 있는 은행나무는 정원의 경관을 더욱 돋보이게 한다. 이 나무는 수령이 400년이 넘어 경정의 역사를 증명하는 증인으로 자리 잡고 있다. 마루 위에는 정기亭記와 중수기重修記를 비롯 경정운敬亭韻 등 당시의 이름난 선비들의 시가 걸려 있다. 이 마을에는 정영방 자손들이 대를 이어 살고 있다.

연못이 있는 연당 마을

서석지 건너편에 있는 연당동 석불좌상은 경상북도 유형문화재 제111호로 지정되어 있다. 이 석불 좌상은 그리 크지 않지만 몸체와 광배 대좌를 모두 갖추고 있다. 왼손에 둥근 약함을 갖추고 있기 때문에 약사여래불로 알려져 있는데, 뒷면에 새겨 있는 글로 보아 신라 진성여왕 3년인 889년에 조성되었음을 알 수 있다. 전체 높이가 2.23m인 불상 왼쪽 아래에는 마을 사람들의 풍요와 안녕을 기원하기 위해 세운 남근 입석이 세워져 있다.

연당 북쪽에 있는 국화골은 들국화가 많이 피어서 지은 이름이다. 연당 서쪽에는 사부고개라고 부르는 사부령이 있는데, 옛날 한 여인이 이 고개를 넘어가 돌아오지 않는 남편을 생각하며 늘 고개 쪽만 바라보았다고 해서 지은 이름이다.

사부고개 옆에는 모양이 상여처럼 생긴 상여봉이 있고, 연당 남동쪽에 있는 마을이 선바우, 즉 입암이다.

서석지 근처에 이름난 관광지로는 남이포南怡浦를 들 수 있다. 남이포는 입암면 연당리 입암교 아래에서 신구리까지의 반변천의 천변을 말하며, 일명 남이개라고도 부른다. 이 천변은 조선 세조 때 남이南怡 장군이 이곳에서 반란을 일으킨 아룡阿龍, 자룡子龍 형제를 토벌한 곳이라 하여 남이포라는 이름이 붙었다.

> 백두산이 다하도록 칼을 갈고,
> 두만강이 마르도록 말을 먹이리.
> 사나이 이십에 국토를 못 지키면
> 훗날 그 누가 장부丈夫라 하리.

남이 장군이 지은 「북정시작北征時作」이다. 장부의 늠름한 기상을 노래했던 남이 장군은 역적의 누명을 쓰고 역사의 뒤안길로 사라져 갔지만 남이포의 절벽과

봉감리 모전석탑

입암이 마주 보는 사이로 맑은 강물은 흐르면서 다시금 그날의 역사를 들려주고 있다. 지금도 강변에는 깨끗한 조약돌과 하얀 모래가 넓게 펼쳐 있어 한 폭의 풍경화를 연상시킨다.

선바우마을 입구에 있는 선바우는 선방우, 딴섬바우, 입암, 석문 입암이라고 부르는데, 깎아지른 절벽 옆에 높이가 10m쯤 되는 바위가 따로 서 있고, 그 밑에 짙푸른 소가 있다. 맞은편 절벽에는 남이 장군 석상이 있어서 경치가 매우 아름다우며, 이 바위로 인하여 면의 이름도 입암立岩이 되었다,

남이 장군 석상은 20m쯤 되는 바위 벼랑 중간에 사람의 얼굴이 새겨 있어서 나온 이름이다. 전해 내려오는 이야기에 의하면 남이포에서 큰 싸움이 벌어졌는데, 이룡이 별안간 몸을 날려 공중으로 솟구치므로 남이 장군도 몸을 솟구쳐 날아가서 공중에서 한바탕 격전을 벌이던 중, 갑자기 벼락 같은 소리가 나며 이룡의 사지가 공중에서 떨어지고, 남이 장군은 칼춤을 추며 내려오다가 칼끝으로 절벽 위에 자기의 얼굴을 새겼다고 한다.

선바우 아래에 있는 여울은 물소리가 학의 소리와 같다고 하여 황학탄黃鶴灘이라 부르며, 선바우 동북쪽에 있는 주역마을은 조선 시대에 이곳에 역마가 머물던 곳이다.

자연을 인공적으로 재배치하여 원을 꾸미는 방식이 아니라 주어진 자연을 최대한 이용하고 인공적인 장치는 최소한으로 하여 하나의 우주를 만들어냈다는

평가를 받고 있는 영양의 서석지 부근은 언제 가 봐도 한가로워서, 바쁘게 흘러가는 시간마저도 함께 머물며 명상에 잠긴 듯 고즈넉하기만 하다. 이렇게 지나간 역사가 오롯이 남아서 옛이야기를 들려주는 곳이 서석지 부근이다. 이러한 곳에 삶의 터를 마련하고 남이 장군의 전설이 서려 있는 입암과 영양의 이곳저곳을 소요하면서 살아간다면 그 자체로 아름다운 삶이 아니겠는가?

낙동강의 절경 가송협 부근의 낙동강 상류

▶▶▶찾아가는 길

안동시 도산면이나 봉화군 명호면 청량사 들어가는 길에서 35번 국도를 따라가면 낙동강과 만나는 곳이 있다. 도산면에서는 우회전하고 명호면에서는 좌회전해서 좁은 마을길을 들어가면 만나게 되는 마을이 가송리이다.

09 경상북도 안동시 도산면 가송리

낙동강 물길이 휘감아 도는 아름다운 땅

『걷기 예찬』을 지은 다비드르 브르통은 "아름다움이라는 것은 민주적인 것이기 때문에 만인에게 주어진다."고 이야기했다. 하지만 이 세상에서 진정으로 아름다움을 느끼고 사는 사람들은 그리 많지 않을 것 같다. 무엇이 진정으로 아름답고 무엇이 진정으로 추한 것인지도 모르고 사는 사람이 대부분인 것이 이 세상의 현실이다.

만인에게 주어지는 아름다움

나라 안에 수많은 강이 있고 그 강들은 저마다 다른 풍경으로 사람들의 마음들을 휘어잡는다. 어떤 강은 늘 한결같은 정경으로 사람의 마음을 편안하게 어루만지는가 하면, 또 어떤 강은 같은 곳이라도 바라보는 장소에 따라 새로운 풍경울 선사하며 설렘을 전해 주기도 한다.

필자가 처음 낙동강 천삼백 리 길을 혼자서 걸어가고 있을 때의 일이었다. 태백시 천의봉 너덜샘에서부터 시작된 도보 답사가 사흘째 되는 날이었다.

명호를 지나 낙동강 푸른 물에 그늘을 드리운 청량산 자락을 거쳐 35번 국도가 오르막길에 접어드는 지점에서 강을 따라 걷기 위해 왼쪽으로 난 마을 길에 접어들었다. 나지막한 고개를 넘어서자마자 내 눈앞에 나타난 풍경은, 그렇다, 숨을 멈추게 했다고나 할까? 아니면 감탄으로 넋을 잃었다고 해야 할까? 아무튼 아무도 예상치 못한 채 궁벽한 시골의 강 길을 걷다가 펼쳐진 아름다운 풍경에 저절로 발길이 멈추어지고 말았다. 그 마을이 바로 안동시 도산면 가송리이다.

퇴계 이황이 강가에 늘어선 소나무를 보고 "참으로 아름답다!"라고 감탄했던 데에서 '가송佳松'이라는 이름이 지어졌다고도 하고, 가사와 송오의 이름을 따라 가송리佳松里라 불리었다고도 전해 온다. 가사리의 쏘두들에는 월명소月明沼가 있다. 낙동강 물이 을미 절벽에 부딪쳐서 깊은 소를 이루었는데, 한재가 있을 때 기우제를 지내는 곳이다. 위에는 학소대가 있고 냇가에 '오학 번식지烏鶴繁殖地'의 비가 서 있다. 학소대는 월명소 위에 있는 바위인데 높은 바위가 중천에 솟아 있어서 매년 3월에 오학烏鶴이 와서 새끼를 치고 9월에 돌아갔는데, 1952년 겨울에 바위가 별안간 내려앉았으므로 다음 해부터 오학이 벼락소로 옮겨 갔다고 한다.

그리고 쏘두들에는 올미라고 하는 외따로 서 있는 산이 있다. 이 산은 원래 봉화에 있던 것인데, 옛날 홍수가 났을 때 봉화에서 떠 내려왔다는 이야기가 전한다. 쏘두들 앞에 있는 숲인 사평수詞評藪는 선조 때 사람 성재性齋 금난수琴蘭秀가 장례원掌隷院(조선 시대 노비의 부적과 소송을 관장하던 정3품 관청) 사평(장례원에서 일하던 정6품 관원)이 되었을 때 이 땅을 사서 소나무 수백 주를 심었다고 한다.

이후에 월천月川 조목趙穆이 사평송司評松이라고 이름지었고 현재는 앞에 월명소가 있어서 놀이터로 유명하다. 또한 이 마을에는 성성재라는 이름의 옛집이 있다. 선조 때 금난수가 이곳에 살면서 퇴계 이황에게 배웠는데, 퇴계가 그의 높은 깨달음을 칭찬하여 성성재性性齋라고 써 주었다고 한다. 그 집 둘레에 총춘대, 와경대, 풍호대, 활원당, 동계석문 들이 있어 수석水石이 매우 아름답다. 한편 강 건너 가사리, 남쪽 산에 있는 부인당이라는 신당은 400여 년 된 느티나무 한 그루와 자목이 많이 있다. 마을 사람들이 매년 정월 14일과 5월 4일에 제사를 지내는 이

봉화 명호리 부근 청량산 자락의 낙동강

곳은 고려 공민왕의 딸이 안동 피란길에 이곳에서 죽어서 신이 되었다고 한다.

"나는 오래전부터 한 가지 상상을 했었다. 깊은 산중 인적 끊긴 골짜기가 아닌 도성 안에, 외지고 조용한 한 곳을 골라 몇 칸 집을 지을 것이다. 방안에 거문고와 책 몇 권, 술동이와 바둑판을 놓아두고, 석벽石壁을 담으로 삼고, 약간의 땅을 개간하여 아름다운 나무를 심은 뒤 멋진 새를 부를 것이다.

그래도 남는 땅에는 남새밭을 일궈서 채소를 심고 가꾸어 그것을 캐어서 술안주를 삼을 것이다. 또 그 앞에 콩 시렁과 포도나무 시렁을 만들어 싸늘한 바람을 쏘일 것이다.

처마 앞에는 꽃과 수석을 놓을 것이다. 꽃은 얻기 어려운 귀한 것을 구하지 않고 사시사철 피어나는 꽃과 다른 꽃들이 연이어 피어나도록 할 것이며, 수석은 가져오기 어려운 것을 찾지 않고 작지만 야위어 뼈가 드러나고 괴기한 것을 고를 것이다.

마음이 맞는 한 사람과 이웃하여서 살되 집을 짓고 집안을 꾸미는 것이 대략 비슷해야 할 것이다. 대나무를 엮어 사립문을 만들어 그 집으로 오갈 것이다. 마루에 서서 이웃에 있는 사람을 부르면 소리가 미처 끝나기도 전에 그의 발이 벌써 토방에 올라와 있을 것이다. 아무리 심한 비바람이라도 우리를 방해하지 못할 것이다. 이렇게 한가롭고 넉넉하게 노닐면서 늙어갈 것이다."

조선 후기의 문장가인 이용후가 지은 「구곡동거기九曲洞居記」의 글이다.

넉넉하게 노닐며 늙어갈 곳

가을이면 휘어 늘어진 덩굴 사이로 머루, 다래가 익어가는 강가를 따라 돌아가면 조선 중기의 대학자인 농암 이현보 선생의 유적들이 있는 올미재마을에 이른다.

"도산 하류에 있는 분강은 곧 농암聾巖 이현보李賢輔가 살던 터이고, 물 남쪽은 곧 제주 우탁이 살던 곳으로, 경치가 매우 그윽하고 훌륭하다."고 기록된 농암은 안동시 도산면 분천리에 있다.

조선 중기의 문신인 이현보(1467~1555)는 본관이 영천으로 참찬을 지낸 흠欽의 아들이다. 1498년 식년문과에 급제한 그는 서른두 살에 벼슬길에 올라 예문관 검열, 춘추관 기사, 예문관 봉교를 거쳐 1504년에 사간원 정원이 되었다. 그러나 서연관의 비행을 논하였다가 안동에 유배되었다. 그 뒤 중종반정으로 지평에 복직되었고 밀양부사, 안동부사, 충주목사를 지냈다. 1523년에는 성주목사로 재직 시 선정을 베풀어 표리表裏를 하사 받았고 병조참지, 동부승지, 부제학 등을 거쳐 경상도 관찰사, 호조참판을 지냈다. 1524년 그의 나이 일흔여섯 살에 지중추부사에 제수되었으나 신병을 이유로 벼슬을 사직하고 고향에 돌아와 시를 지으며 한가로히 보냈다. 그는 홍귀달洪貴達의 문인으로 서른여섯 살 차이가 난 이황과 황준량 등이 가까이 교류한 사람이다.

조선 중기 자연을 노래한 대표적인 문인이며 국문학 사상 강호시조의 중요한 자리를 차지하고 있는 그의 작품으로는 한글로 14수를 지은 「어부가漁夫歌」와 「농암가」 그리고 「생일가生日歌」 등이 남아 있다.

이 노래는 그가 87세의 생일날 인근의 노인들과 벼슬아치들을 초대하여 정연을 베푼 자리에서 지었다. 그 노래의 후렴은 "세상의 명리를 버리고 장수를 누리는 것도 임금의 은혜"라고 맺었다. 또한 전하는 저서로 『농암문집』이 있다. 그는 1612년 향현사鄕賢祠에 제향되었다가 1700년에 예안(현 안동시 도산면 운곡리)의 분강서원汾江書院에 제향되었다. 그 뒤 대원군의 서원철폐 때 훼철되었다가 1967년 복원되었다.

농암은 애일당 밑에 있는 바위로 연산군 때의 학자였던 이현보李賢輔의 이야기가 전해 온다. 당시 이현보는 연산군에게 바른말을 하다가 노여움을 사서 죽을 목숨이었는데, 연산군이 한 술사를 놓아 주라고 한 낙묵落墨이 잘못하여 이현보 이름 위에 떨어진 덕분에 가까스로 살아났다고 한다. 고향에 돌아온 그는 세상일을 귀먹은 체하고 바위 위에다 애일당愛日堂을 지었다. 그는 그곳에서 94세의 아버지와 92세의 숙부, 그리고 82세의 외숙부를 중심으로 구로회九老會를 만들어 하루하루를 즐겁게 소일할 수 있도록 경로당을 지은 뒤 당호를 애일당愛日堂이라 지었다. 이후 그는 그 옆에 명농당明農堂을 짓고, 도연명陶淵明의 귀거래歸去來의 그림을 벽에 그리며 스스로 즐기었다고 한다. 그 뒤 퇴계 이황은 그를 '농암노선聾岩老仙'이라 하였고, 고종高宗 때 진사 이경호李慶鎬가 이 바위에 '농암선생 정대동장聾岩先生 亭臺洞庄'의 8자를 새겼다.

그러나 안동댐이 수몰되면서 농암 이현보의 유적은 가송리의 올미재로 옮겨졌다. 한옥생활을 체험하고자 하는 사람들이나 농암 이현보의 학문세계를 공부하는 사람들이 찾아와 쉬어 가기도 하는 농암 유적 건너편이 지형이 장구처럼 생겼다는 장구목이다. 여울져 흐르는 낙동강을 따라 내려가 단사마을을 거쳐 육사시비를 보고 도산서원에 이르는 길이 청량산까지 이어진 '퇴계오솔길'이다. 퇴계 이황은 이 강 길을 따라가며 어떤 생각에 잠겼을까?

강 길을 따라 내려가다 산길을 돌아가고 백운지교를 지나면 단사마을에 이른다. 논과 밭의 흙들이 유난히 붉고 단사丹砂가 많이 나 이름조차 단사라고 지은 이 마을은 예로부터 살기가 좋아 1970년대까지만 해도 100여 가구가 살았었는데 지금은 50여 가구만 살고 있을 뿐이다. 퇴계退溪 이황李滉이 이 마을의 여덟 가지 볼거리 중 하나로 꼽았다는 붉은 흙들이 여기저기 널려 있고 조금 내려가면 병풍바위에 닿는다.

단사협丹砂峽이라고 부르는 병풍바위는 단사 동쪽에 있는 벼랑으로 병풍처럼 둘러 있고, 낙동강이 그 밑을 활처럼 돌아 흘러서 경치가 매우 아름다우므로 퇴계 이황이 단사협이라 명명하였다. 남쪽에 왕모성王母城 갈선대葛仙臺, 고세대高世臺가 있는데, 단사팔경丹砂八景은 '붉은 흙'과 함께 공민왕의 어머니가 피신했다는 '왕모산성', 마을 앞의 병풍바위 한쪽에 칼처럼 생긴 '칼산대', 용이 승천했다는 '용연', 병풍바위 아래 있는 너럭바위 '추레암', 과실이 많이 열린다는 '목실골', 개목 그리고 낙동강의 '굵은 모래' 등이다. 이 단사팔경은 도산십경을 더해 '도산십팔경'으로도 불리고 있다.

"만물의 생겨남은 땅 속의 것(地中者)의 것에 힘입지 않은 것이 없다. 그것은 땅 속에 생기가 있기 때문이다." 『금낭경』(중국 진나라의 곽박이 지은 풍수지리

을미재 마을의 농암 이현보 유적

서)에 실린 글인데, 이곳에서 머물고 있으면 보이지 않는 기氣가 충만해지는 느낌을 받는다.

그림처럼 펼쳐진 송오리에서 단천리를 거쳐 도산서원으로 가는 길은 퇴계 선생이 청량산을 오가던 길이라서 '퇴계 오솔길'로 지정하였다. 퇴계 선생은 이곳을 오가면서 후학들에게 가르침을 베풀고 자연을 벗 삼아 심신을 도야했으리라. 옛 선인의 발자취가 남아 있는 아름다운 옛길을 오가며 흐르는 물에 세상의 걱정과 근심을 띄워 보내며 시간을 보낸다면, 우리네 삶이 조금 더 풍요로워지지 않을까?

신충이 두 벗과 함께 은둔하여 살았다는 단속사지

▶▶▶찾아가는 길

경남 산청군 단성면에서 20번 국도를 따라가다 보면 마을이 아름다운 남사리에 이르고 남사리에서 1.5km쯤 가다가 우회전해서 7km쯤 가면 단속사 터가 있다. 그곳에서 고개를 넘어가면 산청군 신안면에 이른다.

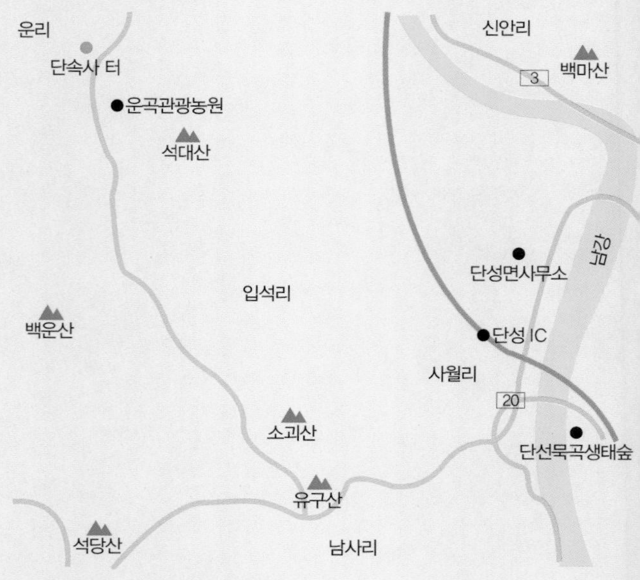

10 경상남도 산청군 단성면 운리 단속사 터

영화가 지나간 자리엔 그리움만 남고

누구나 그렇겠지만, 필자도 가끔은 번거로운 이 세상에서 벗어나 한적한 곳에 자리 잡고서 아무도 만나지 않고서 살아갔으면 싶은 때가 있다.

> "사람이 세상을 사는 것이 마치 백구과극白駒過極(달리는 말을 틈 사이로 보듯 세월이 빠르다는 뜻)과 같은데, 비 오고 바람 부는 날과 시름하는 날이 으레 3분의 2나 되며, 그 중에 한가한 때를 가지는 것은 겨우 10분의 1 정도밖에 안 된다.
>
> 더구나 그런 줄을 알고 잘 누리는 사람은 또한 백에 하나나 둘이고, 백에 하나나 되는 속에도 또한 살아갔으면 싶은 때가 있다. 음악이나 여색으로 낙을 삼으니 이는 본래 즐거움을 누릴 수 있는 경지가 자신에게 있다는 것을 알지 못해서이다. 눈에 보기 좋은 것이 당초부터 여색에 있지 않고 귀에 듣기 좋은 것이 당초부터 음악에 있지 않는 법이다.
>
> 밝은 창 앞 정결한 탁자 위에 향香을 피우는 속에서 옥을 깎아 세운 듯한 얌전한 손님과 서로 마주하여, 수시로 옛사람들의 기묘한 필적筆迹을 가져다가 조전鳥篆(새 발자취 같은 篆字), 와서蝸書(달팽이 자취 같은 글씨)와 기이한 산

봉우리, 멀리 흐르는 강물을 관상하고 옛 종鍾과 솥을 만지며 상商, 주周 시대를 친히 관찰하고, 단계 지방에서 나는 좋은 벼루와 먹물이 암석巖石 속의 원천 솟듯하고, 거문고 소리가 패옥佩玉이 울리듯이 한다면 자신이 인간 세상에 살고 있음을 모르게 되는 것이다. 이른바 청한淸閑의 복을 누린다는 것이 이보다 나은 것이 있겠는가."

허균이 엮은 『한정록』 제10권의 『산가청사山家淸事』에 나오는 글을 읽으면 모든 것을 접고 그런 곳으로 가서 살고 싶다는 생각이 든다. 하지만 인간 세상에 그런 곳이 어디 있겠는가 하고 마음 접었다가 언젠가 꽃 피는 봄날 우연히 그곳에 가서 보니 그와 같은 삶을 누릴 수가 있을 것 같다는 생각이 들었다. 그곳이 바로 지리산의 지맥인 웅석봉熊石峯(1,099m) 아래 자리 잡은 단속사 터 부근이다.

세상을 버리고 살 만한 곳

산청군 단성면 운리雲里의 연골 북쪽에는 지형이 옥녀직금혈玉女織錦穴이라는 옥녀봉玉女峯이 있으며, 그 아래 운리마을에 단속사斷俗寺 터라는 절터가 있다. 단속과 탑동 사이에 있는 단속사는 절 이름에서부터 초연한 아름다움이 풍긴다. 한때는 이 절을 찾는 신도들이 단속사의 초입인 광제암문廣濟岩門에서 미투리를 갈아 신고 절을 한 바퀴 돌아 나오면 어느덧 다 닳아 떨어졌다는 이야기가 전해 올 만큼 규모가 장대했다고 한다. 하지만 현재는 옛날의 그 웅장했던 단속사는 눈으로는 볼 수 없고 마음으로만 볼 수 있다.

아침저녁으로 쌀 씻은 물이 십 리를 흘렀다는 이 절은 1984년에 복원된 단속사 터 당간지주와 보물 제72호인 동삼층석탑과 제73호인 서삼층석탑만 남아 있다. "속세와의 인연을 끊는다."라는 말로 풀이되는 단속사의 가장 오래된 기록은 일연一然이 지은 『삼국유사三國遺事』 '신충괘관信忠掛冠'에 나오는 글이다.

"경덕왕 22년(763) 계묘에 어진 선비 신충信忠이 두 벗과 서로 약속하고 벼슬을 버리고 남악으로 들어갔다. 왕이 두 번을 불러도 나아가지 않고 머리를 깎고 중이 되었다. 그는 왕을 위하여 단속사를 창건하여 기거하면서 평생을 구학에서 마치며 왕의 복을 빌 것을 원하였더니 왕이 허락하였다. 임금의 진상을 모셨는데 금당 뒷벽에 있는 것이 그것이다. 절 남쪽에 있는 마을이 속휴俗休인데 지금은 틀리게 불려 소화리小花里라고 부른다."

기록으로 보아서 단속사는 세속적인 것에서 벗어나 불법의 오묘한 이치를 깨우친다는 의미보다는 신충이 왕의 초상화를 금당에 모시고 왕과 왕실의 안녕을 기원하던 절이었을 것이라고 추정된다.

"경덕왕 때에 직장直長 이순李俊(고승전에는 이순이라고 실려 있다)은 일찍부터 나이 오십이 되면 출가하여 절을 세우기를 발원하였다. 그러다가 그의 나이 오십이 되던 경덕왕 7년(748)에 조연槽淵이라는 작은 절을 고쳐 큰 절을 만들고 이름을 단속사라고 지은 후 자신도 머리를 깎고 중이 되어 이름을 공굉장로孔宏長老라 하면서 이 절에서 20년 동안 살다가 죽었다."

위의 기록을 볼 때 그들이 절을 짓기 이전에 이미 절이 있었고 그 절이 언제 이름을 바꾸었는지 알 길이 없다. 일연 스님은 그래서 절 이름을 둘 다 적는다고 하였는데 또한 단속사가 언제 폐사되었는지 알 길이 없다.

전해오는 말에는 수백 칸이 넘는 단속사에 식솔이 많아 학승들이 공부하는 데 지장이 많았다고 한다. 고민에 고민을 거듭하던 한 도인이 속세와 인연을 끊는다는 의미로 금계사錦溪寺였던 절 이름을 단속사라고 고치도록 하였다.

이름을 바꾸자 사람들의 발길이 끊어지고 폐사가 되었다고 하는데, 실상은 조선 선조 즉위 해인 1567년에 지방 유생들이 단속사의 불상과 경판 등을 파괴하면서 폐사가 되었다. 이 절은 그 뒤 정유재란 뒤에 재건되었다가 다시 폐사되어 오

남사리의 회화나무 문

늘에 이르렀다.

무오사화 때 희생된 김일손이 정여창과 더불어 천왕봉을 등반하고 지은 『두류기행록頭流紀行錄』에 단속사 일대의 풍경이 다음과 같이 실려 있다.

"계곡에 들어서니 바위를 깎은 면에 '광제암문'이라는 네 글자가 새겨져 있었다. 글자의 획이 힘차고 예스러웠다. 세상에서는 최고운의 친필이라고 한다. 5리쯤 가자 대나무 울타리를 한 띠집과 피어오르는 연기와 뽕나무 밭이 보였다. 시내 하나를 건너 1리를 가니 감나무가 겹겹이 둘러 있고, 산에는 모두 밤나무뿐이었다.

장경판각藏經板閣이 있는데, 높다란 담장으로 빙 둘러져 있었다. 담장에서 서쪽으로 백 보를 올라가니 숲 속에 절이 있고, '지리산단속사'라는 현판이 붙어 있었다. 문 앞에 비석이 있는데, 고려 시대 평장사 이지무李之茂가 지은 대감국사大鑑國師 탄연坦然의 비석이었다.

완안完顔(금나라) 대정大定(금나라 세종의 연호) 연간에 세운 것이었다. 문에 들어서니 오래된 불전이 있는데, 주춧돌과 기둥이 매우 질박하였다. 벽에는 면류관을 쓴 두 영정이 그려져 있었다. 이 절의 승려가 말하기를 '신라의 신하 유순柳純이 녹봉을 상야하고 불가에 귀의해 이 절을 창건하였기 때문에 '단속'이라 이름하였습니다. 임금의 초상을 그렸는데, 그 사실을 기록한 현판이 남아 있습니다. (…) 절간이 황폐하여 지금 중이 거처하지 않은 방이 수백 칸이나 되고 동쪽 행랑에 석불 500구가 있는데 하나하나가 각기 형상이 달라서 기이하기만 했습니다.'고 하였다."

한편 전해오는 말에는 신라 때의 화가 솔거가 그린 '유마상維磨像'이 있었다고 하지만 찾을 길이 없다. 그러나 단속사의 창건이 8세기이고 솔거는 6세기 때 살았던 사람이기 때문에 솔거가 유마상을 단속사에 와서 직접 그린 것이 아니라 다른 곳에 있었던 솔거의 그림을 이 단속사로 옮겨 왔을 것으로 추정된다.

이곳 단속사 터에는 동 · 서 삼층석탑이 있는데, 불국사나 실상사, 그리고 보림사처럼 쌍탑 가람이 심심산골 지리산까지 전파된 것은 삼국통일 이후였다.

단속사 두 삼층석탑은 전형적인 신라 석탑으로서 5.3m로 크기와 모양새가 거의 같다.

각 부분은 비례와 균형비가 알맞아서 안정감이 있고 또한 치석의 수법이 정연하여 우수하다.

하층 기단의 면석은 비교적 높고 각 면마다 우주隅柱(건물이나 탑의 모서리에 있는 기둥)와 탱주撑柱(버팀기둥-목조 건축물에서는 '평주'라 하며, 탑 건축물에서는 탱주라고 한다.) 둘을 모각하였으며 상층 기단의 면석에는 4매의 판석을 세우고 그 위에 한 장으로 된 갑석을 얹었다. 탑신부는 옥신과 옥개를 각각 따로 만들었는데 옥신에는 알맞은 크기의 우주를 새겼을 뿐 다른 장식은 없다. 옥개석은 비교적 얇은 편인데 수평을 이룬 처마 밑에는 5단의 받침이 없고, 지붕 돌은 부드러운 곡선으로 흘러내리다가 네 귀의 끝에서 가볍게 반전하였다.

지붕 돌의 중앙에 괌을 각출하였으며 처마의 네 귀에는 풍경을 달았던 구멍이 남아 있다. 동탑의 상륜부에는 노반, 복발, 앙화까지 남아 있지만 서탑은 앙화가 손실되고 말았다.

이 절 뒤쪽에는 고려 말 강회백姜淮伯이 단속사에서 공부할 때 심었다는 600여 년 이상 된 나무가 있다. 「고려사절요」에는 "강회백은 진주晋州 사람인데 그의 아버지 시는 문하찬성사를 지냈다. 강회백은 신우 초년에 과거에 급제하였다. 계속 승진하여 성균관 제주가 되었고, 밀직제학부사密直提學副使 등의 벼슬을 지냈고, 추충협보공신 호를 받았다. (…) 교주, 강릉도 도관찰출척사로 나갔다가 다시 소환

정당매

되어 정당문학 겸 대사헌으로 임명되었고, 조선에서 동북문 도순문사가 되었으며, 그의 나이 46세에 사망하였다."

지금도 단속사 탑 뒤편의 마을 가운데에는 그때 심었다는 늙은 매화나무 한 그루가 봄이면 봄마다 꽃을 피우고 강회백이 지은 시 한 편을 바람결에 들려주고 있다.

단속사견매斷俗寺見梅

한 기운이 돌고 돌아갔다 다시 오나니
천심天心은 섣달 전의 매화梅花에서 볼 수가 있고
스스로 큰 솥에 국맛을 조화하는 열매로서
부질없이 산중에서 떨어졌다 열렸다 하네.

단속사 뒤편에 있는 매화나무는 뒤에 그가 정당문학 벼슬을 하게 되자. 정당매政堂梅라고 부르게 되었고 그때부터 이 절의 스님들이 매년 북을 주고 잘 가꾸었다. 훗날 이 곳을 찾았던 김일손이 『탁영집濯纓集』에 다음과 같은 글을 남겼다.

"정당이 젊었을 적에 심은 매화가 일백여 년이 되어 늙어 죽음을 면할 수 없었다. 그의 증손이 유적遺蹟을 찾아와서 새로 매화를 그 곁에 심어 놓은 지 벌써 십 년이 되니, 정당政堂만이 손자가 있는 것이 아니라 매화도 그 자손이 자라는구나."

청산을 벗하며 살리라

정당매비

예부터 현재까지 벼슬을 하던 대부분의 사람들은 벼슬을 버리고 돌아가 은거하는 것을 고상하게 여기고, 벼슬하여 부귀를 누리는 것을 외물外物(자기 것이 아닌 남의 물건)으로 여겼다. 사람들은 곧잘 세상과의 인연을 끊고 초야에 돌아가서 살고 싶다고 말하고는 한다. 하지만 초야로 돌아가는 사람은 별로 없다. 그것은 전원의 숲보다 도시의 빌딩 숲을 더 좋아하기 때문이다. 그래서 중국의 시인 두목지杜牧之는 "모두들 청산으로 돌아가는 것이 좋다고들 하지만/청산으로 돌아간 사람 과연 몇 명이나 되는가?" 하였으며, 조하는 그의 시에서, "조만간 내 일신의 일 대강 끝내고/물가로 돌아가 한가한 사람 되리."라는 글을 남겼을 것이다.

김희경金希鏡이 "물이 굽이치고 산이 감돌아서 네 마을을 이웃했다."고 노래했고, 김효정金孝貞이 "봄 산이 그림같이 이름난 마을 안았는데, 열 집 민가民家에는 문을 달지 않았다."고 묘사했던 곳이 바로 산청이다.

이 산청의 웅석봉 아래에 자리 잡은 단속사 터 부근에 집 한 채 짓고서 건너편에 있는 석대산(534m)아래 펼쳐진 산자락들을 바라보며 "하, 참 햇살이 좋다. 하, 참 바람이 좋다."고 한 김광석의 노랫가락을 흥얼거리며 산다면 마음이 얼마나 가뿐할까?

구담마을에서 바라본 회룡마을 부근 풍경

▶▶▶찾아가는 길

전북 임실군 오수면 오수에서 순창군 동계면으로 이어지는 13번 국도를 따라가다 보면 나라 안에서 박사가 가장 많이 배출된 곳이라는 삼계면에 이른다. 삼계에서 13번도로를 따라가면 동계면 현포리 연산사거리에 이르고 그곳에서 우회전하여 21번 도로를 따라가면 섬진강변에 자리 잡은 구미리에 이른다.

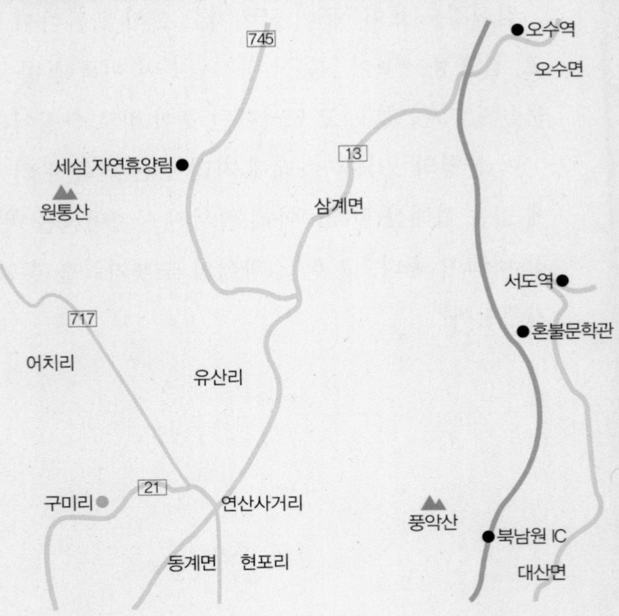

11 전라북도 순창군 동계면 구미리

자연이 빚은 명당 중의 명당

섬진강은 나라 안에서 가장 아름답고 깨끗한 강이라는 이미지로 남아 있다. 그런데 섬진강을 떠올리면 사람들은 대부분 곡성 · 구례 · 하동을 연상한다. 그 이유는 봄의 전령인 매화꽃과 산수유가 지천으로 피어나는 지리산과 백운산이 주변에 있고 그 사이를 흐르는 강줄기가 하도 아름다워서이기도 하지만, 중상류를 가본 사람들이 별로 많지 않기 때문일 것이다. 더구나 그 강 길을 속속들이 걸어 본 사람들은 드물 것이다.

섬진강 시인 김용택의 고향 마을인 덕치면 장산리 진메마을을 지나 천담 · 구담 거쳐 강물이 휘돌아가는 회룡마을을 한 발 한 발 걸어 본 사람들은 알 것이다. 그곳에 이르는 길들이 그냥 무심코 걷는 길이 아니라, 아무도 깨어나지 않은 새벽에 내리는 이슬처럼, 그 이슬 맞으며 피어나는 연꽃처럼, 아름답게 피어난 한 송이 꽃과도 같다는 것을. 숲이며 징검다리며 아무개네 집에서 피어오르는 밥 짓는 연기까지, 모든 것이 다 우리네 산천에 아직도 남아 있는 그윽한 숨결이라는 것을….

아름답게 피어난 한 송이 꽃과도 같은 마을

천담리에서 강을 따라 내려가면 석전마을에 이르고, 강물이 휘돌아 가는 회룡마을에서 고개를 넘어가면 요강바위가 있는 장구목에 이른다. 그곳에서 한 폭의 수채화처럼 펼쳐진 강 길을 한참 따라서 가면 순창군 동계면의 구미리에 이른다. 거북바위가 있어서 구미리龜尾里라고 불리는 이 마을은 6백 년 전 고려 우왕 때 직제학을 역임한 양수생의 처 이씨 부인이 이곳에 온 뒤에, 나무 매 세 마리를 날려 보냈다. 그러자 그 매들이 순창군 동계면 관전리와 구미리 그리고 적성면 농소리로 날아갔는데, 구미리 마을이 마음에 들어 정착해 살면서 묘소는 농소리에 썼다고 한다.

풍수 지리학자인 최창조 선생은 『한국의 자생풍수 2』에서 이곳 구미리를 김용규 씨의 증언을 받아서 다음과 같이 설명하고 있다.

> "이 마을은 거북바위가 하나 놓여 있는데 마을 사람들과 취암산 취암사 승려들 사이에 이 문제를 놓고 싸움을 벌이다 결국 승려들이 거북의 머리를 잘라 버리고 말았다. 그 거북이가 지금도 길가에 서 있다. 그 뒤 마을은 번창하고, 절은 폐사가 되고 말았다 한다. 금구몰리형의 자리에 아직 못 찾은 또 하나의 명당이 있다고 한다. (김용규 씨의 증언)"

이 마을의 주산은 무량산無量山(564m)이다. 덕유산에서 남서쪽으로 뻗어 온 산맥이 남원 교룡산蛟龍山을 지나 비홍재에서 적성강赤城江을 끼고 북으로 달려와 남향으로 앉았다. 무량산의 본래 이름은 구악산龜岳山, 즉 거북산이다. 지금 청룡青龍이라 부르는 산 쪽이 주산에서 뻗어 내린 청룡이고 거북의 머리 부분에 해당된다. 백호는 청룡보다 짧지만 역시 주산에서 그대로 뻗어 내렸다.

거북이 남성을 상징하듯 안산은 옥녀봉, 그 형국은 옥녀탄금형玉女彈琴形 또는 옥녀직금형玉女織金形이다. 옥녀봉 앞으로 동에서 서로 냇물이 흐르고 백호 쪽에서

무량산 자락 구미리 마을 앞을 흐르는 섬진강

흐르는 적성강은 서북쪽에서 남동쪽으로 흘러 내외수류역세內外水流逆勢가 된다.

한편 이 마을은 탕록음수형湯鹿飮水形의 땅으로 사슴의 먹이 부분에 해당된다는 설도 있다. 종가 안쪽 대모정大母井이 형국을 완성하였고, 종가 뒤에는 대나무숲이 있으며, 여기에 사슴을 상징하는 녹갈암이 있다. 지금도 바위가 마르지 않도록 가끔 대모정의 물을 떠다가 부어 준다고 한다. 금구예미형金龜曳尾形의 자리에 아직 못 찾은 또 하나의 명당이 있다고 한다.

명당자리가 숨어서 기다리는 곳

이 마을이 고향인 양병완 선생의 말에 의하면, 옛날에는 구미리에 300여 호가 살았다고 하는데 지금은 78호밖에 안 된다고 한다. 그것도 양씨 외에 타성바지는 다섯 집밖에 안 된다고 한다.

한 성씨들이 집성촌을 이루어 사는 것은 좋은 점도 있지만 안 좋은 점도 많다고 한다. 이웃마을인 장구목에서 가든을 운영하는 유영길 씨의 말에 의하면 씨족이 모여 사는 마을에서는 농사철엔 촌수가 없다고 한다. 날이 가물면 물싸움이 시작되는데 그때는 물이 곧 지난한 삶이기 때문에 전쟁 같은 물싸움을 벌이고 농사철이 끝나야만 아재, 또는 할아버지가 된다고 한다.

오죽했으면 날이 몹시도 가물었던 어느 해에 논이 거북이 등처럼 타들어가자 젊은 여자가 옷을 발가벗고 논두렁에 앉아서 물꼬를 잡고 있어서 남자들이 차마 그 여자와 물싸움을 할 수 없었다는 말이 남아 있을까.

이곳 구미리의 남원 양씨들이 소장하고 있던 종중문서宗中文書는 보물 제725호로 지정되어 있다. 그 내용은 고려 공민왕 4년(1355)부터 조선 선조 24년(1591)까지의 고문서 7매이다. 양이시楊以時가 고려 공민왕 4년(1355) 과거에 합격했음을 알리는 합격증서인 홍패紅牌와 그의 아들 양수생(楊首生) 역시 우왕 2년(1376) 문과에 급제했음을 알리는 홍패 등 2건을 주축으로 하고 있다. 이 외에도 양공준楊公俊이 조선 중종 3년(1508) 생원시에 급제했다는 교지敎旨와 다시 양공준이 문과에 급제했다는 교지, 생원인 양홍楊洪이 중종 35년(1540)에 문과에 합격했다는 교지, 그리고 양시성楊時省이 선조 24년(1591)에 생원시에 급제했다는 교지 등이 있으며, 명종 14년(1559) 양홍楊洪을 청도군수淸道郡守로 임명한다는 발령장인 사령교지도 있다. 특히 고려 시대의 과거 합격증서는 조선 시대의 백패, 홍패의 서식과 달리 왕명王命으로 되어 있는 귀한 자료로 고려 시대 과거제도를 연구하는 데 있어서 귀중한 자료이다. 그 밖의 홍패, 백패, 고신은 『경국대전經國大典』의 문서 서식을 그대로 따르고 있다. 고려 때 합격증서로는 1305년(충렬왕 31) 장계張桂에게 사급賜給된 인동장씨선세홍백패仁同張氏先世洪白牌가 보물 제501호로 지정되어 있으나, 이것은 그 다음으로 오래된 것으로 붉게 염색한 저지楮紙에 필서한 것으로 대체로 보존이 잘 되어 있는 편이다.

이곳 내령內靈리는 본래 임실군 영계면의 지역으로 영계면에서 가장 안쪽이 되므로 안영계 또는 내령으로 불리기도 하지만 장군목, 장구목, 장군항, 물항이라 부르기도 한다. 느재 동쪽 기산(345m)과 용골산 사이의 기슭에 있는 내동內洞마을에는 장군대좌형將軍大座形의 명당자리가 있다고 하는데, 그보다 더 중요한 것은 이곳 내동마을 부근이 섬진강 중에서도 아름답다고 회자되는 곳이다.

강에는 수많은 바위들이 저마다 아름다움을 뽐내고 있지만 그 중에서도 바라보면 볼수록 기기묘묘한 바위가 요강바위이다. 큰 마을 사람들이 저녁 내내 오줌을 누어도 채워질 것 같지 않은, 깊이를 알 수 없는 요강처럼 생긴 이 바위를 한때 잃어버렸던 적이 있었다. 섬진강을 같이 걸었던 박준열 씨가 남원 KBS에 근무하던 때였다니 1994년쯤이라고 한다. 어떤 사람이 마을에 들어와 자신은 골재 채취업자라 하면서 한참을 같이 지냈다고 한다. 그는 마을사람들과 친하게 지내면서 막걸리도 사 주고 밤을 새워 이야기도 하면서 한 두어 달 사이좋게 지내다가 밤이면 포크레인으로 골재 채취를 한다고 드르륵 드르륵 소리를 내기도 했다 한다. 그러던 어느 날 아침에 일어나보니 그 사람도 사라지고 요강바위도 사라져 버린 것이다. 발칵 뒤집힌 마을 사람들이 남원 KBS에 연락을 해서 전국 방송으로 내보낸 뒤 마을 사람의 인상착의를 알려주어 몽타주를 만들어 보냈다. 그리고 두어 달 지났을 즈음 경기도 지역에서 신고가 들어왔는데 방송에서 보았던 분실된 바위가 어떤 지역에 있더라는 것이다. 그래서 경찰들을 급파해 보니 바위를 자기 집에는 두지 못하고 외딴 곳에 숨겨 놓고 있었다고 한다. 결국 그 사람은 붙잡혀 감옥에 가고 요강바위는 약간의 상처를 입은 뒤에 다시 고향에 되돌아올 수 있었다.

장구목의 요강바위

그런데 이렇게 큰 요강바위를 어떻게 싣고 갔을까?

마을 사람들의 말에 의하면 그 당시 무량산에서 회문산으로 가는 루트가 이 요강바위 부근이었다고 한다.

"요강바위에 빨갱이들이 다섯 명이 들어갔대요. 다섯 명이 들어간 뒤에 다른 바위로 모자처럼 쓰고 있으면 토벌대들이 모르고 지나가고, 그러면 또 바위에서 나오고, 그래서 살아난 사람들이 많았다고 해요."

장구목 그 아름다운 풍경

수석이나 분재가 무슨 의미가 있을까? 우리나라는 국토 구석구석에 오밀조밀한 아름다움을 숨겨 놓고 있어서 조금만 시간을 내어 도심에서 벗어나면 도처에 분재가 널려 있고 수석들이 즐비하다. 그런데 자연의 것을 제 것인 양 가져다 장식해 놓고 인공적으로 크기를 제한하며 물 주고 거름 주고 정성을 쏟는다고 해서 나무나 수석들이 고마워할까? 그들에게 영혼이 있다면 수천수백 년을 더불어 살아온 자연을 떠나 좁은 실내에 갇혀 있는 그것만으로 갑갑해할 것이다. 있어야 할 제자리에 제 모습으로 있지 않는다면 이 세상 어느 것도 행복할 수가 없다. 대부분의 수집가들은 그 수석이나 분재의 모습이 사랑스럽고 아름다워서가 아니라, 상품성을 생각해서 가져 온 경우가 더 많다.

장구목의 기이하고 아름다운 풍경들

분재와 수석의 아름다움을 즐기는 수집가라 하더라도 자연의 아름다움을 소유하겠다는 생각은 절대 바람직한 것이 아니다.

나와 내 가족의 이익이라는 개인주의적인 입장에서 벗어나기만 한다면 세상은 얼마나 자유스럽고 사랑스러워질까?

> 진나라 장한은 제 멋대로 살아 거리끼는 바가 없어서 당시 사람들이 강동江東의 완적阮籍이라 하였다. 어떤 사람이 장한에게 물었다. "경은 한세상을 방탕하게 살면서 죽은 후의 명성은 생각하지 않는가?" 그러자 그는 다음과 같이 답하였다. "나에게는 죽은 후의 명성이 당장의 한 잔 술보다 못하네."

『세설신어』에 나오는 글이다.

죽어서 이름을 남기고 잘 사는 것보다 살아 있는 동안의 행복이 참된 행복이고, 지금 바라보는 것이 가장 아름다운 것이다. 그런데 무엇을 남기겠다고 사람들은 자기 것을 늘리려고만 하는가.

이런저런 생각에 비추어 볼 때 산수가 아름다운 곳에 자리 잡고 사는 것은 더할 수 없는 행복일 것이다. 이곳을 흐르는 섬진강 주변, 그러니까 적성면, 동계면, 인계면의 퇴적암류와 응회암 지대의 깊은 골짜기를 흐르는 지역을 적성강이라고 부른다.

강물이 맑아 소녀의 눈동자 같다는 적성강, 섬진강 오백 삼십 리 물길 중에서도 가장 경치가 아름다우면서도 한적한 곳, 그런데 머지않아 이곳에도 길이 뚫린다는 소식이 들리니 반가워해야 할까? 아니면 걱정스러워해야 할까?

덕태산 자락 깃대봉 아래의 시암골

▶▶▶ 찾아가는 길

전북 진안군 진안읍에서 30번 국도를 따라가다 보면 마령에 이르고, 손내 옹기마을을 지나면 백운 소재지인 원촌에 이른다. 원촌에서 덕태산 쪽으로 한참을 가면 흰바우마을이 나온다. 전북 임실에서 임실 IC로 나와 남원간 4차선 도로를 따라가다 30번 국도로 14km쯤 더 가면 백운에 이른다.

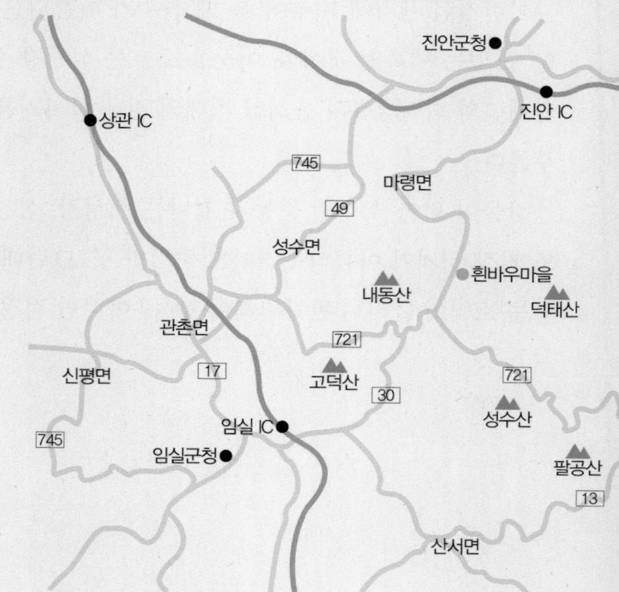

12 전라북도 진안군 백운면 백암리 흰바우마을

언제나 그리움이 남아 손짓하는 곳

전국에서 가장 외지고 궁벽진 곳 중의 한 곳이 전라북도 진안군 백운면이다. 내가 태어나고 어린 시절을 보낸 웃흰바우(상백암)는 흰바우 위쪽을 이루고 있는 마을이며, 아래흰바우(중백암)는 숲거리 지나 1km쯤 아래에 있는 마을이다.

또한 그 아래가 점촌이고, 물 건너가 면소재지가 있는 원촌이며, 바로 아래가 주위에 넓은 바위가 많다고 해서 번바우(번암)이다.

백운동은 웃흰바우 위쪽에 있는 마을인데 대가 높아서 항상 흰 구름이 떠 있다고 해서 지어진 이름이다.

> 시냇물에 비치는 천봉의 푸름에 이어
> 깊은 골짜기 붉은 단풍 속 몇 집이 계곡 기슭 가에 있네.
> 인가가 드문 소로 길로 들어와 보니, 구름이 가득 서려 있구나.
> 산 위의 노을 질 제 시상詩想을 가다듬다가
> 찬 기운 돌고 해 기울어 고개 돌려 보니
> 참으로 그림으로 보는 듯하구나.

『진안지』에 실려 있는 임영林泳의 「백운동에서 놀다」라는 시다.

마을 북동쪽에 있는 골짜기 가는골은 어린 시절 내가 가재를 제일 많이 잡았던 곳이며, 집에서 바라보면 덕태산(1,113m)의 후덕한 모습이 한눈에 들어오는 곳이다.

백운동마을을 지나면 노루목 고개에 이르고 노루목 고개에서 보이는 폭포가 전진바우폭포다.

선각산 줄기에 장군의 투구같이 보이는 봉우리가 감투봉이고, 감투봉 북동쪽 아래 있는 바위는 진을 치고 있는 모습 같다고 해서 독진바우다.

독진바우 북동쪽에 있는 바위는 감투봉의 장군을 보호하기 위하여 망을 보고 있다고 해서 망바우이고, 선각산 아래에 펼쳐진 골짜기가 망태골이며, 열두골, 국골, 큰덕골, 장자골, 통시골, 복골 등이 덕태산과 선각산 사이에 있는 골짜기들 이름이다. 또한 가리손이(신전)로 넘어가는 고개는 배갯재라고도 부르는 배고개이고 그곳에 큰시암골, 작은시암골이 있다.

시암골 동북쪽에 있는 등성이가 물방아날이고, 웃흰바우 남동쪽에 있는 보를 물방아보라고 불렀다.

상백암에서 은안으로 가는 고개를 닥실고개라고 불렀고, 가는 길목에 있는 저수지가 덕실방죽이었다.

백운동으로 가는 길은 사시사철 쉬임 없이 흐르는 백운동천의 맑은 물과 산세가 어우러져 한 폭의 그림 같았는데, 가다가 보면 큰 소沼에 용소(폭포수가 떨어지는 바로 밑에 있는 깊은 웅덩이)가 있었다.

마을 서쪽에 있는 소沼는 옛날 갓 시집 온 각시가 빠져 죽었다는 각시소이고, 그곳에서부터 거슬러 올라가는 냇가가 어린 시절 마을 아이들의 자연 노천 수영장이었다.

내 어린 날의 기억이 한 올 한 올 살아 숨 쉬는 곳이 그곳이지만, 가서 보면 그때 그 시절의 모습으로 남아 있는 곳이 별로 없다.

백운동 계곡의 전진바우 폭포

내 어린 시절은 다만 어두운 폭풍우였을 뿐
이따금 눈부신 햇살이 이곳저곳을 뚫어 비추고
천둥과 비가 성화를 부려
내 뜰 안에는 몇 안 되는 붉은 열매만 매달렸을 뿐

보들레르가 노래한 것과 같은 그런 시절이었는데도 나는 가끔씩 그 시절을 그리워한다. 내게 있어 고향은 항상 그리움이자 슬픔이 서린 곳이다. 어린 시절 가난과 어려움 속에서 보낸 나는 내 고향을 아름답다거나 자랑스럽다고 느끼지 못했었다.

덕태산 방면에 어린 용이 보이다

내 고향이 새로운 느낌으로 다시 다가온 것은 한 권의 책에 의해서였다.

풍수지리학자 최창조 선생은 『한국의 풍수지리』라는 저서에서 내 고향 일대를 다음과 같이 평했었다.

"지금까지 20년 이상 풍수를 공부해 오면서도 필자는 아직까지 어떠한 종류의 풍수적 이상향도 제시하지를 못했다. 그것은 영원히 이룰 수 없는 그야말로 이상의 세계에서나 있을 수 있는 어떤 것인지도 모르겠다. 그래도 우리는 끊임없이 그 이상향을 꿈꾼다. 필자는 풍수적 삶터의 이상적인 모형으로 인간관계에서는 대동적 공동체를 조화로운 어울림으로 표방하여 왔다. 그러나 불행히도 그런 터전을 현실 속에서는 아직 찾아내지 못하고 있는 것이다. 불행 중 다행이랄까. 이번 여름에 그에 상당히 근접하는 좋은 마을들을 한꺼번에 접할 수 있었던 것은 행운이다. 그곳은 바로 전북 진안군 일대였다. 지리산 서쪽에 가서 이곳저곳을 둘러보고 남원을 거쳐 임실에서 진안으로 들어가는 30번 국도에 접어들었을 때는 굵은 장마비가 하염없이 쏟아지고 있었다. 나는 원래 맑은 날보다는 비 오는 날들을 좋아하는 편이지만, 그것도 어느 정도지 이렇게 물난리가 날 지경에 이르러서는 좀 지긋지긋한 생각이 들었다.

임실 성수면을 지나 진안 성수면(같은 성수면이 임실에도 있고 진안에도 있음)을 약간 스쳐 백운면에 접어들었을 무렵 참으로 운이 좋게도 잠시 파란

세상을 다 품은 채 굽어보는 듯한 덕태산의 위용

하늘이 고개를 내미는 장면을 볼 수가 있었다. 더욱 행운인 것은 이때 바로 교룡嬌龍의 대표적인 형세를 볼 수 있었다는 점이다. 눈룡이란 용세십이격龍勢十二格 중 노룡老龍에 대칭되는 개념으로 글자 뜻 그대로 어린 용이라는 뜻이다. 백운면 초입 남계마을에서 북서쪽으로 덕태산德泰山 방면에 나타난 눈룡은 산이 바로 사람임을 웅변으로 보여 주는 광경이었다.

다시 한 번 강조하거니와 산은 즉 사람이다. 눈룡이란 어린아이이다. 한 열 살쯤 되는 어린이다. 그렇기 때문에 청년처럼 혈기방장한 것도 아니고 아기처럼 철이 너무 없는 것도 아니며 노인처럼 기력이 떨어지는 것도 아니다.

매우 신선하게 아름다우면서도 교만하지 않고 순박하다. 아름다움을 갖추고도 교만하지 않다는 것은 어린아이이기 때문에 가능하다. 기운은 이제 싹이 돋아나려는 듯이 밑에 깔려 위로 치솟고 있는 상태다. 산이 사람으로 비친다는 것은 공부하는 사람에게는 매우 중요한 일이다. 그로써 산과의 대화가 이루어질 수 있기 때문이다. 여하튼 백운면의 눈룡은 한마디로 감동이었다."

대단한 상찬이다. 우리나라에서 풍수를 가장 정통으로 공부한 최창조 선생이 최초로 눈룡을 보았다는 곳이 내 고향이라는 말에 고향을 다시금 생각하는 계기가 되었다.

우리가 태를 묻고 자란 고향, 일상에 지치고 피폐해질 때면 막연한 그리움의 대상이 되는 그곳이 한편으로 잔혹한 유년의 기억을 가진 사람에게는 그저 잡다한 상념만 일으키는 곳이기도 하다. 나는 성격이 내성적인 데다가 친구들로부터 따돌림을 받다 보니 초등학교 때부터 친구들과 어울리기보다 혼자 있는 시간이 많았다. 그런 나날 속에서 스스로 노는 방법을 터득했는데, 그게 바로 자연 속으로 들어가서 시간을 보내는 놀이였다. 그런 나를 잘 알고 있는 할머니는 학교에 가기 위해 책보를 등에 메는 나에게 다음과 같이 말했다.

"오늘은 내가 가는골에서 밭 매고 있을 것이니 학교가 끝나거든 살강에 얹어 놓은 밥 먹고 가는골로 오거라."

나는 학교에 가면서도 공부에는 관심이 없고 오로지 가는골에서 얼마나 많은 가재를 잡을 것인가에만 생각이 차 있었다. 그러다가 학교가 파하기 무섭게 혼자 집에 달려가면 살강에서 나를 기다리던 서늘한 보리밥, 나는 찬물에 밥을 말아 게 눈 감추듯 먹어치우고 가는골로 향하곤 했다.

백운의 진산이라고 할 덕태산의 가슴께에서부터 흘러내린 시냇물이 조금씩 모아지고 둠벙(웅덩이)이 되는 경이를 나는 가는골에서 발견했다.

흐르는 물소리가 잦아들 무렵 그곳에서부터 내가 가장 자신 있는 '가재사냥'이 시작되었다.

물은 차다. 먼저 엎드려 물을 마신다. 뱃속으로 들어가기도 전에 온몸이 오싹하도록 차가운 물맛, 나는 물속에 그 작은 손을 한참을 담근 다음 가재가 있음직한 돌멩이를 가만히 들추어 본다. 그러면 가재는 자기의 은신처가 백일하에 드러난 줄도 모르고 가만히 웅크리고 있다. 나는 손을 가만히 들이밀고 순식간에 가재의 몸통을 붙잡는다. 가재는 몸부림을 치며 그 무서운 집게발을 허공에 허우적거리지만 내 두 손가락에 붙잡힌 이상 빠져나갈 길은 어디에도 없다.

나는 그 가재의 끝부분 부채를 떼어내고 날렵하고 가느다란 싸리나무 가지에 몸통을 꿴다. 가재는 마지막으로 버둥거리다가 한참 후에 숨을 거둔다.

지금 생각해 보면 초등학교 2학년의 조그만 아이가 겁도 없이 깊고도 깊은 산속에서 가재를 잡는 것도 무서운 일이었지만 그 살아 있는 가재를 잡아 서서히 죽게 만든 것도 못할 일이었다. 하지만 그때는 가재를 잡는 것이 내가 할 수 있는 일 중 가장 잘할 수 있는 일이었고 최상의 즐거움이었으며 모험이기도 했다.

독사가 살고 더덕이 자라고

시냇가에는 가재만 사는 것이 아니다. 행여 놓칠까 봐 그 둠벙을 주시하고 있

흰바우마을 모정에서 바라본 내동산

으면 훼방꾼처럼 중고기가 물살을 차고 지나간다. 그리고 무엇인가가 풀섶을 스치고 지나가는 소리, 눈을 동그랗게 뜨고서 바라보면 날렵한 까치독사가 혀를 날름거리며 지나갔고 별안간 푸드득 날아가는 장끼 한 마리, 어디 그뿐인가, 어디선가 풍겨오던 더덕 냄새, 가만히 바라보면 젓가락보다 굵은 더덕 싹이 물가에 축 늘어진 때동나무를 타고 올라간 것이 보였다. 나는 싸리나무 가지를 꺾어 그 더덕 싹을 파헤쳤다. 하지만 물 근처에서 자라는 더덕은 십중팔구 물 찬 제비처럼 잘 빠진 더덕이 아니라 몸매가 뭉툭하게 뭉친 까치더덕이었다. 그러다가 지치면 물에 발을 담그고 가만히 앉아 있기도 하였다.

"창랑滄浪의 물이 맑거든 그 물로 갓끈을 씻는 것이 좋을 것이요,
창랑의 물이 흐리거든 그 물로 나의 발을 씻는 것이 좋으리라."

그랬다. 더럽기 그지없는 세상에 나가지 않고 은둔하며 수신修身 또는 보신保身한다는 뜻으로 굴원屈原이 지은 「어부사漁父辭」에서 유래한 이 탁족濯足을 알 리도

만무했지만 나는 하염없이 냇물에 발을 담그고 흐르고 흘러가는 물을 바라보았다. 그러면서 이 물은 어디로 갈까 떠올려 보기도 했지만, 그때까지 내가 본 것은 우물 안 개구리처럼 한정될 수밖에 없었다.

강에 대한 그리움

평생을 내 곁에서 그림자처럼 떠나지 않는 강에 대한 그리움은 이미 그때부터 시작한 것이었는지도 모른다. 그렇게 궁금했던 그 시냇물이 우리나라에서 가장 아름다운 강이라고 일컬어지는 섬진강의 발원지 근처였으며, 그 물은 마령과 임실의 운암댐을 거쳐 순창 · 남원 · 곡성 · 구례를 지나 지리산에 이르고, 하동 · 광양을 사이에 두고 남해로 흘러간다는 것을 중년에 접어든 뒤에서야 알게 되었다.

그렇게 나의 유년 시절은 가는골에서 시암골로 그리고 마을에서 제일 먼저 익는 우리집 뽕나무에서 호두나무로 다시 감나무로 그 순환 고리가 이어져 갔다.

나는 슬플 때나 기쁠 때나 2년 동안의 그 추억을 간직하고 여지껏 살아왔는지도 모른다.

누군들 가슴에 그리움 하나 가지지 않고, 흘러서 넘치는 강 하나 가지지 않고 살아온 사람이 있으랴만 사람마다 각자의 가슴을 적시고 지나가는 강이 우주와 영원을 흐르는 강이라는 것을 다시금 생각해 본다.

그러고 보면 유년은 가난하고 외로웠지만 어쩌면 풍요로웠는지도 모른다.

프랑스의 작가이자 철학자였던 사르트르가 술회하기를 "어려서 일찍 아버지를 잃은 것이 행운이었다." 라고 한 것과는 약간은 다른 맥락이지만 나는 어린 시절을 부모님과 떨어진 채로 할머니와 단둘이서 살았던 시절이 있었다. 그래서 '아침에 일찍 일어나라' 또는 '열심히 공부해라' 하는 일종의 간섭을 누구에게도 받지 않았다. 덕분에 일찍부터 허전하면서도 달콤한 그 외로움의 의미, 그 쓸쓸함의 의미를 터득했는지도 모른다.

"나는 궁핍 속에서 살았지만 그와 동시에 일종의 환희 속에서도 살았다."는 알

베르 카뮈의 말이 들어맞는 시절이 바로 그 시절이었다. 지금도 그때를 떠올려 보면 아침에 눈 뜨면서부터 잠들기 전까지 내 눈에 보이던 산과 강이 나의 유일한 벗이자 스승이며 대학이었다.

지금이야 집집마다 수도 시설이 완벽해서 꼭지만 틀면 콸콸 쏟아지는 게 물이다. 하지만 내 어린 시절만 해도 물은 흐르는 냇가나 마을의 공동 우물이나, 깊고도 깊은 샘에서 길어다 먹었다. 내가 태를 묻은 고향마을은 집집마다 거쳐서 흘러간 작은 냇물이 마을 앞에 있었다. 마을 사람들은 그 물로 나물을 씻고, 빨래를 했으며, 세수는 물론 밤중에는 목욕을 하기도 하였다. 할머니는 매일 아침마다 물동이를 이고서 물을 길어와 그 물이 가라앉기를 기다려 하얀 사발에 정갈한 물[淸水]을 떠 놓고 내가 알아듣지 못할 소리로 무엇인가 소원을 빌었다.

오지 중의 오지이긴 했지만 산천이 아름다운 그곳에서 태어나고 자라며 작가의 꿈을 키웠던 것은 어쩌면 내 생애에 가장 큰 행운이었는지도 모른다. 그러나 "생애의 각 순간이 기적 같은 가치와 영원한 청춘의 모습을 스스로 지니고 있었다."라는 카뮈의 말을 충분히 이해하고 정감 어린 눈으로 고향을 다시 바라보기 시작한 것은 참으로 오랜 세월이 지난 뒤였다.

그런 고향이 가끔 찾아가면 또 다른 모습으로 보인다는 것은 얼마나 신기한 일인가? 명승지로 이름난 마이산과 백운동 계곡, 그리고 나라 안에서 제일 아름다운 강이라고 회자되는 섬진강 발원지가 지척인 곳이 나의 고향 흰바우마을이다. 그곳에서 살아가는 사람들에게 평안과 행복이 함께 하기를 기원한다.

▶▶▶찾아가는 길

부안 서해안고속도로의 줄포 IC에서 나와 보안면 소재지로 가서 격포로 이어지는 30번 지방도로에 접어든다. 도요지가 있는 유천리를 지나면 우동리가 지척이다.

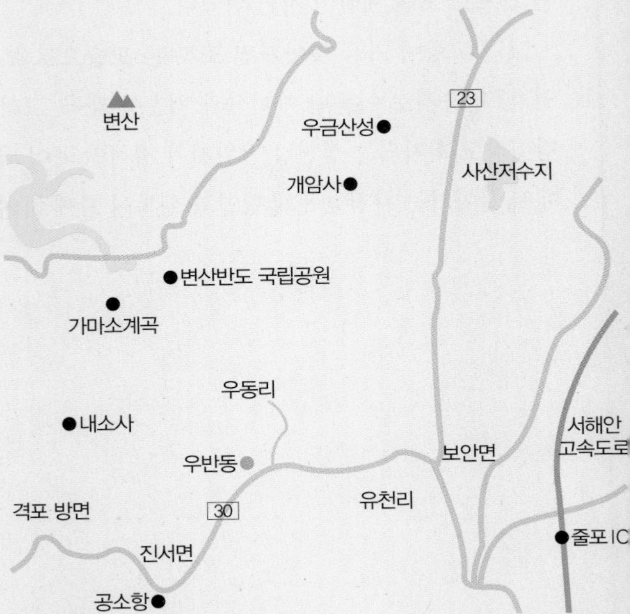

13 전라북도 부안군 진서면 변산 우반동

허균이 꿈꾸었던 이상향

풍수風水에서 말하는 금언 중의 하나가 "보지 않은 것은 말하지 말라."라는 말이다. 어느 지역이나 자랑하는 명소가 있는데, 마음속으로 그리는 것과 직접 가서 눈으로 보는 것은 실로 큰 차이가 있다. 그래서 주자학을 창시한 주자는 "견문見聞이 넓은 사람일수록 안목眼目이 좁은 사람이 없다."고 했을 것이고, 프랑스의 작가인 앙드레 지이드는 『지상의 양식』에서 다음과 같이 말했을 것이다.

"서책書冊을 불살라 버려라. 강변의 모래들이 아름답다고 읽는 것만으로는 만족할 수가 없다. 원컨대 맨발로 그것을 느끼고 싶은 것이다. 어떠한 지식도 우선 감각感覺을 통해서 받아들인 것이 아니면 아무 값어치도 없다."

전라북도 지역 사람들이 자랑하는 명소가 부안의 변산이다. 변산은 안과 밖의 변산을 속속들이 다 들여다 보고 나야 변산이 왜 변산인 줄을 알게 된다.

천년 고찰 내소사와 개암사가 있고, 이매창과 반계 유형원과 직소폭포, 그리고 변산해수욕장과 격포해수욕장 등 크고 작은 백사장이 펼쳐진 일대의 풍경이 얼마나 아름다운지….

하지만 변산 하면 떠오르는 한 곳을 꼽으라면 저마다 다를 것이다. 어떤 사람은 격포해수욕장이라고 하고 어떤 사람은 내소사나 월명암의 낙조를 제일 좋아

한다고도 할 것이다. 그런가 하면 산을 좋아하는 사람은 바다를 바라보며 올망졸망한 산등성이를 오르내리는 변산 산행을 드는 사람도 있을 것이다.

산과 바다가 어우러져 절묘한 아름다움을 자랑하는 산이 변산이며, 그 변산의 남쪽에 숨은 듯 자리 잡고 있는 보석 같은 곳이 우동리의 우반동이다.

곰소 가는 들목에 있는 우반동

우동리는 본래 부안군 임하면 지역으로 우반동의 동쪽에 있으므로 우동 또는 동편이라고 하였는데, 만화동 동쪽에 있는 계룡산에는 금계포란형金鷄抱卵形의 명당자리가 있다고 한다. 우동에서 성계 안으로 가는 고개인 버디재는, 옥녀가 비단을 짜는 형국의 산인 옥녀봉(421m)에서 베틀의 버디(바디)에 해당한다고 해서 붙여진 이름이다. 우동 북쪽의 골짜기 성계골은 선계사仙啓寺라는 절터가 있었고, 절터에는 높이 8미터쯤 되는 돌탑이 있었다고 하는데, 지금은 주춧돌만 흩어져 있다. 이 절에 조선을 건국한 태조 이성계가 팔도의 명산을 돌아다니며 공부를 할 때, 아름다운 변산이 좋아 암자를 짓고서 두 사람의 선생을 모시고 글과 무예를 익혔다고 한다.

『동국여지지東國輿地誌』에는 이곳의 수려한 풍경이 잘 소개되어 있다. "변산邊山의 동남쪽에 있는 우반동은 산으로 빙 둘러싸여 있으며, 가운데에는 평평한 들판이 있다. 소나무와 회나무가 온 산에 가득하고 봄마다 복사꽃이 시내를 따라 만발한다."

또한 조선 중기의 문신인 권극중權克中은 변산의 우반동에 대해 다음과 같이 찬탄하는 글을 남겼다.

"변산의 남쪽에 우반이라는 마을이 있는데, 아름다운 포구浦口와 산수山水가 어우러져 절경을 이룬다."

조선 중기의 문장가이자 비운의 혁명가이며 〈홍길동전〉을 지은 허균許筠은 공

외변산에 있는 솔섬의 낙조

주목사에서 파면된 뒤에 이곳 우반동에 왔다. 그는 김청金淸이라는 사람이 벼슬에서 물러난 후 우반동의 골짜기에 지은 정사암靜思巖에서 잠시 머물렀다. 그때 「정사암중수기靜思菴重修記」라는 글을 지으면서 우반동의 수려한 경치를 다음과 같이 묘사했다.

"해변을 따라서 좁다란 길이 나 있는데, 그 길을 따라가서 골짜기로 들어서니 시냇물이 옥구슬 부딪치는 소리를 내며 졸졸 흘러 우거진 덤불 속으로 쏟아진다. 시내를 따라 채 몇 리도 가지 않아서 곧 산으로 막혔던 시야가 툭 트이면서 넓은 들판이 펼쳐졌다. 좌우로 깎아지른 듯한 봉우리들이 마치 봉황과 난새가 날아오르는 듯 치솟아 있는데, 그 수를 헤아리기 어려웠다. 동쪽 등성이에는 소나무 만 그루가 하늘을 찌르는 듯했다.

나는 세 사람과 함께 곧장 거처할 곳으로 나아가니 동서로 언덕 셋이 있는데, 가운데가 가장 반반하게 감아 돌고 대나무 수백 그루가 있어 울창하고 푸르러 상기도 인가의 폐호임을 알 수 있었다. 남으로는 드넓은 대해가 바라보이는데 금수도金水島가 그 가운데 있으며, 서쪽에는 삼림이 무성하고 서림사西林寺가 있는데, 승려 몇이 살고 있었다. 계곡 동쪽을 거슬러 올라가서 옛 당산나무를 지나 소위 정사암이라는 데에 이른다.

암자는 겨우 방이 네 칸이고, 깎아지른 듯한 바위 언덕에다 지어놓았는데, 앞에는 맑은 못이 굽어보이고 세 봉우리가 마주 서 있다. 나는 폭포가 푸른 절벽에서 쏟아지는데, 마치 흰 무지개처럼 성대하였다.

시내로 내려와 물을 마시며 우리 네 사람은 머리를 풀고 옷을 벗은 후 못가의 바위 위에 걸터앉았다. 가을꽃이 막 피기 시작하였고 단풍잎이 반쯤 붉게 물들었다. 저녁노을이 서산에 걸리고 하늘 그림자가 물 위에 드리워졌다. 물을 내려다보고 하늘을 올려다보며, 시를 읊고 나니 문득 속세를 벗어난 기분이었다. (…) 나는 속으로 생각하기를, 다행히 건강할 때 관직을 사퇴함으로써 오랜 계획을 성취하고 또한 은둔처를 얻어 이 몸을 편케 할 수 있으니, 하늘이 나에 대한 보답도 역시 풍성하다고 여겼다. 소위 관직이 무슨 물건이기에 사람을 감히 조롱한단 말인가."

그대의 집은 곧 나의 집이니

허균은 이곳 우반동에 있는 집인 '산월헌山月軒'을 두고 기記를 남겼는데 그 글을 보면 그가 얼마나 이곳 우반동 부근을 사랑했는지를 알 수 있다.

"나는 부안의 봉산을 몹시 기꺼워하여 그 산기슭에 오두막이나 짓고 살려고 했었다. 사람들이 하는 말이, 산 가운데 골짜기가 있어 우반愚磻이라 하는데, 거기가 가장 살 만하다 하였으나, 역시 가서 보지는 못하고 한갓 심신心身만 그리로 향할 뿐이었다.

무신년(선조 41년. 1608년) 가을에 관직에서 해임되자, 가족들을 다 데리고 부안으로 가서 소위 우반이란 곳으로 나아갔다. 경치 좋은 언덕을 선택하여 나무를 베어 몇 칸의 집을 짓고 평생을 마칠 계획을 세웠더니, 일이 미처 마무리되기도 전에 당시의 여론이 나를 조정에 용납하지 않을 뿐 아니라 시골에 사는 것도 허용하지 않으려 하여, 무리가 모여 함께 헐뜯어 대었다.

비가 내릴 때만 폭포가 되기 때문에 벼락폭포라고 불리는 선계폭포

'태평 세상을 만났는데도 도원桃源의 뜻을 품었으니 너무도 옳지 않다.'하여 마침내 나를 끌어다가 북쪽으로 가게 했다. 그 승지勝地를 돌아다보면 마치 천상에 격해 있는 것 같으니, 아아, 명이란 어찌하랴."

그가 짓고 살고자 했던 곳에 지은 구인기具仁其라는 사람이 집을 짓고 허균에게 기記를 부탁하며 쓴 글을 보면 그 일대가 마치 손에 잡힐 듯이 들여다 보인다.

"그 거처에 몇 칸의 집을 지었는데, 지형은 탁 트여 밝고 깊숙하였으며, 서쪽으로는 봉산이 바라뵈는데, 아침 구름과 저녁 안개가 삼킬락 말락 밝을락 말락 하여 책상머리에 교태를 부리고, 남으로는 두승斗升, 소요逍遙 등 여러 산이 눈 아래에서 빙 둘러 떠받치고 있으며, 큰 바다가 그 남쪽을 지나는데 파도가 거세게 일어 하늘까지 닿을 지경이고, 밀물이 포구에 들면 마치 영서靈胥(물의 신)가 흰 수레에 백마를 몰고 오는 것 같지요. 나는 그 가운데 종일토록 기대어 누웠다가 매번 달이 떠오르는 것을 기다려 숲속을 산책하면서 그림자를 끌고 배회하는데, 서늘하여 마치 얼음 항아리나 은궐銀闕(신선이 사는 곳)

에 들어간 듯하여 몸과 마음이 모두 상쾌하지요. 그러므로 나는 이를 몹시 즐거워하여 그 집에 편액을 산월山月이라고 달았소."

허균은 다음과 같이 그 글에 답했다.

"내가 거처하고 싶었던 곳인데, 그대가 먼저 살게 되었으니 그곳을 몹시 즐거워하는 것이 나와 다를 바가 없을 것인즉 내가 어찌 그 글 못함을 사양하겠소. 더구나 바라보니 경치가 아름답고 풍연이 곱다는 것은 내가 비록 그대의 집에 오르지 않더라도 이미 십중팔구는 대략 알고 있소. 은사恩赦가 내린 후에 응당 곧바로 옛 골짜기로 향해 가서 그대와 함께 화산의 반쪽을 나누어 갖고 나의 목숨을 바칠 것인즉, 그대의 집은 곧 나의 집이니 어찌 감히 즐거운 말을 만들어 집을 호사시키지 않을 리가 있겠소."

유형원과 허균이 좋아했던 마을

허균이 그 뒤 벼슬에 나가지 않고 이곳에 은거한 한 채 글만 썼더라면 다산보다 더 많은 저작을 남겼을지도 모른다. 하지만 사람의 운명이란 그 누구도 모르는 것이라서 타의에 의해서 다시 벼슬길에 나아간 허균은 결국 반역죄로 비운의 생애를 마감하고 말았으니….

이곳 변산의 우반동에 큰 흔적을 남긴 인물이 바로 조선 숙종 때의 실학자인 반계磻溪 유형원柳馨遠이다. 유형원은 이곳에 들어와 살면서 후학들을 가르치며 왕성한 집필 활동을 하였다. 서울에서 살았던 그가 이곳에 살면서 학문을 연구할 수 있었던 이유는 우반동에 집안의 농장이 있었기 때문이었다.

유형원柳馨遠은 본관이 문화文化이고, 자는 덕부德夫, 호는 반계磻溪이며, 서울에서 태어났다. 그의 나이 두 살 때 아버지를 여의고, 다섯 살에 글을 배우기 시작하여 일곱 살에 『서경書經』 「우공기주편禹貢冀州編」을 읽자 사람들이 매우 감탄하였

반계서당(사진 김종우)

다고 한다. 외숙인 이원진李元鎭과 고모부인 김세렴金世濂에게 사사한 그는 문장에 뛰어나서 스물한 살에 『백경사잠百警四箴』을 지었다.

1653년(효종 4년)에 부안현 우반동愚磻洞에 정착한 그는 이듬해 진사시에 합격하였으나 과거를 단념하고 학문 연구와 저술에 전심하면서 여러 차례에 걸쳐 나라 곳곳을 유람하였다. 1665년, 1666년 두 차례에 걸쳐 학행學行으로 천거되었으나 모두 사퇴하고, 농촌에서 농민을 지도하는 한편, 구휼救恤을 위하여 양곡을 비치하게 하고, 큰 배 4~5척과 마필馬匹 등을 비치하여 구급救急에 대비하게 하였다. 유형원은 그의 저서인 『반계수록磻溪隨錄』을 통하여 전반적인 제도 개편을 구상하였다. 중농사상에 입각하여 토지 겸병兼併을 억제하고 토지를 균등하게 배분할 수 있도록 전제田制를 개편, 세제 · 녹봉제祿俸制의 확립, 과거제의 폐지와 천거제의 실시, 신분 · 직업의 세습제 탈피와 기회균등의 구현, 관제 · 학제의 전면 개편 등을 주장하였다. 그의 사상은 훗날에 이익李瀷 · 홍대용洪大容 · 정약용丁若鏞 등에게 이어져 실학實學이라는 새로운 학문으로 발전하는 원동력이 되었다.

선인만이 살 수 있는 곳

유형원의 조부인 유성민柳成民은 선대로부터 이어 내려온 우반동의 땅을 농장으로 만들어서 후손들이 이곳에 와서 농사를 지으며 살 수 있게 하였다. 그 뒤에 유성민은 '우반동 김씨'라고 불리는 김씨들의 현조顯祖 중의 한 사람이라고 불리는 김홍원金弘遠에게 땅을 방매放賣하면서 매매문서를 작성해 주었다.

> "대저 이곳은 사방이 산으로 둘러싸여 있으나 앞은 툭 트여 있으며, 조수潮水가 흘러들어 포浦를 이룬다…. 기암괴석이 좌우로 늘어서 있는데 마치 두 손을 공손히 마주잡고 있거나 혹은 고개를 숙여 절하는 모양을 하고 있으며, 혹은 나오고 혹은 물러나 그 모습이 변화무쌍하다. 아침의 노을과 저녁의 노을이 자태를 드러내면 이곳은 진실로 선인仙人만이 살 곳이요, 속객俗客이 와서 머무를 곳은 아니다. 마을 한 가운데에 있는 장천長川이 북에서 흘러나와 남으로 향하니 이로 말미암아 동서東西가 자연히 나뉘는데 이 장천이 또 하나의 절경을 이루고 있다."

그때 매매문서에 실려 있는 글인데 마치 그 당시의 풍경을 눈으로 보는 듯하게 세밀히 묘사되어 있다.

이곳 우동리에는 유형원이 서당을 짓고 후학들을 가르쳤다는 서당이 있다. 서당골 북쪽 산 중턱에는 큰 바위가 있고 그 아래 커다란 굴이 있는데 이곳에 불을 때면 그 연기가 산내면 해창으로 나온다고 한다. 그 당시 전화도 없던 시절인데 어떻게 몇십 리 밖에서 연기가 나오는 것을 알았는지 모를 일이다.

우동에서 중봉을 지나 유천리 장춘동으로 넘어가는 고개 이름은 중고개이고, 계룡산에서 가장 높은 봉우리는 망월봉望月峰이다. 망월봉 남쪽에는 큰 절이 있었다고 해서 중봉(승봉)이라고 부른다.

만화동 남서쪽 천마산 아래에 있는 터는 약 20여 명이 앉을 수 있는 큰 고인돌이 있다. 이곳 우반동 주변의 경치를 우반십경이라고 지은 사람이 조선 중기의 문신으로 영의정을 지냈던 사암思菴 박순朴淳이다. 사포의 떠들썩한 상선, 죽도의 고기잡이 등불, 검무포, 수군의 저물녘의 호각소리, 수락사의 새벽 종소리, 선계의 맑은 폭포, 배고개의 울창한 소나무 숲, 황암의 고색창연한 고적, 창굴암의 고승, 심원에 노니는 사슴, 어살 가득한 고기잡이었다. 그러나 박순이나 허균, 그리고 김홍원이 보았던 우반동의 풍경은 사라진 지 오래다. 하지만 그 당시의 풍경으로 남아 있는 것이 하나가 있는데, 그것이 바로 우동리 당산제이다.

나라 안의 곳곳에서 정월 대보름이 되면 당산제가 열린다. 음력 정월 보름인 15일이나 하루 전날인 14일에 마을마다 모시는 당산에서 제를 올리고 용줄 줄다리기, 달집태우기 등으로 한 해 마을의 안녕과 집안의 평안을 비는 행사가 당산제이다.

보안면 우동리의 당산제는 격년으로 치러지는데, 이 마을의 당산은 전형적인 솟대 당산으로서 오리솟대 · 오리수살대 · 오리살대 등으로 불리고 있으며 부안군 내에서 규모가 가장 큰 행사이다.

바다와 접한 해안 쪽을 외변산, 산봉우리들이 첩첩 쌓인 내륙 쪽을 내변산이라 하는데 이 지역 사람들은 바깥변산, 안변산이라고 부른다. 안변산인 내변산으로 넘어가는 도로를 만들면서 마을 뒷산의 산허리가 크게 잘려나갔고, 우동저수지가 만들어지면서 계곡을 아름답게 수놓았던 기암괴석들은 물에 잠겨버리고 말았다.

그렇게 사라지고 훼손되기도 했지만 바로 근처에 아름다운 곰소항과 내소사가 있다는 것은 대단한 축복이다. 마음만 먹으면 4.5km 부근에 있는 내소사에 찾아가서 그 울울창창하게 늘어선 전나무 숲길을 거닐기도 하고, 검을 현玄자와도 같은 가물가물한 내소사의 문살을 바라보기도 하며, 저물어가는 곰소항에서 선운산 쪽으로 뻗어나간 줄포만을 하염없이 바라보아도 좋을 것이다.

제2부

천하의 기운을 품은 길지

▶▶▶찾아가는 길

경주에서 포항 방면으로 가는 7번 국도를 타고 가다 형산강을 건너면 강동면이다. 형산강을 가로지른 제 2 안강대교를 건너면 바로 양동민속마을로 가는 길이 나오고 그곳에서 다시 1.2km를 더 가면 양동마을이다.

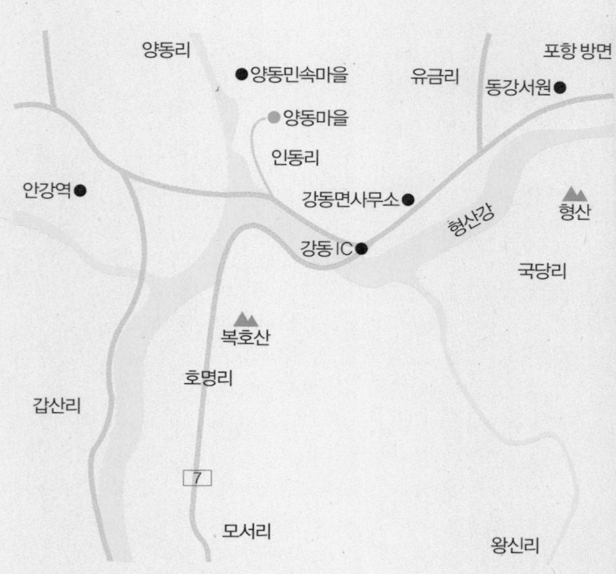

14 경상북도 경주시 안강읍 양동마을

마지막 현인의 탄생을 기다리는 땅

조선 중기의 실학자이며 『택리지擇里志』를 지은 이중환은 이십여 년 동안 '이 땅에 사대부가 살 만한 곳은 어디인가'라는 의문을 안고서 이 나라 산천을 주유했다. 『택리지』는 그가 생애의 마지막을 강경의 팔괘정에서 보내며 지은 책이다.

이중환이 사람이 살 만한 곳이라고 꼽았던 삼남의 4대 길지는 경주 안강의 양동마을 · 안동 도산의 토계 부근 · 안동의 하회마을 · 봉화의 닭실마을이다. 이 마을들은 대개 강변에 있는데, 그중 한 곳이 경주시 강동면의 양동마을이다.

이러한 마을들은 지형뿐만 아니라 사람이 살기 좋은 기운이 서려 있다고 하는데, 『장자』 외편의 「지북유知北遊」에는 그러한 기운에 대해 다음과 같이 실려 있다.

> "삶은 죽음의 동반자요, 죽음은 삶의 시작이니, 어느 것이 근본임을 누가 알랴. 삶이란 기운의 모임이다. 기운이 모이면 태어나고, 기운이 흩어지면 죽는다. 이와 같이 생과 사가 같은 짝이 됨을 안다면 무엇을 근심하랴."

경주에서 포항 쪽으로 7번 국도를 따라가다 형산강을 가로지른 강동대교를 건너 좌회전하여 들어가면 보이는 마을이 양동민속마을이다.

양동마을은 본래 경주군 강동면의 지역으로 양지쪽에 자리 잡고 있으므로 양좌동, 양좌촌, 또는 양동이라고 불렀는데, 1914년 행정구역을 개편하면서 양동良洞이라 하게 되었다.

내가 말을 놓겠네

이 마을은 경주시에서 16km쯤 떨어진 형산강 가까운 곳에 자리 잡고 있는데 넓은 평야에 인접한 물勿자형 산곡이 경주에서 흘러드는 서남방 역수逆水, 즉 형산강을 껴안은 지형이다. 이 역수의 형세가 양동마을의 끊임없는 부富의 원천이라고 이 지방 사람들은 믿고 있다.

이 마을에는 오래전부터 지체 높은 양반들이 모여 살기 때문에 다른 지역 사람이 오면 "내가 말을 놓겠네."한다고 해서 마을 앞 흐르는 작은 내를 '놓네'라고 부르다가 그 말이 변해서 '논내'가 되었다. '논내' 앞에 펼쳐진 안강평야의 대부분이 양동마을을 형성하고 있는 손씨와 이씨의 땅이었으므로 '역수逆水의 부富'는 관념이 아닌 현실로 받아들여지고 있다.

안강평야는 안강읍의 중심을 관류하여 동으로 흐르는 토평천土坪川이 형산강과 합류하는 지점에 형성된 평야로 안강읍 동부와 동북부 일대, 강동면 중앙과 서부 일대에 펼쳐 있다. 수리 시설이 잘 되어 있어 경상북도 내에서 손꼽히는 곡창지대를 이루며 과실 재배도 많이 한다.

이 마을 앞을 흐르는 형산강이 옛날에는 수량도 많고 바닥이 깊어서 포항 쪽의 고깃배들이 일상적으로 들락거렸기 때문에 해산물의 공급이 원활하게 이루어졌다. 하지만 지금은 물의 수량이 줄어들고 바닥이 높아지면서 어선이 출입했다는 이야기는 그야말로 '전설 따라 삼천리' 같은 옛 이야기가 되었다.

그리고 마을의 유래에 의하면 이곳 양동마을은 '대대로 외손이 잘되는 마을'이라고 하는데, 이 마을에서 태어난 사람이 우재偶齋 손중돈孫仲暾과 회재 이언적李彦迪이다.

관가정에서 바라본 양동마을 초입

외가인 손씨 대종가에서 출생한 이언적은 별다른 스승이 없었다. 외삼촌인 손중돈이 관직생활을 하였던 양산, 김해, 상주 등지를 따라 다니면서 독학으로 학문적, 인간적인 가르침을 받은 것이 전부였다. 그래서 월성 손씨들은 지금도 "우재의 학문이 회재에게 전수되었다."고 하고, 여강 이씨들은 "그렇지 않다."고 하여 두 가문의 갈등의 원천이 되었다고 한다. 하지만 "나 이외는 모두가 나의 스승이다."라는 『법구경』의 구절처럼 세상의 그 모든 사람, 모든 사물들 중 그 무엇 하나 스승이 아닌 것이 있으랴.

두 가문의 자존심 대결을 지켜보노라면 후세의 덕이 선대의 덕에 크게 못 미치는 것 같다는 생각이 든다.

마을 전체가 거대한 문화유산이기 때문에 양동마을은 안동의 하회마을과 함께 유네스코에 의해 세계문화유산으로 지정되었다.

안동의 하회마을이 너무 저잣거리처럼 변해버려 그 맛을 잃어버렸는데, 이곳 양동마을은 1960~70년대의 맛을 그대로 지니고 있기 때문에 사람들의 마음속에 더 다가오는 마을이다.

여강 이씨 대종가의 별당인 무첨당

마을의 진산인 설창산雪蒼山에서 흘러내리는 능선과 골짜기가 물勿자를 거꾸로 놓은 것 같은 형국을 지녔는데, 네 골짜기를 따라 두동골, 물봉골, 안골, 장태골을 중심으로 마을이 형성되면서 손씨, 이씨 문중의 경쟁관계를 살펴볼 수 있다.

영남대학교에서 발간한 『영남고문서집성』의 기록에 실린 글을 보면 고려 말 여강 이씨 이광호李光浩가 이곳 양동에 거주하고 있었다. 그때 그의 손자사위가 된 유복하柳復河가 그의 처가를 따라 이 마을에 정착했다.

그 뒤 이시애의 난을 평정한 공으로 계천군鷄川君에 봉해진 월성 손씨 손소가 유복하의 외동딸에게 장가를 들어 이곳에 눌러 살면서 일가를 이루었다. 여기에 이광호의 5대 종손인 이번李蕃이 손소孫昭의 고명 딸에게 장가를 들어 살면서 이씨와 손씨가 더불어 살게 되었다. 그때부터 지금까지 살아온 월성月城 손씨孫氏와 여강驪江 이씨李氏가 양대 문벌을 이루어 동족 집단마을을 이루며 살아온 양동마을은 오랜 세월 동안 상호 통혼을 통하여 인척관계를 유지해왔다.

세 사람의 현인이 태어난다는 곳

마을 중앙인 안골의 높다란 언덕에 월성 손씨의 대종가인 서백당書百堂이 자리 잡고 있다. 명나라의 공신功臣 조광趙光이 쓴 '물애서옥勿崖書屋'이란 넉 자 현판과 흥선대원군興宣大院君이 쓴 '좌해금서左海琴書'라는 현판을 비롯하여 중종 때의 유학자인 이언적이 쓰던 물건과 성리학의 책들이 보관되어 있는 서백당은 마을의 입향조인 손소가 25세 때 지은 집으로 사랑채의 이름을 따서 서백당 또는 송첨松簷이라고 부른다.

중요민속자료 제3호로 지정되어 있는 서백당은 행랑채, 몸채 사당의 영역으로 구성되어 있다. 손소는 이 집터를 잡을 때, 비옥한 땅에서는 큰 인물이 나오지 않는다며, 일부러 언덕 중턱쯤에 집터를 잡았다고 한다. 손소는 바로 이 자리가 문장봉의 지기가 내려와 뭉쳐 혈장을 이룬 곳이라고 여겼던 곳이다, 사당 앞 한쪽에는 손소가 집을 지을 때 지었다는 향나무(수령 500년. 경상북도 기념물 제8호)가 있다. 이 서백당은 풍수적으로 '삼현선생지지三賢先生之地'라고 전해 오는데, 이 집에서 세 사람의 현인이 태어날 길지라는 뜻이다.

이 건물에서 손중돈이 태어났고, 이언적 또한 이곳에서 탯줄을 끊었는데, 이후로 아직 손중돈, 이언적에 필적할 만한 인문이 나지 않았으니, 또 한 명의 걸출한 인물이 더 태어날 것이라고 한다. 그런데 여기서 월성 손씨와 여강 이씨의 경쟁심을 엿볼 수 있는 대목이 있는데, 그것은 이언적이 외손이라는 사실 때문이다. 이후로 시집간 딸이 몸을 풀러 와도 해산만은 반드시 마을의 다른 집에서 하도록 하는 게 월성 손씨들의 전해 내려온 가법家法으로 자리 잡았다. 그 이유인즉 외손이 아닌 손씨 가문에서 인물을 배출하고자 하기 위해서다.

보물 제411호로 지정되어 있는 무첨당은 여강 이씨들의 대종가이자 회재 이언적의 본가로 별당채이다. 별당은 대개 사람들의 눈에 잘 띄지 않는 곳에 짓기 마련인데, 무첨당은 살림채 입구에 있으면서 규모가 하도 커서 별당이라기보다 큰 사랑채에 가깝다.

관가정은 연산군 때의 청백리인 손중돈이 기묘사화가 일어나자 벼슬에 뜻을 잃고 낙향하여 이곳에 은거할 때 살았던 집으로 마을 입구의 첫 번째 산등성이에 자리 잡고 있다. 사랑채 마루에서 내려다보는 경관이 마을의 살림집 가운데 가장 아름다운 건물로 알려진 관가정은 보물 제442호로 지정되어 있다.

여강 이씨 향단파의 종가인 향단은 회재 이언적이 경상감사로 재직할 당시 지은 건물이다. 그가 전임하면서 동생인 이언괄李彦适에게 물려 주어 후손들이 대를 이어 살면서 여강 이씨 대종가가 된 이 집은 외부에서 볼 때는 매우 과시적이고 화려하게 보이지만 내부에서 볼 때는 답답하리만큼 폐쇄적이다.

이 마을에 이름난 정자들이 여러 개가 있다. 설창산 동남쪽 기슭에 있는 영귀정詠歸亭은 조선 중종 때 이언적이 시를 읊으며 노닐던 곳으로 오래되어 허물어진 것을 1925년에 후손들이 다시 세운 정자이고, 양졸정養拙亭은 조선 선조 때의 선비 양졸당養拙堂 이의징李宜澄이 세운 정자를 역시 후손들이 다시 세운 정자이다.

갈구덕 서쪽에 있는 수운정水雲亭은 조선 선조 때 학자인 손엽孫曄이 지었는데, 이 또한 오래되어 허물어지자 그 후손들이 중건한 정자로서 앞에는 넓은 들이 열리고, 아래로는 맑은 냇물이 감돌아 흘러서 그 경치가 매우 아름답다.

또한 수운정 왼쪽에 있는 설천정雪川亭은 인조 때 흥해 군수 설천雪川 이의활李宜活이 낙향하여 지은 정자인데 퇴락하자 후손이 다시 지었고, 두동골 동쪽 산 위의 동호정東湖亭은 조선 선조 때 청백리 이의잠李宜潛의 정사精舍가 있던 곳에 그 후손들이 지은 정사이다. 두곡영당은 이의잠이 하양 현감으로 재직 당시 선정을 베풀었으므로 그 공덕을 기리어 세운 영당이다.

세 사람의 현인 중 손중돈, 이언적이 태어난 서백당

이밖에도 영귀정 동쪽에 있는 심수정心水亭은 조선 명종 때의 학자인 이언괄의 정사가 있던 곳에 그 후손이 다시 세운 정자이고, 그의 문집 중 심중수心中水라는 글자를 따서 심수정이라고 하였으며, 안골에 있는 내곡정內谷亭은 고종 때 진사를 지낸 이재교李在嶠를 추모하여 지은 정자이다.

분곡영당은 분통골에 있는 손소의 영당이다. 이조참판을 지낸 손소는 세조 13년인 1467년에 이시애의 난을 평정하는 데 큰 공을 세웠으므로, 계천군鷄川君으로 봉하고, 그의 초상을 충훈부에 안치시킴과 동시에 그 부본을 본가에 하사하여, 이곳에 모셔 놓고 단오날에 제사를 지냈다고 한다.

마을 각 종손, 파손들이 지은 정자는 여름을 나는 동안 일곱 번씩 특색 있는 놀이를 행했다고 한다. 5월 그믐에 개장되는 정자에서 여름을 잘 나기 위한 보양음식을 나누어 먹었고, 시詩와 창唱으로 나이든 어른들을 위한 예를 갖추었다고 한다. 절후로 보면 유두, 초복, 중복, 말복, 칠석, 입추, 처서 등의 날에 놀이를 즐기면서 친족 간의 협동과 유대관계를 맺었던 정자놀이도 산업사회로 접어들면서 사라지고 말았다. 하지만 나라 안에서 가장 보존이 잘된 전통가옥이 즐비하면서도 고풍스런 맛이 그대로 남아 있는 마을이 양동마을이다. 이 마을에 터를 잡고 마을의 구석구석을 거닐면서 가끔씩 찾아오는 손님들을 맞이한다면 그 또한 더할 수 없는 기쁨이리라.

봉래 양사언이 여드레를 묵어간 팔석정

▶▶▶찾아가는 길

영동고속도로 장평 교차로에서 봉평 쪽으로 4.4km를 가면 봉산서재가 있으며, 바로 근처에 팔석정이 있고 이효석이 태어난 창동리가 그곳에서 멀지 않다.

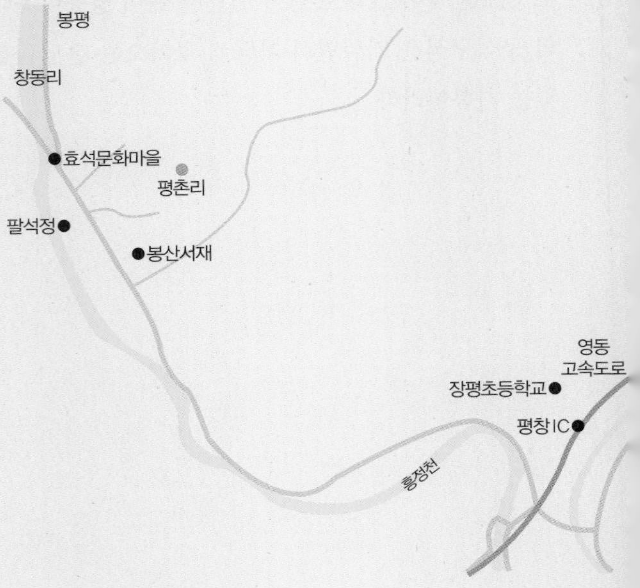

15 강원도 평창군 봉평면 평촌리

팔석정에서 세월을 낚다

사람이라고 해서 다 말이 통하는 것은 아니다. 때로는 곁에 있는 사물과 혼자서 이야기를 나누는 것이 더 나을 때가 있다. "사람만이 사람을 그리워한다."고 말하면서도 "사람만이 사람을 멀리할 수도 있다."는 말이 공존하듯이 사람 사이의 소통과 단절은 어쩔 수가 없나 보다. 명나라 사람인 오종선嗚從先이 지은 『소창청기小窓淸記』에는 이런 글이 있다.

"청산靑山을 대하는 것이 속인俗人을 대하는 것보다 낫다."

사람에 지쳐서 사람을 피해 살다가 보면 자연 속에서 가장 자유롭고 마음이 편해지기 때문이리라. 이와 비슷한 이야기가 있다.

명나라 사람 손일원孫一元이 서호에 숨어 살 때 조정에서 높은 관직에 있는 사람이 찾아왔다. 그를 전송하러 온 손일원은 먼 산만 바라볼 뿐, 한 번도 그 사람과 얼굴을 마주하지 않았다. 그러한 모습을 괴이하게 여긴 벼슬아치가 다음과 같이 물었다,

"그처럼 산을 바라보고 있는데 산이 그렇게 좋으시오?"

이 말을 들은 손일원은 다음과 같이 답했다.

"산이 좋은 것은 아니지만 청산青山을 대하는 것이 속인俗人을 대하는 것보다 낫지요."

사람이 사람을 만나는 것이 부담스럽고 거북할 때가 있다. 세상에 속해 있으면서도 잠시 사람 많은 곳을 떠나 세상에 나 홀로인 것처럼 지내고 싶을 때도 있다. 이렇게 사람이 싫어지거나 세상에서 벗어나고 싶을 때 필자는 슬그머니 짐을 챙긴다. 그리고는 식탁 위에 메모 한 장 놓고는 집을 나선다.

강원도 평창군 봉평면 평촌리는 본래 강릉군 봉평면 지역으로 쑥이 많은 벌판이었으므로 봉평蓬坪이라 하였는데, 고종 광무 10년인 1906년에 평창군에 편입되고, 1914년 행정구역 폐합에 따라 후근내와 쇠판동을 병합하여 평촌이라고 하였다.

평촌리에 있는 팔석정八夕亭은 홍정천의 물가에 위치하고 있는 명승지를 말한다. 조선 전기의 문인이며 서예가인 양사언楊士彦이 강릉부사로 부임하던 중 그 당시에 강릉부 관할이던 이곳에 이르렀다. 아담하면서도 자연경치가 빼어난 풍광에 감탄하여 하룻동안만 머물고자 하였는데, 너무 마음에 들어 정사도 잊은 채 여드레 동안을 신선처럼 자유로이 노닐며 경치를 즐기다가 갔다는 곳이다. 그 뒤 양사언은 이곳에 팔일정八日亭이란 정자를 세우고 매년 봄과 여름, 그리고 가을에 세 차례씩 찾아와서 시상詩想을 다듬었다고 한다. 그가 지은 정자의 자취는 현재 남아 있지 않다.

양사언이 강릉부사를 그만두고 고성부사로 옮겨가게 되자 이별을 아쉬워하며 정자 주변에 있는 여덟 개의 큰 바위에 저마다 이름을 지어 주었다. 봉래蓬萊, 방장方丈, 영주瀛州, 석대투간石臺投竿, 석지청련石池青連, 석실한수石室閑睡, 석평위기石坪圍琪, 석구도기石臼搗器라고 지었는데 그 바위들은 주변의 풍치와 어울려 절경을 이루고 있다. 아기자기한 기암괴석과 그것을 의지 삼아 휘어지고 늘어진 소나무,

그리고 햇빛을 받아 반짝이는 물결은 절묘한 아름다움을 보여주고 있다.

팔석정 밑에 있는 구룡소九龍沼는 용 아홉 마리가 등천하였다는 곳이고, 팔석정으로 들어가는 소는 도래소到來沼라고 부른다. 그곳에 가서 바위 둘레에 적힌 글들을 바라보며 시공을 초월하여 옛사람을 생각하는 것도 좋지만 뭐니뭐니해도 시원하게 흐르는 냇물과 널찍널찍한 바위가 인상적이다. 팔석정에 가서 흐르는 강물을 내려다보면 어쩌면 신선이 된 듯한 착각에 사로잡히고는 한다.

이렇게 아름다운 풍경에 들어앉아 있다 보면 "산을 보는 사람은 심성이 깊어지고, 물을 보는 사람은 심성이 넓어진다."는 옛사람들의 풍수설에 합당한 곳이 바로 이곳이 아닐까 하는 생각이 든다.

이 일대에도 역시 재미난 지명들이 많이 있다. 평촌리 서쪽 산 밑 강가에 있는 바위는 모양이 배와 비슷하다고 하여 선바위라고 부르고, 선바위가 있는 골짜기를 선바웃골이라고 부른다.

평촌 동북쪽에 있는 골짜기는 예전에 호랑이가 들어 있었다고 해서 범든골이고, 꽃밭골 혹은 꽃벼루라는 골짜기는 벼루가 지고 꽃이 많이 피기 때문에 붙여진 이름이며, 썩은새라고도 부르는 후근내마을은 조선 중엽에 석은石隱이라는 이씨가 살았다는 마을이다. 남안동 남쪽 골짜기에 있는 쇠파니(금산동)마을은 예전에 쇠를 캤다는 마을이다.

이곳에서 가까운 평창군 봉평면 백옥포리白玉浦里에 있는 '판관대判官垈'는 신사임당이 율곡 선생을 잉태한 곳으로 알려져 있다. 율곡의 아버지인 이원수의 벼슬 이름인 수운판관水運判官을 따서 '판관대判官垈'라 이름 지었는데, 수운판관이란 세금으로 거둔 곡식을 배로 실어 나르는 일을 하는 관직이다.

하지만 율곡을 잉태할 당시에 이원수李元秀 공의 관직官職이 수운판관水運判官이었다는 설도 있으나, 이는 이원수 공이 수운판관이 된 때가 1550년임을 고려해 볼 때 와전된 것이라고 볼 수 있다.

봉산 서쪽에는 모양이 매우 수려한 삼신산三神山이 있고, 평촌리 동남쪽에는 그

율곡 이이의 출생 설화가 서린 봉산서재

모양이 머리에 쓰는 관모와 비슷한 관모봉이 있다. 평촌마을 뒤에 있는 봉산蓬山은 예전에는 덕봉德峯이라고 하였는데, 양사언이 이 산에서 놀고 간 뒤로 봉산이라고 불렀다 한다. 또한 율곡 이이를 모신 사당이 봉평서재峯坪書齋라고 부르는 봉산서재이다.

봉산서재는 이곳에서 율곡이 잉태된 사실을 후세에 전하기 위해 이 고을 유생들이 1906년에 창건한 사당祠堂인데 그 배경은 다음과 같이 전한다.

> "이곳에 살고 있던 홍재홍 등의 유생들이 율곡과 같은 성인이 이 마을에서 태어났다고 상소를 올려 1905년에 판관대를 중심으로 한 십 리 땅을 하사받았고 유생들이 성금을 모아 이이의 영정을 모신 봉산서재를 지은 뒤 봄 가을로 제사를 지냈다."

율곡의 태몽이 서린 마을

봉평 시가지 진입로 국도변 평촌리 동편 산기슭에 위치한 '봉산서재'에 이이의 출생에 얽힌 전설 같은 이야기가 전해온다.

이이의 부친 이원수李元秀는 어머니인 신사임당에 가려서 잘 알려지지 않은 사람이다. 그가 수운판관이라는 벼슬살이를 하던 조선 중종中宗(1530년경) 때의 일이다.

사임당 신씨와 결혼 한 후 관직을 얻기 위해 처가인 강릉에서 과거를 보러 서울을 오르내리게 되었는데, 오고 가는 것이 쉬운 일이 아니었다. 이에 신사임당은 과거 길의 중간쯤에 해당하는 평창군 봉평면 백옥포리白玉浦里에 거처를 정하고 이곳에서 함께 생활하며 남편의 뒷바라지를 하게 되었다.

이원수가 인천에서 수운판관을 지내던 무렵 신사임당을 비롯한 그의 식구들이 산수가 아름다운 이곳 봉평의 판관대에 머물고 있었다.

오랜만에 휴가를 얻은 이원수가 가족들이 살고 있던 봉평으로 오던 중이었다.

평창군 대화면의 한 주막에서 여장을 풀게 되었는데, 그 주막 여주인은 그 전날 밤 용龍이 가슴에 가득히 안겨오는 기이한 꿈을 꾸었다. 하늘이 점지해 주는 뛰어난 인물을 낳을 예사롭지 않은 꿈이라는 것을 짐작한 주모는 누군지 알 수 없는 그 사람만을 기다리고 있었다. 그때 이원수가 그 주막에 들어왔는데, 일이 잘되기 위해서 그랬는지는 몰라도 그날 그 주막에는 손님이 이원수뿐이었다. 주모가 이원수를 바라보자 그의 얼굴에 서린 기색이 다른 사람들과 전혀 달랐다.

주모는 여러 가지 방법을 동원하여 이원수를 하룻밤 모시려고 했으나 그의 거절이 완강하여 뜻을 이루지 못했다.

이 무렵 친정 강릉에 가 있던 신사임당도 역시 똑같이 용이 품 안으로 안기는 꿈을 꾸고는, 언니의 간곡한 만류를 뿌리치고 140리 길을 걸어 곧바로 집으로 돌아왔다.

주모의 청을 거절한 이원수도 그날 밤 집에 도착하여 부부간에 회포를 풀었는

화서 이항로 선생의 영정

데, 이날 바로 신사임당이 율곡을 잉태한 것이다.

며칠간을 신사임당과 지낸 이원수가 다시 인천으로 돌아가는 길에 주막의 주모가 생각이 나서 찾아가 "이제 주모의 청을 들어주겠다."고 하자 주모가 그의 청을 거절하면서 말하기를, "손님을 그날 하룻밤 모시고자 했던 것은 신神이 점지한 영특한 아들을 얻기 위해서였는데, 지금은 아닙니다. 이번 길에 손님은 귀한 아들을 얻으셨을 것입니다. 귀한 인물을 얻었지만 후환이 있으니 그것을 조심해야 합니다."하는 것이었다.

깜짝 놀란 이원수가 "그 화를 막을 방도가 있는가?" 하고 묻자 주모가 다음과 같은 방도를 알려주었다. "밤나무 천 그루를 심으면 괜찮을 것입니다." 이원수는 주모가 시키는 대로 밤나무 천 그루를 심은 뒤 몇 해가 흘렀다. 어느 날 험상궂게 생긴 스님이 찾아와 시주를 청하면서 아이를 보자고 했다. 이원수는 주모의 예언이 생각나서 거절했다. 그러자 중은 밤나무 천 그루를 시주하면 아이를 데려가지 않겠다고 했다. 이원수는 쾌히 승낙하고 뒷산에 심어 놓은 밤나무를 모두 시주했다. 그러나 밤나무 한 그루가 썩어서 한 그루가 모자란 게 아닌가, 깜짝 놀란 이원수가 사시나무 떨듯 떨고 있는데, 숲 속에서 나무 한 그루가 "나도 밤나무다."고 소리를 쳤다. 그 소리를 들은 스님은 호랑이로 변해서 도망쳤다. 그때부터 '나도 밤나무'라는 재미있는 이름이 생겼다고 한다.

현재는 서재 경내의 재실齋室엔 율곡 이이 선생과 화서華西 이항로李恒老 선생의 존영尊影를 모시고 이 고장의 유림儒林과 주민들이 가을에 제사를 봉행奉行하고 있다.

경치가 아름답기 그지없는 팔석정과 율곡 이이의 이야기가 숨어 있는 평촌리에 터를 잡고 메밀꽃 필 무렵인 초가을에는 근처의 봉평장으로 장을 보러간다면 금상첨화가 아닐까?

능가사를 품에 안은 팔영산

▶▶▶찾아가는 길

전남 벌교와 녹동을 잇는 15번 국도를 따라가면 점암삼거리가 나오고 그곳에서 855번 지방도로를 따라가면 점암면 소재지가 나온다. 거기서 다시 14번 군도를 따라가면 능가사가 있는 성기리에 이른다.

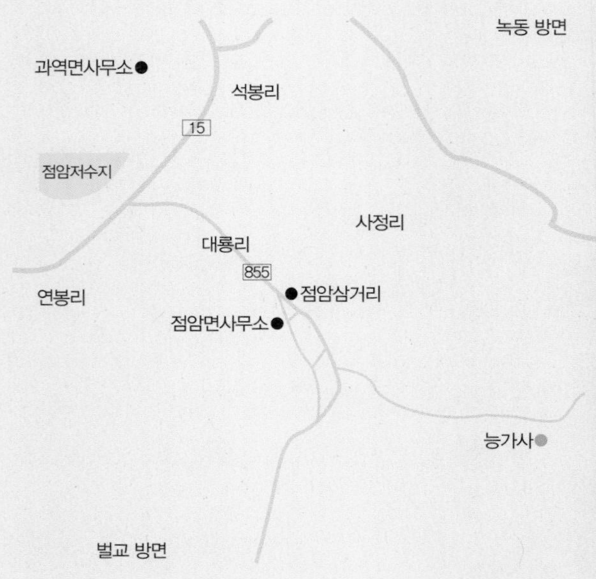

16 전라남도 고흥군 점암면 팔영산 능가사

부처의 지비가 서려 있는 마을

늦은 저녁 무렵에 가면 좋은 곳이 있는가 하면, 새벽 안갯속을 헤집고 가면 좋은 곳도 있다. 그런가 하면 아침 햇살이 가득 퍼진 길을 가면 좋은 곳이 있고, 비가 보슬보슬 내릴 때 가면 좋은 곳도 있다. 한반도 남녘 고흥에 있는 능가사는 비가 보슬보슬 내리는 날 가면 더없이 좋은 절이다.

능가사가 자리 잡은 전라남도 고흥군 점암면은 보기 드문 바위가 서 있으므로 점암占岩이라고 하였다.

고흥 일대에서 가장 대표적인 절인 능가사는 대한불교 조계종 제21교구 송광사의 말사로서 점암면 성기리 팔영산 아래 있다. 한때 화엄사 · 송광사 · 대흥사와 함께 호남의 4대 사찰 중 하나였으며 40여 개의 암자를 거느린 큰 절이었다고 한다.

절 뒤편에 있는 사적비에 의하면 능가사는 신라 눌지왕 원년에 아도화상이 창건하여 보현사普賢寺라고 불리었다고 한다. 그러나 지리적인 위치와 뒷받침할 만한 자료가 별로 없는 것을 보면 아도화상의 창건 설은 신빙성이 별로 없어 보인다. 정유재란 때 보현사는 모두 불타 버리고 인조 22년(1644)에 중창되어 능가사

팔영산 능가사 범종 주역의 팔괘가 새겨져 있다.

로 이름이 바뀌었다.

벽천당 정현대사는 원래 90세의 나이로 지리산에서 수도하고 있었는데 어느 날 밤 꿈에 절을 지어 중생을 제도하라는 부처님의 계시가 내려왔다. 정현대사는 부처님의 뜻에 따라 폐사된 보현사 터에 능가사를 신축하였다고 한다.

그 뒤 영조 44년과 철종 14년에 각각 중수하여 오늘날에 이르고 있다.

능가사 사천왕문을 지나면 정면에 대웅전이 자리 잡고 있고 왼쪽으로 새로 지어진 종각이 있다. 전라남도 유형문화재 제69호인 능가사 범종은 강희 37년(숙종24년, 1698)이라고 만든 연대와 시주자들의 이름이 적혀 있다. 용뉴는 쌍용으로 정상에 여의주를 물고 있다. 종신 윗면에는 연화문을 장식하고 그 밑으로 범좌대를 둘렀다. 종신 4면에 두 줄의 띠를 두른 장방형의 유곽을 배치하고 그 안에 9개의 유두를 돌출시켰다. 양옆에는 천의를 걸친 보살입상과 문호형을 각출하였으며 그 안에 '주상전하만만세' 라는 양각 명문이 보인다. 이 종은 특히 가운데 부분에 주역에서 나타나는 건곤 팔괘가 있는데 조선 시대의 범종에서 볼 수 없는 특이한 방식이다.

부처의 말씀을 글로 표현한 것이 불경이고, 부처의 모습을 형상화한 것이 불상이고, 부처의 깨달음을 그림으로 나타낸 것이 만다라이고, 부처의 음성을 소리로 표현한 것이 범종의 소리라 한다.

능가사에는 부도가 10기가 있다. 그 중 능가사를 중창한 벽천당 정현대사의 비를 포함한 7기는 대웅전 앞에 있고, 1기는 응진당 옆에 있으며, 2기는 팔영산으로 오르는 길 옆에 있다.

능가사 대웅전(전라남도 유형문화재 제95호)은 정면 5칸, 측면 3칸의 다포식 팔작지붕이다. 규모가 비교적 크고 웅장한 대웅전은 영조와 철종 연간에 두 차례에 걸쳐 고쳤으며, 좌우 벽에 칠성탱과 산신탱이 걸려 있다. 칠성탱은 송광사 삼일암에서 1902년에 만든 것을 장경각에 모셨던 것이며, 산신탱은 철종 9년에 송광사 대법당 산신탱으로 만들어진 것으로 알려져 있다. 재미있는 것은 가운데의 산신탱인데 세 동자를 거느린 늙은 산신이 소나무 아래에서 호랑이를 타고 있는 모습이다.

주역의 팔괘가 차례로 새겨진 사적비

능가사 응진전 옆의 부도 또한 눈길을 끈다. 팔각 원당형인 부도는 보기보다 상처가 많다. 네모 난 대좌의 귀퉁이에 동물 형상을 양각했으며, 대좌귀에 놓인 팔각 받침에, 4면의 꽃봉오리에서부터 활짝 핀 꽃까지 꽃이 피어나는 모습을 차례대로 새기고, 그 사이 각면에 용머리와 코끼리, 사자가 조각된 표현을 보면, 이 부도가 능가사의 부도 중 가장 우수한 부도임에 틀림없을 듯싶다. 부도 옆에 능가사 사적비(전라남도 유형문화재 제69호)가 서 있다. 이 사적비는 300여 년 전에 건립한 것으로 불교의 유래와 절의 역사를 기록해 놓은 우수한 작품이다. 전설에 의하면 이 비석은 원래 탑 앞에 있었는데 덕목스님이 도술을 부려 절 뒤로 옮겨 놓았다고 전한다. 돌거북과 비석, 비석머리가 모두 갖추어져 있고 돌거북의 등껍질에 범종에서처럼 주역의 팔괘가 차례로 새겨진 사적비에는 이중환이 『택리지』의 「산수」편에서 언급한 기록들이 적혀 있다.

> "능가사는 팔영산 밑에 있다. 옛날에 유구국 태자가 풍파에 떠밀려 왔다. 이 절 앞에서 관음보살에게 일곱 낮밤을 엎드려 기도하여 고국에 돌아가기를 청하였더니, 큰 무사가 형상을 나타내어 태자를 옆에 끼고 물결을 넘어갔다 한다. 절에 있던 중이 그 화상을 벽에 그려서 지금도 그대로 있다."

또한 풍수지리학자인 최창조 선생이 지은『한국의 풍수지리』에 팔령산이 다음과 같이 실려 있다.

> "팔영산에는 8개의 봉우리가 있다. 그 네 번째 봉우리 아래에 주혈柱穴이 맺힌다는데, 그곳이 기용혈騎龍穴로 운중선좌형雲中仙坐形이다."

다도해가 보이는 팔영산

팔영산은 중국 위왕의 전설이 서린 곳이다. 어느 날 위왕이 세수를 하려고 물을 받았더니 그 대야에 여덟 개의 봉우리가 비쳤다고 한다. 그래서 신하들을 보내 찾게 하여 발견한 산이 팔전산이었다. 이후로 그 산 이름에 그림자 영影자를 넣어 팔영산으로 부르게 되었다고 한다. 여덟 봉우리 이름은 수영봉, 성주봉, 성황봉, 사자봉, 오소봉, 두류봉, 칠성봉, 깃대봉으로 팔영산 · 팔영제산 · 팔봉산이라고 부르기도 하며, 신령한 기운이 뭉친 산이라고 하여 한때 신흥 종교의 요람이 되기도 하였다.

팔령산은 조선 시대에 봉수대가 있었으며 지금도 그 흔적이 남아 전한다. 여천 돌산의 방답진에서 시작한 봉홧불을 이 팔영산에서 받아 마복산, 천등산, 장기산을 거쳐, 장흥으로 전해지고 고창의 소요산, 고산의 봉수대산을 거쳐, 서울 남산으로 연결된 봉수대를 적봉이라고 하였다. 봉수대는 기본적으로 5개가 있었으며 신호 방법은 횃불을 올리는 것을 '거'라고 하였다. 평시에는 1거, 적이 나타나면 2거, 가까이 오면 3거, 국경을 범하면 4거, 싸움이 시작되면 5거를 올렸다. 그러나 오늘처럼 비가 내리거나, 안개 자욱하면 봉수대도 헛일이었을 것이다. 한편 이 팔영산은 한말에는 의병 활동의 근거지가 되었었고, 해방 이후에도 빨치산들의 은신처가 되기도 하였으며, 일제 침략 당시에는 이 산 역시 일본인들이 이 나라의 민족정기를 끊기 위하여 팔영산 정상의 봉우리에 쇠말뚝을 박았다고 전해지나

찾을 길이 없다.

이 팔영산의 너르디너른 품 안에는 능가사뿐만이 아니라 팔영산 자연 휴양림과 고려 충렬왕 때 통역관으로 공을 세워 재상에 올랐던 유충신의 피난굴과 남연리 해수욕장 및 용추바위가 있고, 경관이 빼어난 신선대와 강산폭포 등 볼 만한 곳들이 많다.

중종 때 학자인 김정국金正國은 당시 사람들의 눈에 띄게 재물을 모으고 있다는 가까운 친구에게 다음과 같은 편지를 보냈다. 그 편지 속에 청빈하게 살았던 그의 집 풍경이 고스란히 담겨 있다.

> "내가 20년을 빈곤하게 사는 동안, 두어 칸 집에 두어 이랑 전답을 갈고, 겨울 솜옷과 여름 베옷이 각기 두 벌 있었으나 눕고서도 남은 땅이 있고 신변에는 여벌 옷이 있었으며, 주발 밑바닥에 남은 밥이 있었소. 이 세 가지 남은 것을 가지고 한 세상 편하게 지냈던 것이요. 비록 넓은 집 천 칸과 옥 같은 곡식 만 섬과 비단옷 백 벌을 보아도 썩은 쥐와 같이 여겼고, 이 한 몸이 살아가는 데 여유와 낙이 있었소. 없을 수 없는 것은 오직 서책 한 시렁, 거문고 하나, 벗 한 사람, 신 한 켤레, 잠을 청할 베개 하나, 바람을 들일 창 하나, 차 다릴 화로 하나, 햇볕 쬐일 마루 한 쪽, 늙은 몸을 부축할 지팡이 하나, 봄 경치를 찾아다닐 나귀 한 마리면 족한 것이요. 이 열 가지는 비록 번거롭기는 하지만 하나도 빠질 수는 없는 것들이요. 늙바탕을 보내는 데에 있어 이외에 더 무엇을 구할 것이요. 분주하고 고단한 중에도 매양 열 가지 재미가 생각나면 돌아가고 싶은 마음이 날뛰움을 금할 수 없으니, 이보다 더한 복이 어디 있겠는가."

김정국이 생각한 듯한 조촐한 집을 한 채 짓고서 한 번쯤 살아 볼 만한 곳이 바로 아름다운 팔영산과 고적한 절, 그리고 바다가 가까운 성기리의 능가사 근처가 아닐까 한다.

보은의 선병국 가옥

▶▶▶찾아가는 길

보은읍에서 25번 국도를 따라 7km쯤 가면 외속리면의 장내 삼거리에 이르고 그곳에서 속리산국립공원으로 나 있는 505번 지방도를 따라 500여 미터를 가면 속리초등학교가 있고 그곳에서 다리를 건너면 보이는 집이 선병국 가옥이다.

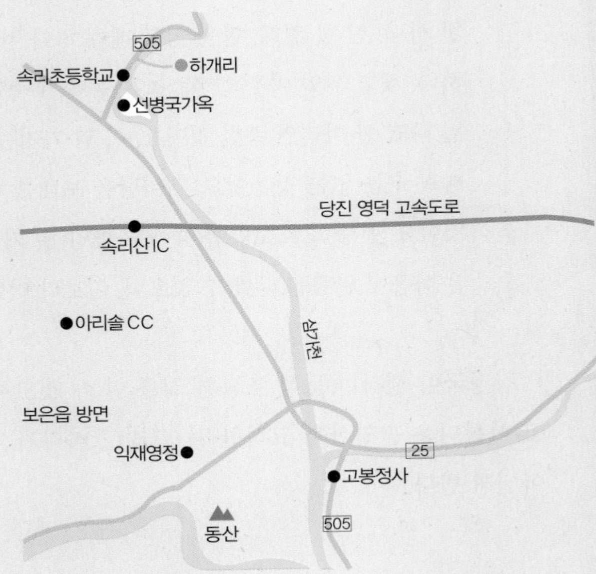

17 충청북도 보은군 외속리면 하개리

천하의 명당에 올린 집에서는 간장 한 병도 오백만 원

사마온공이 독락원獨樂園을 지어 아침, 저녁으로 거기에서 쉬었다. 그러다가 숭산崇山의 첩석계疊石溪를 구경하고는 그곳을 좋게 여겨 다시 그 근처의 땅을 사서 별관을 지었다. 그러나 매번 왔다가 수일이 못 되어 돌아가 항상 머물 수가 없었기 때문에 시를 짓기를

잠시 왔다 가곤 하니 도리어 손님 같고
돌아가 버리니 집 같지 않네. 하였으니,
공은 참으로 가고 머무는 데 초탈하였다.

허균이 지은 『한정록』 제6권에 실린 「저기실楮記室」이라는 글이다.

대부분의 사람들은 조선집이 바라보기는 좋은데 눌러 살기는 불편할 것이라고 생각하는 경향이 있다. 더구나 집이 몇백 년이 되었거나 관리가 부실한 집을 보면 살아보았으면 하는 마음에 앞서 먼저 걱정부터 앞서는 것이 도시인의 인지상정이다.

답답한 도시에서 벗어나고 싶다고 간절하게 생각하면서도 막상 도시를 떠날 생각을 하면 먹고 살 걱정에 엄두를 못 낸다. 직업 환경과 경제, 문화적 인프라가 도시에 집중된 탓도 있겠지만, 당장 생활환경이 달라지는 것을 견딜 수 없을 것이라는 두려움을 갖게 마련이다. 하지만 도시는 결코 인간을 위한 공간이 아니다.

환경학자이며 '지속 가능한 발전'이라는 용어를 처음 사용한 바바라 워드Babara Ward는 『인간의 집 Home of Man』에서 도시를 다음과 같이 진단하고 있다.

> "도시에 대한 첫 번째 인상은 개개의 도시가 인간의 목적을 위해 계획되기보다는 거대한 망치의 반복적인 두드림에 의해 일정한 형태로 만들어지고 있다고 여겨지는 수준일 것이 확실하다. 그것은 기술과 응용력의 망치이며 자국의 이익을 지나치게 추구하고 경제 이득만을 유일하게 갈구하는 두드림이다."

그래서 일부 사람들이 선택한 방법은 도시에 거처할 곳을 마련해 놓고서 시골엔 잘 지은 집을 한 채 마련해 놓고 오고 가며 생활하는 것이다. 여건이 허락해서 그렇게만 할 수 있다면 남부러울 것이 없을 것 같다. 그러나 시골이라고 해서 아무 곳에나 집을 짓는다고 해서 그게 다 '바람직한 전원주택'이 되는 것이 아니다. 사람의 몸과 마음을 건강하게 만드는 땅과 마을을 잘 골라야 진정한 휴식을 취할 수 있다. 하지만 그런 곳을 찾는 다는 게 쉬운 일은 아니다.

몇 년 전에 간장 한 병이 거금 오백만 원에 거래되었다고 각종 언론매체에 소개 되었던 집이 있었다. 다른 것도 아닌 간장이, 대부분의 집에서 담그는 간장이 몇만 원도 아니고 겨우 대두 한 병에 오백만 원에 거래되었으니 화제가 되는 것은 당연한 일이었다. 그 뉴스를 접한 사람들은 처음에 '간장 한 병이 오백만 원'이라는 놀라움 뒤에 '도대체 어떤 집이기에?'라는 호기심을 갖지 않을 수 없었다. 그러다가 그 집안이 누구의 집인가 물어보는 사람들이 더러 있었는데, 그 집이 바로 보은군 외속리면 하개리에 있는 선병국 가옥이다.

선병국 가옥 근처에 있는 삼년산성

연화부수형의 터전에 세운 집

보은읍에서 경북 상주시로 가는 25번 국도를 따라가다 보면 보은군 외속리면 하개리에 이른다. 속리산에서 흘러내린 삼가천의 맑은 물이 큰 개울을 이루고 개울 중간에 돌과 흙이 모여 삼각주를 이룬 곳에 자리 잡은 마을이 하개리다. 그래서 배 모양 같은 섬이 되었는데, 이와 같은 곳을 풍수지리상에서는 연화부수형蓮花浮水形의 명당이라고 한다. 연화부수형의 자리에 터를 잡으면 자손이 모두 원만하고 또한 고귀하고 화려한 생활을 하게 된다고 한다. 그래서인지 아름드리 소나무들이 숲을 이룬 중앙에 99칸의 큰 기와집으로 한껏 멋을 내어 지은 집이 중요민속자료 제134호로 지정된 보은선병국가옥報恩宣炳國家屋이다.

조선 시대에 민가를 지을 때는 조정으로부터 집의 규모와 배치 방식에 대해 규제를 받았다. 세종 13년에 발표한 가사 규제는 서민들은 10칸까지만 허용되었고 대군은 60칸까지 신분에 따라 집을 지을 수 있었다. 그러나 조선 후기에 접어들며 그러한 주택 규제가 무너지고 그 사람의 재력과 신분에 따라 짓게 되었다. 답사 때 마주치는, 둥근 기둥을 써서 잘 지어진 한옥들이 그때 지은 집들인데 선병국 가옥도 그런 혜택(?) 속에서 지어진 집이다.

이 집을 지은 선씨는 보성 선씨로 원래 고흥에서 살다가 백여 년 전에 이곳으로 터를 옮겼다. 그 뒤 1919년에서 1921년 사이에 이 집의 주인 선정훈이 당대 제일의 목수들을 가려 뽑아 후하게 대접하면서 이상형의 집을 지었다고 한다. 살면서 요긴하게 공간을 이용하도록 설계하였는데, 이 시기에는 개화의 물결을 타고 이른바 개량식 한옥의 구조가 시험되던 때이기도 하여서 재래식 한옥으로 질박하게 짓기보다는 진취적인 기상으로 새로운 한옥의 완성을 시도했다고 한다.

이 집은 그런 시대적인 배경에서 특성 있게 지어졌으므로 학술적으로 중요한 가치를 지니고 있다. 1980년 수해 때 돌각담들이 무너져서 아늑하고 유연하던 분위기가 많이 흩어지게 되었다. 그리고 대문 맞은 편에 돌각담을 두른 일곽이 있고 그 안에 여러 채의 부속 건물들이 있었으나 6·25전쟁 이후 무너져서 지금은 볼 수 없다.

산룡山龍이 마을을 향하여 내려온 형국

충청북도 보은군 마로면과 경상북도 상주시 화북면에 걸쳐 있는 구병산九屛山(876m)은 아홉 개의 봉우리가 병풍처럼 둘러 있다 하여 붙여진 이름이다. 보은 지방에서 전해오는 이야기로 속리산의 천황봉은 지아비 산, 구병산은 지어미 산, 금적산은 아들 산이라 하여 이들을 '삼산三山'이라 일컫는다. 속리산의 명성에 가려 일반인에게는 잘 알려져 있지 않아 산 전체가 깨끗하고 조용하며 보존이 잘 되어 있는 편이다. 구병산 자락에 자리 잡은 봉비리마을은 풍수지리상 산룡山龍이 마을을 향하여 내려온 형국인데, 상생관계를 살리기 위하여 마을이 지나치게 주룡主龍 줄기로부터 떨어져 나왔다고 한다. 계곡 안쪽으로 조금만 더 들어갔어도 안온한 마을 터를 이룰 수 있었음에도 욕심을 내서 들판 쪽으로 마을이 조성되어 봉비리마을 자체가 주민들에게 불안감을 준다고 한다. 한편 이곳에서 가까운 장재리에는 대궐터라는 곳이 있는데 세종대왕이 신병을 치료하러 왔다가 이곳에 임시로 대궐을 짓고 한동안 머물렀다고 한다.

삼가천의 겨울 풍경

선병국 가옥에서 삼가천을 건너가면 보습산 아래 자리 잡은 마을이 장내리이다. 장안 북쪽에는 옛날 신선이 앉아서 놀았다는 신선바위가 있고, 장안 서쪽에는 그 형세가 옥녀산발형玉女散髮形이라는 옥녀봉이 있다. 조선 시대에 마장馬場 안쪽이 되므로 장내라 하였다. 이곳이 외속리면의 중심지이자 동학의 역사에서 중요한 '보은 집회'의 현장이다. 그 당시인 1893년 3월 보은 지방에는 "보은 장안이 장안이지, 서울 장안이 장안인가?"라는 말이 유행했을 정도로 이 일대에 2만에서 8만에 이르는 사람들이 북적거렸다고 한다.

예로부터 "명산에는 명당이 없다"는 풍수지리설의 금언이 전하지만, 이곳은 근현대사의 출발점이라고 평가받고 있는 동학혁명의 기운이 서려 있는 장내리와, 풍수지리상의 길지인 봉비리, 그리고 민가 한옥의 백미라고 일컬어지는 선병국 가옥, 속리산의 기운을 품은 삼가리 등이 자리 잡고 있어 여러 가지 면에서 살기 좋은 터로서의 조건을 갖추고 있다. 이처럼 좋은 명당에서 산과 물을 벗 삼아 한가로이 소요하며 살 수 있다면 도시의 해독으로부터 몸과 마음을 회복하지 않을 수 있을까?

▶▶▶찾아가는 길

봉화읍 삼계리 사거리에서 춘양목으로 이름이 높은 춘양과 울진 방향으로 난 길을 1.1km쯤 가면 영동선 철교가 있고 바로 그곳에서 보이는 마을이 유곡리이다.

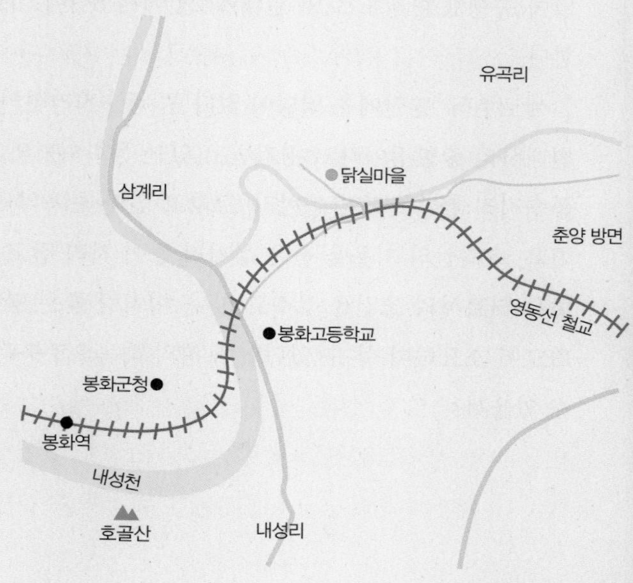

18 경상북도 봉화군 봉화읍 닭실마을과 청암정

택리지에 기록된 영남의 4대 명당

마을마다 모정茅亭(짚이나 새 따위로 지붕을 이은 정자)이 많은 호남지방과 달리 영남지방에는 아름다운 정자亭子가 많다. 고려 때의 문신 이규보가 지은 『사륜정기四輪亭記』에는 '사방이 확 트이고 텅 비고 높다랗게 만든 것이 정자' 라고 하면서 그 정자의 기능을 손님 접대도 하고 학문을 겸한 풍류를 즐기는 곳으로 보았다. 그는 정자에는 여섯 명이 함께 있으면 좋다고 하였다. 여섯 사람이란 거문고를 타는 사람, 노래를 부르는 사람, 시에 능한 스님 한 사람, 바둑을 두는 두 사람, 그리고 주인까지 여섯 명이다.

아름답기 이를 데 없는 정자가 있는 마을

한적한 산기슭이나 강가 그리고 서원에 딸린 정자가 아니라, 집안에 있으면서도 높은 품격을 그대로 드러내는 정자가 봉화군 봉화읍 유곡酉谷마을에 있는 청암정이다.

마을 입구에 들어서서 보면 산자락 아래 포근하게 펼쳐진 마을이 한눈에 들어

권벌의 후손이 지은 봉화군 춘양에 있는 한수정

오는 유곡마을은 유곡 권씨라고도 부르는 안동 권씨의 집성촌이다.

닭실이라고 부르는 유곡마을은 금계포란형金鷄抱卵形의 명당이 있다고 하여 붙여진 이름이다.

마을 뒤쪽에 있는 산은 벼슬재(280m) 또는 배루리령培婁里嶺 또는 백설령이라고도 부르는데 마을 동북쪽에 있는 문수산 자락이 병풍처럼 둘러쳐 서남으로 뻗어 내렸다. 산의 정상 부근이 하얗게 보이고 닭의 벼슬처럼 생겼다. 마을 서쪽 산에서 바라보면 영락없이 금닭이 알을 품은 형국이다.

닭실 동남쪽에 있는 옥적봉玉笛峯은 옛날에 신선이 이 산에서 옥저玉箸를 불었다고 해서 지어진 이름이고 옥적봉 옆에 있는 모롱이를 화산 모롱이라고 부른다. 이 마을을 경주의 양동마을, 안동의 내앞마을, 풍산의 하회마을과 함께 '삼남의 4대 길지'의 하나로 꼽았던 이중환의 『택리지』에는 다음과 같은 글이 실려 있다.

"안동의 북쪽에 있는 내성촌은 곧 이상貳相(두번째 재상이라는 뜻) 권벌權橃이 살던 옛터로 청암정이 있다. 그 정자는 못 북판 큰 바위 위에 서 있어 섬과 같으며 사방은 냇물이 둘러싸인 채 흐르므로 제법 아늑한 경치가 있다."

대개 한 풍수가가 어떤 땅을 두고 길지라고 해도 다른 풍수가는 길지가 아니라고 하는 경우가 있다. 그래서 청나라의 심호沈顥라는 사람은 이처럼 땅을 보는 견해가 엇갈리는 것에 대해 다음과 같이 꼬집은 적이 있다.

> "만약 어느 한 유파의 풍수가가 그 내용과 이유를 알지도 못하면서 다른 유파를 비난한다면 상대방이 반론을 펼 수 있으므로 상대방에 대한 반론이 성공하기 위해서는 서로가 상대의 주장 내용을 잘 이해하고 있어야 한다."

필자가 알기로도 풍수가들 대부분이 자신이야말로 제대로 된 안목을 가졌다고 자만하며 다른 이를 업신여기는 경향이 있다. 그런데도 불구하고 거의 모든 풍수가들이 길지吉地 중의 길지라고 말하는 곳이 유곡마을이다. 이곳은 경상도에서도 이름난 성씨인 안동 권權씨 충재冲齋 권벌權橃(1478~1548)의 종가가 자리 잡고 있다.

어려서부터 문장에 뛰어났던 권벌은 1507년에 문과에 급제하였지만, 연산군에게 직언을 올렸다는 이유로 죽임을 당한 내시 김처선의 이름자와 같은 '처處'자가 글에 들어 있다는 이유로 취소되었다.

3년 뒤에 다시 급제하여 관직에 오른 그는 사간원, 사헌부 등을 거쳐 예조참판에 이르렀고 중종 때에 조광조, 김정국 등 기호사림파가 중심이 되어 추진한 개혁정치에 영남사림파의 한 사람으로 참여하였다. 하지만 1519년 훈구파가 사림파를 몰아낸 기묘사화에 연루되어 파직당하자 고향으로 돌아왔다.

그 뒤 15년간을 고향에서 지내다가 1533년에 복직되어 명나라에 사신으로 다녀왔으며, 1545년에는 의정부 우찬성에 올랐다. 그해 명종이 즉위하면서 을사사화가 일어나자 윤임 등을 적극 구하는 계사를 올렸다가 파직되었고, 1547년 양재역 벽서사건에 연루되어 삭주로 유배되었다가 이듬해에 세상을 떠났다.

그는 1567년에 신원되었으며, 선조 24년에는 영의정에 추증되었는데, 현재 닭실마을에 남아 있는 유적들은 그가 기묘사화로 파직되었던 동안 머물면서 일군 자취들로 사적 및 명승 제3호로 지정되었다

권벌이 예문관 검열로 재직할 때의 일기인 『한원일기翰苑日記』와 1518년 부승지와 도승지로 재직할 때에 남긴 『승선일기承宣日記』 등, 그가 남긴 일기 7책을 『충재일기沖齋日記』라고 해서 보물 제261호로 지정되어 있다. 독서를 좋아해서 『자경편自警篇』과 『근사록近思錄』을 항상 품속에 지니고 다녔다는데, 『근사록』은 고려 시대인 1370년에 간행된 것이어서 희귀할 뿐 아니라 중종에게서 하사받았던 것이라 보물 제262호로 지정되었고, 권벌이 중종에게서 받은 책과 15종 184책의 전적은 보물 제896호로 지정되어 유물 전시관에 보존 중이다. 중종이 권벌에게 내린 교서를 비롯 이 집안에서 자식들에게 재산을 나누어 줄 때 기록해 놓은 「분재기分財記」와 호적단자를 비롯 1690년에 그린 「책례도감계병冊禮都監稧屛」 등 고문서 274점은 보물 제902호로 지정되어 있다.

종택의 서쪽에 있는 작은 쪽문을 나서면 서재인 충재沖齋가 보이고 충재 너머에 있는 건물이 조선 중종 때 세웠다는 청암정이다. 청암정은 권벌이 1526년 봄

거북바위 위에 지은 아름다운 정자 청암정

에 자신의 집 서쪽에 재사를 지은 뒤 다시 그쪽의 바위 위에다 6칸을 짓고서 주변에 물이 휘돌아가게 만든 정자이다. 충재에서 공부를 하다가 머리를 식히고 휴식을 취하기 위해 지은 청암정은 커다랗고 널찍한 거북 바위 위에 올려 지은 J자형 건물이다. 6칸으로 트인 마루 옆에 2칸짜리 마루방을 만들고, 건물을 빙 둘러 흐르는 연못 척촉천躑躅泉에 놓인 돌다리를 건너가게 만든 이 청암정에 퇴계 이황이 예순 다섯 살 무렵에 와서 글 한 편을 남겼다.

> "내가 알기로는 공이 깊은 뜻을 품었는데, 좋고 나쁜 운수가 번개처럼 지나가 버렸네. 지금 정자가 기이한 바위 위에 서 있는데, 못에서 피고 있는 연꽃은 옛 모습일세. 가득하게 보이는 연하는 본래 즐거움이요 뜰에 자란 아름다운 난초가 남긴 바람이 향기로워, 나같이 못난 사람으로 공의 거둬줌을 힘입어서 흰머리 날리며 글을 읽으니 그 회포 한이 없어라."

거북이와 같이 생긴 바위가 있다고 해서 구암정龜岩亭이라고도 부르는 청암정은 자연과 인공이 결합한 바위섬 위에 세워진 정자이다.

이언적, 이현보, 손중돈 등과 교류했던 권벌은 스물세 살 연하인 퇴계 이황과도 학문을 논했다는데, 이러한 연유로 청암정에는 권벌과 이황, 채제공, 미수 허목 등 조선 중·후기 명필들의 글씨로 새긴 현판들이 여러 개가 걸려 있다.

난초가 남긴 바람이 향기로운 곳

풍수지리학자인 최창조 선생이 누누이 말하는 "땅을 사람 대하듯 하면 된다."는 말에 걸맞게 닭실마을은 집과 정자, 산천이 조화롭게 어우러져 있다.

권벌의 집에서 바라보이는 산기슭을 돌아간 창류벽에는 권벌의 아들 권동보가 지은 석천정사石泉亭舍가 있다. 석천정 남쪽에 있는 바위를 청하동천青霞洞天이라고 하는데, 바위에는 '신선이 사는 마을'이라는 뜻을 지닌 청하동천이라는 네 글자

권벌 종택

가 새겨 있다. 오래 묵은 소나무들이 흐르는 물가에 그늘을 드리우고, 맑은 반석 위를 흐르는 시냇물 소리는 옥보다 맑다. 그곳에 앉아서 흐르는 물소리에 귀 기울이며 가만히 앉아 있으면 세상이 흐르는 것인지 내가 흐르는 것인지 분간조차 할 수가 없게 된다.

그렇기 때문에 훗날 이곳을 찾았던 이익은 「충재 권벌의 닭실마을 경치」에서 아래와 같은 글을 남겼다.

> "선생이 살고 있던 동문 밖은 물이 맑고 돌도 깨끗하여 그 그윽하고 아름다운 경치가 세상을 떠난 듯하였다."

석천정사 앞을 흐르는 내를 이 지역사람들은 '앞에 있는 고랑'이라는 뜻에서 '앞거랑'이라고 부르는데, 지도에는 가계천으로 실려 있다.

닭실에서 포저리로 넘어가는 고개가 비재, 부재현이라고 부르는 비티재이고, 송생에서 물야면 동막으로 넘어가는 고개는 대래재이다. 중말 동쪽에 있는 고개는 거북이를 닮은 돌이 있어서 구무고개龜峴이고, 벼슬재 동쪽에 있는 산은 중구대(252m)이다.

닭실 동쪽에 있는 토일마을은 고려 시대에 토곡부곡吐谷部曲이 있던 곳이며, 토일마을의 서쪽 산기슭에는 권벌의 둘째 아들인 석천공石泉公 권동미權東美가 지은 송암정이라는 정자와 권벌의 5세 손인 서설당瑞雪堂 권두익權斗翼이 지은 종택 서

설당이 있고, 탑평리는 토일 동쪽에 있는 마을로 탑이 있었다고 한다.

> "무릇 주택지住宅地에 있어서, 평탄한 데 사는 것이 가장 좋고, 4면이 높고 중앙이 낮은 데 살면 처음에는 부富하고 뒤에는 가난해진다."

유중림이 지은 『산림경제山林經濟』에 실린 글이다.

이렇듯 평지에 자리 잡은 닭실마을은 경북 지방에서도 가장 외진 곳 중의 한 곳이다. 그러나 이렇게 외지고 구석진 곳이지만 외지로 나가고자 한다면 중앙고속도로나 태백 쪽으로 가는 길들이 많다.

이처럼 바깥세상과 소통이 용이하면서도 또한 은자의 땅처럼 숨어 있는 곳이 봉화이며, 봉화에서도 가장 지세가 가장 좋은 곳이 닭실마을이다.

마을에 들어서는 순간, 이중환이 영남의 4대 길지 중 하나로 꼽았던 것에 일말의 의혹도 품지 않을 만큼 정갈하고 아름답다는 느낌을 받는다.

이처럼 산천의 경치가 좋고 인심 좋은 곳에서 하루하루를 보내고 싶은 것은 누구나 꿈꾸는 삶일 것이다.

> "눈에 보이지 않는 것은 제아무리 화려한 것이라도 나와 무슨 관계가 있겠으며, 귀에 들리지 않는 것은 제아무리 시끄럽게 굴더라도 나와 무슨 상관이 있겠는가? 이런 까닭에 수도修道하는 사람은, 입산을 할 때는 오직 그곳이 깊은 곳이 아닐까 걱정하며, 숲에 들어갈 때는 오직 은밀한 곳이 아닐까 걱정하는 것이다."

『소창청기』에 실린 글처럼 나날을 보낼 만한 곳이 봉화의 유곡마을이다.

고봉 기대승을 모신 월봉서원

▶▶▶찾아가는 길

장성군 황룡면 소재지에서 816번 지방도를 따라 내려가다 보면 호남선 철길과 만나게 되고, 그곳에서 4km쯤 가다가 철길 아래를 통과하면 광주시 광산구 임곡동 너부실마을이 보인다.

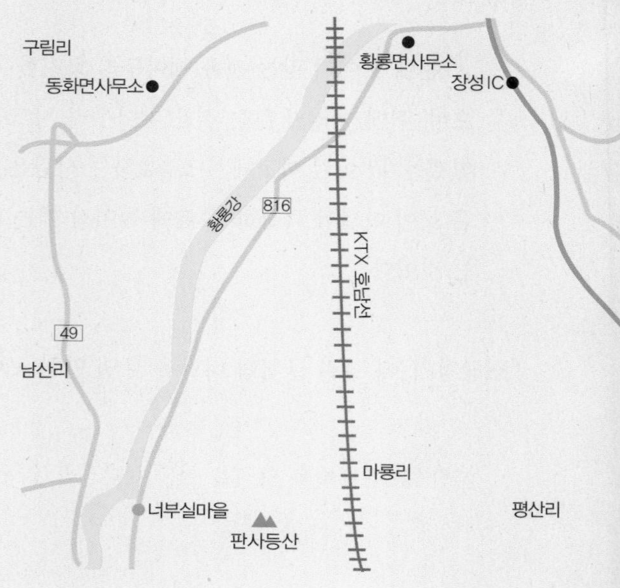

19 광주광역시 광산구 임곡동 너부실마을

고봉 기대승의 자취가 서린 마을

"나는 집안에 연고가 많아서 봄 과거에 응시하지 않았는데, 사람들이 모두 그것을 과실로 여겨 시비하는 말이 길에 그득하다. 나는 스스로 그것을 해명할 수가 없어 이 삼해三解를 지어 나의 뜻을 밝히는 바이다.(…)"

적해跡解 : 어떤 객客이 나에게 이르기를, "자네는 어찌하여 봄 과거에 응시하지 않았는가?" 하기에, 내가 이르기를, "일에 궐실闕失이 생겼기 때문이다." 하니 객이 말하기를, "무슨 일에 궐실이 생겼다는 말인가? 자네의 뜻을 듣고 싶다." 하므로 나는 대답하기를 "겨울을 지나고 봄을 지나노라면 뒤주의 곡식이 떨어져 가고 서쪽 밭, 동쪽 논에 농사일이 시작되는데, 과거에 응시하는 것이 비록 중하지만 이 생활하는 도리를 어찌하겠는가. 과거에 응시하는 것이 어찌 집이 가난하고 부모가 늙은 때문이 아니겠는가. 집이 가난하고 부모가 늙어서 녹봉祿俸을 받기 위해 벼슬하는 것은 또한 옛 사람의 도道이다. 그러나 사마시司馬試의 경우는 빈 이름空名만 영화로울 뿐인데 거기에 드는 비용은 적지 않으니, 비록 합격을 한다 하더라도 늙은 어버이의 얼굴 한 번 펴드리는 데 불과할 뿐이요, 합격을 하지 못하면 반드시 슬퍼하게 된다. 반드시 슬퍼하게 될 뿐만 아니라 집은 텅 비고 부엌은 썰렁하여 아침 저녁 끼니조차도 걱정 하게 될 것이다. 그러니 어찌 꼭 얻을 것을 보장할 수 없는 영광 때문에 반드시 닥칠 걱정거리를 만들 수 있겠는가?"

의해意解 : "(…) 자기에게서 드러나는 것은 내가 스스로 다할 수가 있지만 남에게서 나타나는 것은 내가 어찌할 수 없는 것이다. 내가 스스로 다 할 수 있는 것은 의당 스스로 힘써야겠지만, 내가 어찌할 수 없는 것은 상대에게 맡겨 둘 뿐이다. 내가 또 어찌하겠는가. 나는 여기에서 훼방과 칭찬은 걱정할 것이 못 된다는 것을 알았다. (…) 마음속으로 반성해 보아서 부끄러움이 없거니 무엇이 걱정되고 무엇이 두려우리요."

『고봉선생문집』 속집 제2권 잡저 「삼해三解 병서幷序」에 실린 글이다.

체면치레를 내세우지 않고, 허명虛名 즉 빈 이름을 중시하지 않으며 가장 실질적으로 솔직한 면을 드러낸 이 글은 고봉 기대승 선생의 학문하는 방법이나 사람의 자세를 어렴풋이나마 짐작할 수 있게 하는 글이다.

고봉 기대승 선생의 자취가 남아 있는 곳이 광주시 광산구 광산동 광곡廣谷, 즉 너부실마을이다.

1527년에 광주의 소고룡리에서 태어난 기대승은 어려서부터 학문을 좋아하였다. 매일 새벽에 일어나 정좌하고 암송하여 읽기를 쉬지 않았다. 사람들이 너무 열심히 하느라고 힘들겠다고 위로하면 "나는 이 공부를 좋아서 한다."고 답하였다고 한다.

1549년에 사마시에, 1558년에 식년문과에 을과로 급제한 기대승은 여러 벼슬을 거쳐 1572년에 성균관 대사성이 되었다.

고봉 기대승은 과거에 급제한 서른두 살에 퇴계를 만나 8년간의 사단칠정四端七情 논쟁을 시작했다. 인간 감정의 양상인 사단과 칠정을, 이기理氣 개념으로 분석

너부실마을의 애일당

하고 선악의 계기를 검토했던 이 논쟁을 후세 사람들은 조선 시대 사상사의 빅뱅이라 일컫기도 한다.

퇴계가 고봉을 얼마나 아꼈는가는 선조와 나누었던 한 대화에서도 알 수 있다. 벼슬을 버리고 낙향하는 퇴계에게 선조가 물었다. "지금 나라 안의 학자 중 어떤 사람이 으뜸이요?" 이때 퇴계는 "기대승은 학식이 깊어 그와 견줄 자가 드뭅니다. 내성하는 공부가 좀 부족하긴 하지만."이라고 말했다. 내성이 부족하다는 말은 기대승의 평생 신념이었던 정즉일正卽一, 즉 옳은 것은 하나밖에 없다는 신념에서 기인한 것이었다.

어디 한 군데 빠지는 구석이 없다

너부실마을은 마을 구석구석이 어디 한 군데 빠지는 곳이 없다. 애일당에서 나와 돌담과 대나무 숲길이 아름다운 백우산白牛山으로 오르는 산길에 접어들면 '세상은 별 것이 아닌데'하는 생각이 든다. 이렇게 아름다운 산길을 산책하는 것만으로도 마음에 쌓인 여러 앙금들이 저절로 녹아 흐를 것이다. 걷다가 보면 산 쪽으로 난 길이 있고 그 길을 한참을 따라 올라가면 고봉 선생이 공부하던 터가 자취만 남아 있다. 그 길을 다시 내려와 조금만 더 가면 고봉 선생의 묘소에 이른다.

묘소에서 바라보면 먼 듯 가까운 듯 용진산湧珍山(314m)이 한눈에 들어온다. 강기욱 씨는 삼봉 정도전과, 하서 김인후, 고봉 기대승도 용진산을 보고 큰 뜻을 키웠다고 말한다.

묘소에서 그리 멀지 않은 월봉서원으로 가는 길도 운치가 있다. 광산구 임곡동에 있는 월봉서원月峯書院은 고봉 기대승을 모신 서원이다. 1575년인 선조 8년에 김계휘金繼輝를 중심으로 한 지방 유림의 공의로 기대승의 학문과 덕행을 추모하기 위하여 광산군 비아면 망천리에 망천사望川祠를 창건하여 위패를 모셨다. 현재의 위치로 이전한 것은 인조 24년인 1646년이었다. 효종 5년인 1654년에 월봉이라는 이름의 사액을 받았고, 1671년에는 박상朴祥과 박순朴淳을 이향하였으며 1673년에 김장생金長生과 김집金集을 추가 배향하였다.

너부실마을을 굽어보는 정자

1868년 대원군의 서원 철폐로 훼철되었다가 1938년에 전라남도 유림들에 의해서 5칸의 빙월당氷月堂이 건립되었다. 1972년부터 4칸의 고직사를 비롯하여 외삼문, 장판각, 사우, 내삼문이 차례로 건립되었다. 빙월당은 원래 기대승을 중심으로 하여 좌우에 박상 · 박순 · 김장생 · 김집 등 조선의 명신들을 함께 배향하고 있는 '월봉서원'의 강당이었다. 월봉서원은 그가 죽은 뒤 추모하기 위해 큰아들인 기효승이 선조 11년(1578년) 세운 것으로 정조가 '빙월당'이라 이름을 지어 내렸다. 전라남도 유형문화재 제38호로 지정되어 있는 빙월당은 기대승(1527~1572) 선생의 위패를 모시고 있는 사당이다. 앞면 7칸 · 옆면 3칸 규모의 건물로, 지붕은 옆면에서 보았을 때 여덟 팔八자 모양의 팔작지붕이며 앞면과 오른쪽 반 칸에 툇마루를 설치하였다. 현재 이곳에는 1980년 새로 세운 사당과 그의 저서를 보관하고 있는 장판각, 내 · 외삼문이 높다란 대지 위에 서쪽을 바라보며 서 있다. 장판각에는 『고봉집』 목판 474판이 보존되어 있으며, 재산으로는 전답 3만 6천여 평과 임야 87정보가 남아 있다.

가장 많은 사람들이 살았던 때는 70여 호가 넘었다는 이곳 너부실마을에 지금은 20여 호만 살고 있다. 우리나라 대부분 농촌 마을이 그렇듯이 현재 거주 인구도 한 집에 한두 사람만 살기 때문에 어림잡아 이삼십여 명 정도 될 것이라 한다.

이 마을을 대표하는 집은 고봉 기대승의 6대 후손인 기언복이 숙종 때 3,500여 평의 대지에 터를 잡고 지어 300여 년을 내려온 애일당愛日堂이다. '고봉학술원'이 자리 잡고 있는 이 집을 관리하는 사람은 강기욱 씨이다.

기껏해야 몇십 평도 안 되는 아파트 살이가 힘들다고 매주 파출부를 부르는 도시 사람들에 비하면 이 집을 관리하는 일은 만만치 않을 것이다 그런데도 강기욱 · 김진미 씨 내외의 생활하는 모습을 보면 태평스럽다 못해 속세를 떠난 사람처럼 보인다.

호남의 3대 양택 명당을 두고 구례 운조루 · 해남 녹우당 · 광산 너부실의 애일당이라고 한다. 한편 이 집에 살고 있는 강기욱 씨는 걷기라면 이골이 난 사람이다.

한번은 "왜 걷느냐?"고 묻자 대답이 예외였다. "마음이 허하기 때문에 걷는다."고 하였다. 그 말을 듣고 보니 나는 무엇 때문에 걷는가 싶지만 마땅히 생각이 나지 않았다. 마땅히 할 일이 없어서 걷고 또 걷는 것은 아닐까?

댓잎을 스치는 풍경소리와 바람 소리를 들으며 마음을 다잡는 곳, 그래 무엇보다도 마음이 편한 자리가 명당일 것이다.

고봉 선생의 묘소와 월봉서원, 귀후재로 이어지는 산책로는 한 폭의 풍경화를 연상시키지만 그보다 더 가슴 아리게 다가오는 것은 퇴계와 고봉의 그 진한 사랑일 것이다.

하지만 안타까운 것이 한두 가지가 아니다. 영남지역 쪽의 후학들이 퇴계나 서애, 학봉 등 유학자들의 고향이나 유적의 위치를 잘 알고 있는 것과 달리 이곳 사람들은 대부분 모르고 있다. 고봉 기대승의 아버지가 이곳에 도착하여 "선비가 살 만한 곳이다." 하고 터를 잡았다는 마을이 너부실이다. 그리고 백두산에서 베어온 홍송紅松을 압록강 뗏목을 타고 내려와 목포 앞바다를 거쳐 소달구지에 싣고 와서 지었다는 서당 귀후정歸厚齋을 비롯한 여러 문화유산이 있는 마을이 너부실이다. 그런데도 이 지역 사람들이 잘 모르고 산다는 것은 여러 가지 이유가 있을 것이다. 우선은 환경적인 요인으로 호남선 열차가 지나는 철로가 있고, 그 밑을 통과해야만 마을이 보인다는 것도 하나의 요인일 것이고, 이 지역 사람들이 전통과 역사에 대해 등한시해 온 것도 하나의 이유일 것이다.

고봉 기대승의 묘소

"사람들은 다 나가버리고 늙은이들만 남았당게!"라는 자조 섞인 말들을 많이 하지만 실상 이 마을은 행정구역도 광주시이고 시내와 아주 가깝다. 강기욱 씨의 말에 의하면 광주 도심지까지는 30분이면 갈

수 있고, 공항까지는 15분, KTX를 탈 수 있는 장성역까지는 10분도 안 걸리는 거리란다.

게다가 땅값도 그리 비싸지 않다. 6백 평이나 7백 평쯤 되는 땅을 서넛이 사서 나눈다면 그리 큰돈을 들이지 않아도 공동주택이나 개인주택을 지을 수 있지 않을까 싶다. 하지만 혼자서 사기에는 부담스러워서 그런지 매매가 잘 이루어지지 않는다고 한다.

"보지 않은 곳은 말하지 말라."는 풍수의 금언金言이 있듯이 직접 너부실마을에 가서 고봉 선생의 자취를 따라 이곳저곳을 산책한다면 문득 『고봉선생문집』 제2권에 실린 '심법을 옮기는 데 대한 설(移心法說)'이 생각날 듯도 싶다.

> "마음을 옮길 수 있는가?"
> "가능하다."
> "무엇으로 옮길 수 있는가?"
> "경敬으로 하는 것이다."
> "마음은 과연 어떤 물건이며, 경은 과연 어떠한 일인가?"
>
> "마음이란 몸에 주가 되고, 사물에 명령하는 것이다. 속에 쌓여 있을 때에는 성性이 되고, 발하면 정情이 된다. 겉모양이 둥글고 속에 구멍이 뚫려 있는 것은 마음의 체體요, 신명神明하여 측량할 수 없는 것은 마음의 용用이다.
>
> (…)
>
> 경이란 일一을 주장하는 것이니, 일이란 무엇인가? 마음이 딴 데로 가지 않는 것이다. 가지 않으면 마음이 정定해지고, 정해지면 고요하고, 고요해지면 차분해지고, 차분해지면 생각한다. 생각을 하면 마음에 움직임이 물에 갇혀지지 않아 성性을 따르게 되며, 성을 따라 행동하면 변함을 주재할 수 있고, 변함을 주재할 수 있으면 똑같지 않은 것이 저절로 하나가 되는 것이다. 마음은 배와 같고 경은 키와 같으니, 배가 파도에 있을 때에는 키가 들어서 움직이며, 마음이 물욕에 있을 때에 경이 들어서 변할 수 있는 것이다."

구례군 토지면 오미리 운조루 전경

▶▶▶찾아가는 길

전남 구례군 구례읍에서 하동으로 이어지는 19번 국도를 따라서 가다 보면 토지면 소재지 못 미처 지리산 쪽으로 다소곳이 숨은 듯 보이는 마을인 토지면 오미리가 나온다.

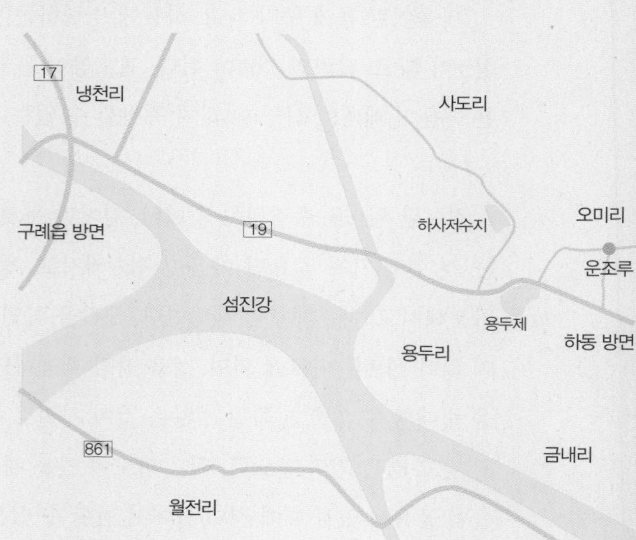

20 전라남도 구례군 토지면 오미리 운조루

풍요와 부귀영화가 마르지 않는 길지

전라남도 구례 읍내에서 섬진강을 건너면 우뚝 솟은 산 하나가 눈에 들어온다. 그 산 정상 부근에는 사성암四聖庵이라는 절이 자리 잡고 있다. 연기조사 · 원효대사 · 도선국사 · 진각국사 등 네 성인이 수도하였다는 절이다. 언젠가 그 암자에서 지리산 자락에 자리 잡은 운조루 일대와 섬진강 일대를 바라보고 있었다. 그때 유장하게 휘돌아서 남해로 가는 섬진강과 지리산 사이에 펼쳐진 오미리 일대가 불현듯 눈에 들어왔다. 그 순간 프랑스의 작가인 플로베르의 말이 문득 떠올랐다.

"나는 때때로 내 삶을 초월한 영혼의 상태를 느낀 적이 있다. 그때 영광이란 아무 것도 아닐지도 모르고, 행복이란 것 역시 무슨 소용이 있으랴."

한순간 내 가슴을 스쳐 갔던 것이 무엇이었는지, 찰나 속에서 수없는 생각들이 교차되며 내 영혼이 만났던 것이 무엇이었는지 나는 잘 모른다. 다만 그때 그 순간부터 운조루는 그 이전의 운조루가 아니었다.

수없는 상처와 영광을 간직한 곳, 수없이 많은 사람이 나고 스러져 간 곳, 구례군 토지면 오미리는 지리산의 한 봉우리인 형제봉 밑에 자리 잡은 마을로, 들 가운데 작고 둥근 산이 있으므로 오미 또는 오미동이라고 하였다. 1914년 행정구역을 통폐합할 당시 환동, 내죽리, 하죽리 일부 지역을 병합하며 오미리라고 하였다. 구례읍에서 베틀재라는 고개를 넘어서면 오미리 앞에 펼쳐진 잔지내 들에 하죽 환동, 오미 등의 마을이 보인다.

지리산을 등지고 섬진강을 앞에 두고

꽃 피는 봄날에 이 마을에 가면 누구나 꽃이 되고 누구나 자연이 된다. 마을 앞으로 작은 내가 흐르고 매화꽃 산수유꽃이 흐드러진 오리골은 금가락지가 땅에 떨어진 형국이라고 하여 환동環洞이라 부르기도 한다.

그리고 명당 있는 곳에 으레 큰 집이 자리 잡듯 이 마을에도 70여 칸의 기와집인 운조루雲鳥樓가 있다.

무관 출신인 유이주柳爾胄가 낙안군수로 재직하고 있을 때 "하늘이 이 땅을 아껴 나를 기다리신 것이다."고 한 뒤 수백 명을 동원하여 터를 닦고 아흔아홉 칸 집을 지었다.

원래 운조루는 이 집의 사랑채를 이르는 말이다. 지금은 이 집을 대표하는 대명사가 되었는데, 중요민속자료 제8호로 지정되어 있다.

운조루 입구에 있는 안내표지판에 따르면 오미리마을은 풍수지리상으로 보면 노고단의 옥녀가 형제봉에서 놀다가 금가락지를 떨어뜨린 금환낙지金環落地의 형상이라고 한다. 그곳을 찾아 집을 지으면 자손 대대로 부귀와 영화를 누릴 수 있다는 말이 몇백 년 전부터 전해 내려왔으며, 어떤 사람들은 원래 지리산 부근에 있다는 청학동이 이곳이라고도 주장한다. 또한 이곳은 남한의 3대 길지吉地로서 위쪽에는 금구몰니金龜沒泥(금거북이 묻혀 있다는 풍수지리상의 땅), 중간에는 금환낙지, 아래에는 오보교취伍寶交聚(다섯 가지 보배가 한 곳에 묻혀 있다는 풍수지리상의 명당)의 세 개의 명당이 있다고 한다.

운조루는 1,400평의 대지에 건평 273평인 아흔아홉 칸(현재는 70여 칸) 저택으로, 문중 문서에 따르면 한때는 883마지기의 농토가 있었고 구한말에만 해도 농사를 짓기 위해 한 해에 200~400여 명의 노동력이 조달되었다고 한다. 그러나

운조루의 사랑채

지금은 과거의 위세는 찾아볼 수 없고 집 관리도 제대로 안 되고 있다.

마을 뒤편에 지리산이 병풍처럼 둘러쳐 있고 마을 앞으로는 사시사철 맑은 물이 흘러가는 오미리, 나라 안의 보기 드문 명당으로 알려진 덕분에 구한말 이후 이 마을 일대에 집을 지었던 사람이 수십 명에 이르렀으며, 일제가 패망하고 해방이 될 무렵에는 300여 채의 집이 들어섰다고 한다. 그러나 지금 남아 있는 것은 운조루(주인이 거처하였던 곳)와 귀래정歸來亭(손님을 맞았던 곳), 그리고 아랫마을에 금가락지 같은 형국으로 담벼락을 두른 채 대숲에 쌓여 있는 기와집(박부잣집) 한 채만 남아 있을 뿐이다.

금가락지가 떨어진 형국

일본의 풍수지리학자 무라야마 지준村山智順이 지은 『조선의 풍수』에는 이곳 운조루 일대의 금환락지가 다음과 같이 실려 있다.

"이곳 제일의 구가旧家는 유씨의 집이 오미리에 있는데, 그 택지는 유씨의 원조 유부천柳富川이란 사람이 지금부터 300년쯤에 복거卜居한 곳이라고 한다. 유부천은 서울까지 밤마다 구름을 타고 왕복할 만한 방술에 통한 자였다. 그가 좋은 집의 초석을 정하고자 할 때 뜻밖에 귀석龜石을 출토했다. 비기秘記에 이른바 금귀몰니金龜沒泥이다. 금귀는 현재 유씨 집안의 가보로 소중히 저장되어 있다. 크기가 어린 아이 머리만하고 거북 모양을 한 석괴石塊이다. (…) 삼진혈三眞穴의 하나가 출토된 이상 다른 두 개도 반드시 이 부근에서 나올 것이라고 믿게 되었다. (…) 유씨의 택지를 상대로 보고 중대, 하대는 유씨 집에서 수백 미터 떨어진 곳에 있을 것이라고 이주자가 계속해서 들어오고 있는 것이다. 이 땅에 이주하는 사람의 대부분은 길지에 복거해서 일확천금의 행운을 바라는 자들이며(대개는 양반), 고향에 있던 자기 재산을 사회사업이라든가 종교단체에 기부해 버리고 남은 얼마간의 돈을 가지고 온 사람들이다. (…) 1929년 봄 이곳을 방문했을 때만 해도 넓은 대지에 여기저기 십수 호의 집이 신축 중에 바빴고 부근 일대에는 새로운 나무 향기가 감돌고 있었다."

조선총독부가 호구조사를 실시한 통계에 의하면 1918년 70호에 350명이었던 인구가 불과 4년 만에 148호에 744명으로 불어났다고 한다. 금환낙지 형국이라면 문자 그대로 주변의 지세가 원형의 금반지 모양으로 되어 있어야 한다. 그래서 찾아보니 원래는 현재 쓰고 있는 토지土旨가 아니고 금가락지를 토했다는 토지吐指였다고 한다. 예로부터 가락지는 여인들이 소중하게 여기고 간직하는 정표라서 성행위를 하거나 출산할 때만 빼는 것이었다. 이곳에서 가락지를 빼놓았다는 것은 곧 바로 생산을 의미하기 때문에 이곳을 금환락지. 풀어서 말하면 풍요와 부귀, 영화가 샘물처럼 마르지 않는 길지라고 칭한 것이다.

오미리에는 가마솥 안처럼 둘러 패였다는 개마소가 있으며, 개마소 북쪽에는 이곳에 살면서 인색하기로 소문이 난 장자가 탁발하러 온 스님을 구박하자 도술을 부려 그의 집을 소沼로 만들었다는 장자소, 흉년이 들어 굶어죽게 되자 논을 주고 사발로 밥을 얻어먹었다는 사발배논, 부엉이가 깃들었다는 부엉드러미와 호랑이를 닮았다고 해서 이름 붙인 호랭이바우도 있다.

이곳 구례 역시 동학농민혁명 당시 수많은 농민군들이 활동하였는데 운조루의 주인 유제양이 기록한 「구례유씨가의 생활일기」에 동학 교인들이 부적을 차고 주문을 외웠으며, 신분의 고하를 가리지 않고 행동하였다고 기록되어 있다. 농민군들은 스스로 접장接長이나 포사砲士라고 부르면서 군수물자를 조달하러 다녔으며 특히, 농민군은 말과 철환, 총, 화약 등을 징발하였는데, 구례의 경우에는 주로 남원의 농민군이 들어와 군수물자를 징발한 것으로 보인다.

구례 지역 농민군의 활동은 일부 양반계층의 호응을 얻기도 하였다. 구례 현감을 지낸 남궁표와 조규하가 대표적인 인물이다. 남궁표는 구례 접주 임전연의 권유로 동학에 입도하였을 뿐만 아니라 구례 주민들에게 입도를 권유하여 많은 사람들을 교인으로 만들었다고 한다. 특히, 그가 『동경대전』을 열심히 읽었다는 점으로 보아 진실로 동학의 사상을 매우 높이 평가하였음을 알 수 있다.

환동 박부자집

조규하는 현감으로 재직할 때부터 농민군들에게 호의적이었다. 그는 다른 지방의 농민군일지라도 맞이하고 전송하는 일에 정성을 다했다. 더욱이 그는 임실 성수산의 상이암에서 김개남을 만나 자기 사촌의 아들을 그에게 딸려 보냈다. 또한 자신도 동학에 입도하여 김개남과는 서로 '접장'이라고 불렀다. 김개남도 조규하에게 편지를 보낼 때에는 자신을 낮추고 접이라고 지칭하였다. 이처럼 양반 신분에 속하는 사람들도 동학에 들어간 경우가 많았는데, 유달리 구례 지역에서 두드러진 경우였다.

『조선의 풍수』를 지은 일본의 풍수지리학자 무라야마 지준이 "이 꽃이 떨어지게 되면 모든 사람이 애석하게 되니 이 땅은 모든 사람에게 애석함을 주는 인물을 낼 것이다"라 했다고 한다. 그래서인가. 영남지방의 고택들은 후손들이 잘 되어 그나마 잘 보존되고 있는 반면에 이 집은 그리 잘 보존되고 있는 것 같지가 않다.

운조루 근처에 있는 사도리沙圖里는 도선국사가 어떤 기인에게 풍수지리를 배울 때에 모래를 이용하여 산세도山勢圖를 만들어 배웠다고 해서 사도리라 불리었다고 한다.

화개장터에 세워진 보부상 동상

오봉산 건너편에 있는 능주촌은 금환낙지형의 명당이라는 소문에 화순군 능주면 사람들이 집단 이주를 했던 마을이다. 문천면 화정리(꽃정이)에서 금내리를 건너가던 나루터 이름이 김남정이 나루터이고 오봉산의 신선대에는 달 밝은 밤이면 신선이 강 이쪽에서 저쪽으로 배를 타고 건너다녔다고 해서 붙여진 이름이다.

신선이 지리산을 오고 가던 곳

산동면 위안리에서 발원한 서시천西施川은 28km의 여정을 마치고 합류한다. 전설에 의하면 진나라 시황제의 사신으로 불로초를 캐러 왔던 서시가 동남동녀 2백 명을 데리고 이곳을 지나갔다고 한다.

토지면 일대의 땅이 살 만한 곳이라는 말이 조선 중기 때에도 있어서 이중환이 지은『택리지』에도 일부분이 실려 있다.

> "남쪽은 구만촌이다. 임실에서 구례에 이르는 강 부근에도 이름난 구역과 경치 좋은 곳이 많고, 또 큰 마을도 많으나 그 중에도 구만촌은 시냇가에 위치하여 강산과 토지와 거룻배를 통해서 얻는 생선과 소금으로 얻는 이익이 있어 살기에 가장 알맞은 곳이다."

토지면 구만리는 단산 동남쪽에 있는 마을로 전라남도에서 경상남도 하동으로 가는 길목에 자리 잡고 있다.

마을 앞으로는 530리 유장한 물길 섬진강이 흘러가고 뒤쪽으로는 지리산을 병풍처럼 두고 있는 오미리에 자리 잡고서 지나가는 바람과 산천을 벗 삼아 마음을 쉬게 한다면 하루하루가 꿈결 같을 것이다.

대원군이 세워준 보덕사

▶▶▶찾아가는 길

충남 예산군 예산읍에서 해미로 이어지는 45번 국도를 따라가다가 보면 가야산 자락에 자리 잡은 덕산에 이른다. 옛 시절 덕산현의 소재지였던 덕산에서 가야산 쪽으로 15번 군도를 따라 8km쯤 가면 남연군묘에 이른다.

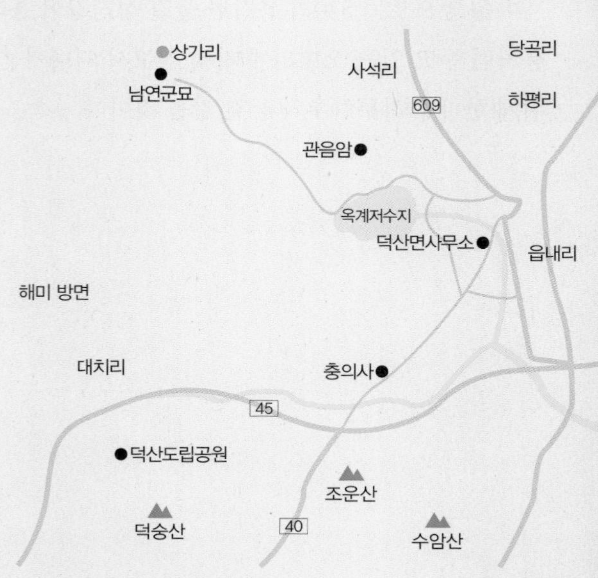

21 충청남도 예산군 덕산면 상가리

대원군이 사들였던 천하의 명당

우리 조상들은 땅과 신령과 힘을 믿었다. 그래서 묫자리를 잡거나 집터를 닦을 때면 어김없이 지관을 불러 풍수를 따졌다. 풍수는 민간의 향토 신앙에 그치지 않고, 국가적 사업의 중요한 파트너 역할을 수행했다. 새 도성을 잡을 때도 그랬고, 왕실의 묘를 잡을 때도 그랬다. 왕실은 절대적인 권력을 행사하고 국가사업이라는 명분을 내세워 이미 누군가 쓰고 있는 땅을 제 것으로 만들기도 했다.

그런 점에서 보면 당대 최고의 권력가인 흥선대원군이 부친인 남연군의 묘를 쓴 충남 예산군 덕산면 상가리는 천하의 명당이 아닐 수 없다.

온천이 풍부한 관광 명소

덕산면은 지금은 예산군에 소속된 하나의 면이지만, 1914년까지만 해도 하나의 현이었다. 덕산은 온천이 좋은 곳으로 이름이 높다. 『동국여지승람東國輿地勝覽』의 「덕산현조德山縣條」에는 '온천재현 남오리溫泉在縣 南伍里'라고 적혀 있고, 『세종실록지리지世宗實錄地理志』의 「충청도忠淸道 덕산현조德山縣條」에도 '온천재현 남삼리溫泉在縣南三里 윤일문'이라는 기록이 남아 있다. 또한 이율곡은 이곳의 온천수를 효능이 탁월한 약수라고 소개하면서, 자신의 저서인 『충보』에서 온천의 유래에 얽힌 전설을 상세하게 기록하고 있다.

조선 후기인 순조 때의 기록에도 이곳에 많은 탕치객湯治客이 모여들었다는 기록이 남아 있다.

이곳에 온천장으로서의 상업시설이 갖추어지기 시작한 것은 1918년 일본인이 처음으로 덕산온천이라는 건물을 짓고 온천을 개장한 때부터이다. 그 후 같은 자리에 이한경이 새로 건물을 짓고 온천을 굴착하니 지하 300m 깊이에서 섭씨 43~52℃의 온천수가 용출되었는데, 지구 체내에서 자연적으로 분출되는 온천수가 어머니의 젖과 같은 효과를 지녔다고 해서 그 터를 지구유地球乳(충남문화재자료 190)라고 부른다.

이 일대는 예산의 대표적인 관광지로서 온천이용업소 9개 소 외에 호텔 등 많은 숙박시설이 있어 연중 250만 명이 찾고 있다. 가까운 곳에 매헌 윤봉길 의사의 생가와 기념관, 수덕사修德寺 등 덕산도립공원이 자리 잡고 있다.

『연려실기술』「지리전고」에 "해미의 가야산伽倻山 상왕산象王山과 서로 연해 있다. 동쪽 가야사가 있는 동학은 곧 옛날 상왕象王의 궁궐이 있던 터이다. 서쪽에 수렴동水簾洞이 있는데, 산악과 폭포가 기묘하다. 북쪽에 강당동講堂洞 무릉동武陵洞이 있는데, 수석水石이 또한 아름답다."고 실려 있다. 이처럼 가야리는 대한민국 제일의 명당 터로 본래 덕산군 현내면의 지역으로 가야골 위쪽을 위가야골, 위개골, 또는 상가야동, 상가라고 하였는데 1914년 행정구역이 개편되면서 상가리로 덕산면에 편입되었다.

가야산 밑에 자리 잡은 가야동은 상가리와 옥계리에 걸쳐 있는 마을이다. 상가리 중앙에는 장수가 밟았다고 하는 큰 발자국이 남아 있고, 위가야골 동쪽의 사기점 마을은 90여 년 전만 해도 사기를 굽던 곳이라 한다. 위가야골 북쪽에는 대문동마을이 있고, 대문동 북쪽에는 대문동고개가 있다. 가야산에는 대동산제大同山祭를 지내는 산제당이 있으며, 상가리에 있는 서원산은 한때 서원書院이 있었으므로 붙여진 이름이다.

가야골 동남쪽에는 정미소가 있던 모롱이라 기곗간모롱이라고 부르며, 위가야골 서쪽에 있는 고개를 회목고개라고 부른다.

남연군 묘 뒤편으로 병풍처럼 펼쳐진 가야산의 석문봉石門峰(653m)에서 바라보면 동쪽으로는 서원산書院山(473m)을 넘어 예당평야가 그림처럼 펼쳐지며 옥양봉玉洋峰(621m)이 지척이다. 일락사와 개심사를 품에 안은 일락산(521m) 너머가 당진이고, 해미읍성 지나면 서산 천수만 간척지와 안면도가 어슴푸레하다.

가야산 자락에는 백여 군데의 절이 있었고, 예산군 덕산면 상가리에 있던 가야사伽倻寺는 그 절들 중 가장 큰 절이었다. 조선 성종 때에 편찬한 『동국여지승람』 「불우조」에 수덕사보다 더 앞에 실려 있는 것으로 보아 아마도 당시엔 수덕사보다 더 컸을 것으로 추정된다. 가야산에 있던 금탑金塔에 다음과 같이 실려 있다.

> "그 윗머리는 구리쇠로 씌우고 네 모서리에 철사를 꼬아 만든 줄을 걸어 늘어뜨리고 풍경을 달았다. 그 형태가 웅장하고 만든 법이 기이하고도 교묘하여 다른 탑과 다르다."

이러한 기록으로 추정해 보건대, 공주 마곡사에 있는 라마식의 탑과 그 형태가 비슷했을 것이다.

대원군의 아버지가 묻힌 곳

대부분의 절들이 실화失火로 타 버린 것과 달리 가야사는 흥선대원군에 의해 일부러 불태워졌다고 한다.

젊은 시절을 안동 김씨의 세도에 밀려 파락호 혹은 미치광이로 불우한 시절을 보낸 야심가 흥선군興宣君이 오랜 세월을 공들여 실행한 일이 아버지 남연군南延君의 묘를 이곳에 옮긴 일이다.

황현의 『매천야록』에 자세히 나와 있는 것처럼 흥선군은 당대의 명지관 정만인에게 명당자리를 부탁, 가야산 동쪽에 2대에 걸쳐 천자가 나오는 자리를 얻는다. 우선 그는 임시로 경기도 연천에 있던 아버지의 묘를 임시로 탑 뒤 산기슭으로 옮겼다. 그때 마지막으로 옮겼던 사람들에게 상여가 기증되었고 그 상여가 중요민속자료 제31호로 지정되어 나븐들(남큰들)에 보존되어 있다.

그러나 그 명당 터에는 가야사라는 절이 있었고, 지관이 점지해 준 묫자리는 금탑이 서 있었다. 흥선군은 재산을 처분한 2만 냥의 반을 주지에게 주어 중들을 쫓아낸 후 불을 지르게 한다. 절은 폐허가 되고 금탑만 남았다. 탑을 헐기로 한 날 밤 네 형제가 똑같이 꿈을 꾸었다. "나는 탑신이다. 너희들은 어찌하여 나의 자리를 빼앗으려 하느냐. 만약 일을 그만두지 못한다면 내 너희를 용서하지 않으리라." 겁에 질린 형들은 모두 그만두기를 원했으나, 대원군은 "그렇다면 이 또한 진실로 명당이다."라고 말한 뒤, 탑을 부수자 도끼날이 튀었다. 그때 대원군이 "나라고 왜 왕의 아비가 되지 못한다는 것인가?"라고 소리치자 도끼가 튀지 않았고 흥선군은 정만인의 예언대로 대원군이 되었으며 고종, 순종 등 2대에 걸쳐 황제

천하의 명당이자 풍수의 교과서라고 알려진 남연군 묘소

를 배출한다.

뒷날 대원군은 이건창에게 장례 치를 때의 일을 얘기해 준 적이 있었다.

> "탑을 쓰러뜨리니 그 속에 백자 두 개와 단지 두 병, 그리고 사리 세 알이 있었다. 사리는 작은 머리통만 한 구슬이었는데 매우 밝게 빛났다. 물속에 잠겼지만 푸른 기운이 물속을 꿰뚫고 끊임없이 빛나는 것 같았다."

그런 사연을 지닌 남연군 묘를 두고 사람들은 복치형伏雉形(꿩이 엎드려 있는 형국)이라고 한다.

금탑을 깨뜨린 후 절을 망하게 한 것이 마음에 걸렸던지 대원군은 고종이 등극한 몇 달 뒤에 서울에서 목수를 보내어 남연군 묘 맞은편 서원산 기슭에 절을 지었다. 그의 장남인 재면載冕의 이름으로 보덕사報德寺라는 절을 짓고서 왕실의 원당사찰로 삼았다.

보덕사 가는 길은 나무숲 우거진 운치 있는 길이다. 어쩌다 한 번씩 가보면 스님이 출타 중이라는 것을 표시하는 간짓대만 걸려 있는 보덕사는 규모가 그리 크지 않은 절이다. 6·25전쟁 때 소실되었던 보덕사는 1951년 2월에 비구니 수옥이 중창하였다가 1962년에 다시 중창하였다. 보덕사에는 가야사의 옛 절터에서 가져온 석등인 화사석이 남아 있어 그 당시의 절의 규모를 보여주고 있다. 팔각의 몸돌에 사천왕상이 조각되어 있고, 석등의 몸돌이 87cm나 되는 것을 보면 제법 컸던 것으로 보이는 이 석등은 고려 시대에 만든 것으로 여겨진다.

천하의 명당에 자리를 잡았으니 세세토록 나라가 이어져야 했지만 조선왕조의 운명이 그리 오래 가지를 못했다. 남연군 묘는 고종 5년인 1866년(병인년)에 대원군의 쇄국정책에 불만을 품은 독일 상인 오페르트에 의해 파헤쳐지는 수난을 겪었다. 그러나 대원군의 선견지명으로 강회를 비벼 넣어 그다지 파헤쳐지지 않고 무사했다. 그러한 사실을 보고받은 대원군은 화가 머리끝까지 치솟아 "잔존하는 천주학쟁이들을 가일층 엄단하라."는 지시를 내렸고 천주교도들은 그 일로 인하여 또 한 차례 수난을 겪어야 했다.

그러나 천하의 명당이라고 일컬어지는 곳에 자리를 썼음에도 불구하고 "역사의 수레바퀴는 돌고 돈다."는 명제는 피할 수 없었다. 조선왕조는 결국 1910년 오백 년 사직의 막을 내리고 역사의 뒤안길로 사라지고 말았다.

남연군 묘를 지키는 문인석

풍수지리상의 길지

바라보면 바라볼수록 남연군 묘의 지세는 감탄사를 연발할 수밖에 없다. 한마디로 풍수지리가 일컫는 명당의 조건을 교과서적으로 모두 갖춘 곳이 남연군 묘이다.

풍수지리에 '생전사후生前死後'라는 말이 있다 이 말은 "명당을 잡을 때 살아서(陽宅)는 앞을 위주로 보아서 집터를 잡고, 죽어서(陰宅)는 뒤를 보고 명당을 잡는다."는 말이다. 즉 묘는 앞으로 펼쳐진 전경보다 뒤쪽에 있는 내룡來龍이 좋아야 하고 집터는 뒤에 있는 내룡보다 앞으로 펼쳐진 지세가 좋아야 한다는 말이다.

남연군 묘의 뒤편으로 가야산 서편 봉우리에 두 바위가 문기둥처럼 서 있는 석문봉이 주산主山이 되고 오른쪽 옥양봉, 만경봉이 덕산을 거치면서 30리에 걸쳐 용머리에서 멎는 지세가 청룡靑龍이 되며 왼쪽으로 백호白虎의 지세는 가사봉, 가영봉을 지나 원화봉으로 이어지는 맥이 금청산 원봉에 감싼 자리이다. 하지만 중요한 것은 이곳은 풍수지리의 문외한인 사람들일지도 묘 뒤편의 가야산의 능선들이나 묘 앞으로 시원스럽게 펼쳐진 덕산 쪽만 바라보아도 진정한 명당 터라고 느낄 수 있다.

조선 초기의 문신 안숭선安崇善이 "한 시내 흐르는 물을 사면으로 산이 쌓고 있는데, 나 홀로 개인 창 아래 누워서 발을 걷고 내다본다."고 노래했던 것이 가야산 자락 덕산의 형승이었다.

물이 좋기로 소문난 덕산 온천과 가깝고 한 시대의 역사가 살아 숨 쉬는 나라 제일의 명당 근처에 자리를 잡고 산다면 그 누군들 명당의 훈김이라도 쐴 수 있지 않을까?

제3부

선조의 숨결이 살아 있는 곳

안성 칠장사

▶▶▶찾아가는 길

안성에서 장호원으로 가는 38번 국도를 타고 가다가 삼죽을 지나서 좌회전하면 17번 도로에 접어든다. 삼거리에서 진천 방향으로 5km쯤 가면 안성컨트리클럽 가는 길이 나오고 그곳에서 4.5km를 더 가면 칠장사에 이른다.

22 경기도 안성시 이죽면 칠장리 칠장사 아랫마을

시간이 멈춘 자리

현세現世가 암울하고 어려운 사람일수록 하루빨리 가고 싶은 나라가 불교에서 말하는 극락정토일 것이다. 고대 인도인들은 동쪽으로 서서 앞쪽을 과거過去라고 보았고 뒤쪽을 미래未來라고 여겼다. 그러므로 극락은 내세에 왕생할 세계이기 때문에 서방에 있어야 한다고 여겼다. 극락정토는 지극히 안락하고 아무 걱정이 없는 행복한 세계를 말하며, 아미타불이 살고 있는 곳이다. 지극한 마음으로 '나무아미타불南無阿彌陀佛'을 열 번만 불러도 아미타불의 본원本願의 힘에 의해 갈 수 있다는 극락정토는 이 세상에서 십만 억의 불토佛土를 지나서 가면 닿는 곳이다. 극락極樂 또는 안양安養이라고도 부르는 그곳에는 이 세상에 존재하는 모든 것이 완전하게 갖추어져 있다고 한다.

석가는 미륵삼부경彌勒三部經에서 그러한 용화세계龍華世界의 모습을 다음과 같이 설명하고 있다.

> "오랜 시간이 지난 뒤 이 세상에는 계두성鷄頭城이라는 커다란 도시가 생길 것이다. 동서의 길이는 12유순由旬(1유순은 40리 정도)이고 남북은 7유순인데, 그 나라는 땅이 기름지고 풍족하여 많은 인구와 높은 문명으로 거리가 번

성할 것이다. 향기로운 비를 내려 거리를 윤택하게 하고 낮이면 도시를 화창하게 하리라. (…) 대지는 평탄하고 거울처럼 맑고 깨끗하며, 곡식이 풍족하고 인구가 번창하고 갖가지 보배가 수없이 많으며, 마을과 마을이 잇달아 닭이 우는 소리가 서로 들리느니라. 아름답지 못한 꽃과 맛이 없는 과실 나무는 다 말라서 없어지고, 추하고 악한 것 또한 스스로 다 없어져서, 달고 맛 좋은 과실과 향기롭고 아름다운 꽃과 나무들만 자라느리라. 그때의 기후는 아주 알맞게 화창하며 4시의 계절이 순조로워서 백 여덟 가지 질병이 없고, 탐내는 마음과 성내는 마음과 어리석은 마음의 탐진치貪瞋癡 삼독번뇌三毒煩惱가 크게 드러나지 않고 은근하여 사람들의 마음도 어긋남이 없이 고루 똑같아서, 만나면 서로 즐거워하고, 착하고 아름다운 말만 주고 받으며, 뜻이 서로 다르거나 어긋나는 말이 없어서, 울단월鬱單越(극락세계) 세계에 사는 것과 같으니라. (…) 그리고 이른바 진귀한 보물이라고 하던 금 · 은이며 자거 · 마노 · 진주 · 호박이 길바닥에 여기저기 흩어져 있지만 주우려는 사람이 하나도 없느니라. 옛날에 사람들이 이것으로 말미암아 서로 싸우고 죽이며 잡혀가고 옥에 갇히고 무수한 고통이 있었는데, 이제는 부귀가 쓸모없는 돌조각과 같아서 아끼고 탐내는 사람이 없게 되었다 하더라(彌勒下生經). 그때가 되면 나라들의 땅이 기름지고 풍족하며 좋은 집들이 즐비한 마을과 마을이 들어서서 그 마을들에 닭우는 소리가 접해 있으리라. 우거진 숲에는 나무에 꽃이 만발하고 만다라의 꽃이 비처럼 내리는데, 이따금씩 바람이 불어 악한 것이 모두 사라지고… 금은 보화와… 싸움도… 고통도… 쓸모없는 돌조각과 같다고 하리라."

그러나 극락에 이르는 길은 멀기만 하고 세상은 항상 어둡고 쓸쓸하다. 그래서 차선책으로 생각해 낸 것이 누구든 깨달으면 부처가 되고, 극락이란 멀리 있는 것이 아니라, 현세에서 만족함을 아는 것이 곧 극락極樂이라는 것이다. 그리고 아미타불이나 극락정토가 따로 있는 것이 아니라 자기 자신의 마음속에 있으며, 욕심을 버리면 극락이 바로 근처에 있다고 여기는 것이다. 그렇게 여기면서도 사람들

안성에 유달리 미륵불이 많은데, 국사봉에 있는 궁예미륵이다.

은 항상 그 욕심을 떨치지 못하고 헤매는 경우가 더 많은 게 현실이다.

누구나 가고 싶어 하지만 갈 수가 없는 극락極樂, 그런 아름다운 이름을 가진 곳이 나라 안에 몇 군데가 있다. 영산강의 지류로 광주 부근을 흐르는 극락강, 함평읍의 극락봉, 그리고 경기도 안성시 이죽면 칠장리에서 가장 큰 마을인 극락마을이 그렇다.

칠장사 가는 길

이런저런 연유로 이 땅 구석구석을 두 발로 꾹꾹 눌러 밟으며 다니는 동안에는 몸이 지쳐도 피곤한 줄을 모르고, 발이 부르터도 통증을 모른다.

그러나 오히려 걷는 일보다는 차로 다니는 일이 많고, 그저 서 있기만 하면 저절로 계단을 오르내릴 수 있는 도시에 들어서기만 하면 몸과 마음이 극도로 지쳐 버린다.

바삐 걸으며 내 어깨를 툭툭 치고 지나치는 이들의 속도를 나는 도저히 따를 수가 없다. 아니, 그들을 따라잡고 싶은 마음이 한 치도 생기지 않는다. 속도에 몸과 마음을 맡기는 순간, 사람은 사라지고 만다. 오로지 문명과 속도만이 남는다. 도시에 있을 때 나는 때때로 사람이 사라져 버린 황량한 폐허 위에 선 기분이 든다. 도로를 가득 메운 차들이 내지르는 클랙슨 소리도 악다구니로 변해 버린다.

나는 또 슬그머니 적요와 평안이 살아 있는 어느 이름 모를 마을을 떠올린다. 산이 있고 물이 있고 나무가 자라며 새가 지저귀고 다람쥐가 비밀스러운 길을 만드는 땅, 그 위에 욕심을 모르는 사람들이 하나 둘 모여 사는 마을, 그런 곳으로 물 위를 스쳐 지나는 제비보다 빠른 속도로 마음이 먼저 달려가곤 한다. 나는 껍데기밖에 남지 않은 남루한 몸으로 허겁지겁 허둥지둥 도시에서의 일을 마무리하고, 마음이 달려간 그 길을 따라 얼른 도망치고 싶다.

그렇게 마음이 요동치고 난 뒤, 어느 날 나는 안성에 있는 절, 칠장사를 찾아 나섰다.

임꺽정이 의형제를 맺은 곳

죽산에 내려 칠장사 가는 버스를 기다린다. 이른 새벽에 읍내에 나갔다가 돌아가는 아낙들이 모이고, 관광객 몇 명이 무리를 지어 있다.

나는 그들과 조금 거리를 둔 채 집에서 가지고 온 냉수로 목을 축인다. 시간에 맞추어 왔지만 칠장사까지 하루 네 번 다니는 버스는 늑장을 부리고 있다.

"거기가 그 갖바치 스님이 있던 데라니까!"

관광객들 중 한 사람이 큰 소리로 아는 체를 한다. 저 사람이 말하는 '갖바치 스님'이란 임꺽정의 스승이었던 병해대사를 일컫는 것이다.

「여인천하」라는 드라마가 히트하면서 병해대사는 자신의 본래 명칭보다 갖바치 스님으로 더 유명해지고 말았다.

조선 시대의 3대 의적을 꼽으라면 어느 누구도 임꺽정과 장길산, 그리고 홍길동을 드는 데 주저하지 않을 것이다. 내가 지금 찾아가는 경기도 이죽면 칠장산 자락에 있는 칠장사는 조선 명종 때 활약했던 임꺽정의 자취가 진하게 남아 있는 곳이다.

칠장사에 임꺽정의 스승인 병해대사가 머물러 있었기 때문에 임꺽정도 이 절에 자주 들렀다. 또한 임꺽정은 칠장사의 불상 앞에서 이학봉, 박유복, 배돌석, 황천왕동, 곽오주, 길막봉과 의형제를 맺었다.

칠장사는 임꺽정 반란의 발상지라고 할 수 있다. 칠장사 근방에 사는 사람이면 노인들까지도 그러한 사실을 잘 알고 있다. 벽초 홍명희가 「임꺽정」이라는 소설 속에 잘 묘사해 놓은 까닭이다.

드디어 버스가 도착했다. 버스에 오르는 관광객들이 운전기사에게 왜 시간을 맞추지 않았느냐고 타박을 한다. 반면에 이 근처에 사는 주민들은 아무런 불평이 없다. 운전기사도 그러려니 한다. 버스 운행시간표라는 것이 있기는 하지만 이곳 주민들은 그런 것에 개의치 않는다.

시골 버스란 항상 늦을 수밖에 없다. 짐 내리고 싣는 동네 어른들도 챙겨야 하고, 승객 중 누군가가 오줌이 마렵다고 하면 그 자리에서 멈추는 것이 시골 버스다. 시간의 절대적인 원칙과 권위를 믿는 도시의 관광객들은 시골 버스가 늦는 까닭을 이해할 수가 없다.

두교리 삼거리에 들어서자 '칠장산 칠장사'라는 팻말이 보이면서 넓지 않은 마을길이 나타난다. 모퉁이를 돌아서면 희부연 안개가 피어오르는 광혜저수지에 이른다. 대화, 극락, 산직 마을을 지나면 칠장사의 부도밭이 나타난다. 부도밭에 줄 지어 서 있는 여나믄 개의 부도들은 19세기 후반에 만들어진 듯한 종각 형태이다.

칠장리는 원래 죽산군 남면의 지역이었고 칠장산 아래 있으므로 칠장골 또는 칠장이라고 불리었다.

칠장리에서 가장 큰 마을의 이름이 극락極樂이고, 극락마을 동남쪽에 있는 마을

칠장사 당간지주

이 크게 화합한다는 대화리大和里이다. 또한 가난골이라는 골짜기가 있으며, 조선 황실의 임야였던 구왕궁림舊王宮林이 있다. 극락마을 서쪽에 있는 절이 명적암이고, 칠장사 남쪽에 있는 절은 백담암이다. 칠장리에 있는 펀던은 사기전이 있었던 등성이이고, 칠장골에서 그쪽으로 넘어가는 고개가 사기전고개이다. 그리고 근처에 있는 사정산은 네 명의 장수가 진을 쳤던 곳이라고 한다. 성을 쌓았던 성골, 승당이 있었다는 승당골(심방골), 골짜기가 제비를 닮았다는 제비혈, 절과 탑이 있었다는 탑상골, 사냥할 때 매를 받는 곳이었다는 매봉재 등도 칠장사 아래 칠장리에 있는 옛 이름들이다.

칠장사 입구에는 다른 절들에서 볼 수 없는 철당간지주가 있다. 대부분의 절에는 원형 철통은 없어지고 석조물만 남아있는 것과는 달리 청주의 용두사 터 당간과 계룡산 갑사의 철당간 및 이곳 칠장사 등 세 곳에 원래대로의 철당간이 남아있다. 14층에 이르는 철제 원통 당간지주가 하늘을 찌를 듯 우뚝 솟아 위용을 자랑한다. 지름이 50cm쯤일 것으로 추정되는 원형 철통은 지금은 14층으로 11.5m가 남아 있지만 본래 당간지주는 28층에 이르렀다고 한다. 그 옛날 칠장사를 알리는 깃발이 나부꼈을 당시의 장관은 대단했을 것이다. 칠장사 당간지주는 풍수지리설과 연관이 있다. 칠장산의 지형이 배 모양을 하고 있어 이 당간을 돛대에 비유하여 세웠다는 것이다.

일곱 현인을 배출한 절

『사기』에 의하면 칠장사는 신라 선덕여왕(636) 때 자장율사가 창건하였다고 전해진다. 그 뒤 고려 초기에 혜소국사가 현재의 비각자리에 홍제관이라는 수행처를 세웠고, 현종 5년에 왕명으로 크게 중수했다는 기록이 있다.

이 절 칠장사에는 혜소국사와 도적에 얽힌 일화가 전해 내려오고 있다. 혜소국사가 아미산 중턱에 조그마한 암자를 짓고 불도를 닦고 있던 중 암자 근처에 우물을 파고 표주박을 띄워 놓았다. 당시 절 아래에는 일곱 명의 도적들이 살고 있었다. 어느 날 밤 혜소국사의 암자에 있는 우물 터에서 현란한 빛줄기가 뻗쳐 나오는 것을 보게 되었다. 일곱 명의 도적들이 우물로 다가가 보니 표주박처럼 생긴 황금덩어리들이 둥실둥실 떠다니는 것이 아닌가. 견물생심이라고 도적들은 금빛이 감도는 표주박들을 한 개씩 가지고 집으로 돌아왔다. 그러나 어찌된 일인지 집에 와서 꺼내 놓자마자 조금 전만 해도 금빛이 찬란했던 표주박이 그냥 표주박으로 변하고 말았다. 실망에 빠진 도적들은 표주박을 가지고 가서 우물에 다시 띄웠더니 표주박은 다시 황금으로 변하는 것이었다.

그러기를 몇 차례 도적들은 그제야 무엇인가 신령한 기운을 깨닫고서 이구동성으로 이렇게 말했다.

"오늘의 일은 아무래도 부처님께서 우리를 시험하신 모양이네. 저 암자에서 도를 닦고 있는 스님에게 사실대로 말하고 용서를 구하세!"

늦게나마 자신들의 잘못을 뉘우치고 혜소국사에게 찾아가 사실대로 이야기 하자 혜소국사는 이렇게 말하였다.

"헛된 욕심을 품지 않는다면 이 세상의 모든 것이 보물로 보이는 법입니다."

이 말을 들은 일곱 명의 도적들은 수도승이 되었고 마침내 도를 닦아서 도통을 하게 되었다. 그 뒤부터 이 산을 칠현산이라고 불렀고 암자 이름을 일곱 명의 힘센 장사가 중이 되었다고 하여 칠장사라고 하였다.

"헛된 욕심을 품지 않는다면 이 세상의 모든 것이 보물로 보이는 법." 혜소국사의 오래전 말씀이 이제 막 절문을 넘어서려는 내 뒤통수를 후려친다. 세상에 태어나 존재하는 것 치고 소중하지 않은 것이 어디 있겠는가. 저마다의 가치를 인정하고 인정 받을 때 모든 존재는 보물이 된다. 예전에 읽은 책의 한 구절이 떠오른다.

> "좋아한다는 것은 소유하는 것의 가장 좋은 일이지요. 하지만 소유한다는 것은 좋아하는 것의 가장 나쁜 방법입니다."

무언가를 내 것으로 만드는 순간, 그것은 그것만의 가치와 빛을 잃어버리는 것이 아닐까. 놓고 버리는 것 속에 진정한 사랑이 있는 것은 아닐까?

칠장사는 그 후 꾸준히 중수를 거듭해 오다가 현종 15년(1674)에 세도가에게 산을 빼앗겨 승려들이 뿔뿔이 흩어지는 비운을 겪게 되었다. 그때 초견이라는 사람이 다시 찾은 뒤 중수하였다. 현존하는 절 건물로는 대웅전, 원통전, 명부전, 응향각, 천왕문, 요사채가 있다.

불이문을 지나자마자 만나게 되는 것이 사천왕상이다. 화려한 보관과 정교한 무늬의 갑옷을 입고 서서 칠장사의 절문을 지키고 있는 사천왕상은 조선 후기에 조성된 사천왕상 중의 걸작으로 꼽히며 경기도 유형문화재 제11호로 지정되어 있다.

정면 3칸 측면 3칸의 다포계 공포를 갖춘 맞배지붕의 칠장사 대웅전은 빛바랜 단청으로 인하여 세월의 무게가 한껏 느껴지는 아름다운 건축물이다. 조선 중기에 중창되었고 16세기에 여러 차례 중수를 하였으며, 고종 14년에 중건되었다.

법당 안에는 인중이 길고 윗입술이 약간 들린 본존불이 모셔 있고 문수 보현보살이 협시불로 모셔 있다. 본존 후불 탱화는 지장탱, 신종탱, 칠성탱이 안치되어 있는데, 이들 탱화가 그려진 시기는 조선 후기의 고종 말년쯤으로 추정되고 있다.

특히 칠장사 오불회괘불탱은 조선 후기의 불화 연구에 기준이 될 수 있는 중요한 문화재로 평가받고 있는데 이 괘불은 폭 52Cm이며 모시 7폭으로 만든 화폭에다 비로자나삼존불을 비롯 여러 불상을 그린 군집화로서 1628년에 제작되었으며 몇 년 전에 국보 제296호로 지정되었다.

칠장사 대웅전 오른쪽에는 바라볼수록 조각수법이 빼어난 석불입상이 서 있다. 통일신라 때에 조성된 이 석불입상은 본래 죽산리 봉림사 터에 있었던 것이다. 죽산중고등학교로 옮겨졌던 이 석불입상은 그곳에서 학생들에 의해 손에 타심하게 훼손된 것을 이곳 칠장사로 다시 옮겨왔다.

대웅전 왼쪽으로 접어들면 야트막한 언덕 위에 혜소국사의 비가 귀부와 이수가 서로 분리된 채 비신만 쓸쓸히 서 있다. 비신은 높이가 2.27m이고 너비는 1.27m로서 보물 제488호로 지정되어 있으며 1060년에 세웠다. 비문에 의하면 혜소국사는 광종 25년인 972년에 안성에서 태어났다. 속성은 이 씨로서 혜소국사는 시호이고 생전의 법명은 정현이었다. 열세 살의 어린 나이에 모든 것은 우리 의식의 표상일 뿐이라는 우주의 천리를 깨닫고 칠장사 융철 스님을 찾아가 유식불교를 배웠다. 통화 14년에는 미륵사에 가서 오교대선이 되어 선종의 문을 배격했다고 하며, 그때부터 그가 불경을 강의하는 자리마다 그를 칭찬하는 소리가 자자했다고 한다. 어느 날은 혜소국사가 칠장사에 돌아와 꿈을 꾸니 꿈속에서 하늘과 별과 구름 사이에 커다란 흑점이 매우 또렷하게 나타났다고 한다.

죽산 봉림사 터에서 옮겨 온 석불입상

그는 여러 절들과 연관을 맺고 있는데 영통사, 미륵사, 법천사, 광제사, 사현사, 봉은사 등이 그가 거쳐간 절들이었다. 혜소국사는 입적하기 전에 제자 여나믄 명을 불러 들여 "대체로 인생이란 비유해 보면 번개와 밤, 바람 그리고 별빛과 새벽 같으니 내 이제 무물無物로 돌아가려 한다. 너희들은 살아 있으면서 서로 상하게 하지 말라."라는 말을 남기고 가부좌한 채 입적하였다. 그의 나이 여든넷이었고 승려 생활 74년 만이었다.

이 절에서 일곱 장사가 중이 되었다는 사실을 증명이라도 하듯 이 비에서 바라보면 소나무 그늘 밑에 서 있는 나한전에 그들 칠현인의 현신이라는 일곱나한상이 모셔져 있다 원래 이 나한상들은 경내의 노천에 있던 것을 1703년에 전각을 짓고 이곳에 모셨다고 하고, 전각 위로 가지를 늘어뜨린 소나무는 나옹스님이 심었다고 전해지지만 정확하지는 않다. 그러나 일설에 의하면 그때의 일곱 명은 도적이 아니라 일곱 명의 백정이라고 해서 칠정사라고도 불렀는데 절 측에서 칠장사라고 고쳐 불렀다고 한다.

또한 『동국여지승람』에 의하면 고려 말 왜적의 피해가 극심할 때 충주 개천사

김태평이라는 사람이 세웠다는 일죽의 태평 미륵

에 보관하던 나라의 사서를 이곳 칠장사로 옮겨 소장한 일이 있고, 조선 중기에는 선조의 부인이었던 인목대비가 인조반정으로 복위되자 당쟁 때문에 억울하게 죽은 그의 아버지 김제남과 영창대군을 위하여 칠장사를 원찰로 삼았고 이 절을 자주 찾았다.

그 뒤 근대에 접어들면서 칠장사가 세상 사람들에게 널리 알려지게 된 것은 벽초 홍명희의 「임꺽정」에 의해서였다.

마음의 평안과 안온함을 느끼는 곳

조선 명종 때 활약했던 임꺽정은 삼년 동안에 걸쳐 경기도 일대와 서북 지방의 행정 기능을 마비시키다가 구월산에서 체포되어 처형을 받았다. 그 직전까지 임꺽정이 정신적 지주로 삼았던 스승 갖바치를 벽초 홍명희가 소설 속에 등장시켰고, 그 갖바치가 머물러 있던 곳이 이곳 칠장사였다. 그 갖바치 노릇을 했던 은둔자 병해대사 역시 가죽신을 만들던 백정 출신이었고, 임꺽정은 생불이었던 병해스님을 자주 찾아갔다.

임꺽정이 어느 날 사람들에게 병해스님에 대해 물었다. 그때 사람들은 "병 있는 사람이 절 한 번에 병이 낫지요, 자손 없는 사람이 스님 불공 한 번에 자손을 보지요, 아무리 무식한 사람이라도 눈앞에 영험을 보고야 대접을 아니할 수 있습니까? 죽산, 안성, 용인 근처 사람들에게 칠장사 생불이라고 물으면 거의 모르는 사람이 없습니다." 병해스님은 근처의 주민들에게 병해대사라고 불리며 추앙을 받다가 85세에 입적하였다고 한다.

마음의 평안을 얻을 수 있는 땅

익살맞게 생긴 스님 조각상이 표주박을 내밀고 있는 샘터 부근에 버스를 타고 동행했던 관광객들이 모여 있었다. 그 중 한 사람이 기지개를 켜며 말했다.

칠장사 약수터

"이런 데서 살면 여한이 없겠다."

그 말을 들으니 입가에 씁쓸한 미소가 잡힌다. 누구나 산이 있고, 나무가 자라는 곳을 향한 그리움을 본능처럼 지니고 산다. 하지만 우리는 천성적인 마음의 명령을 모른 체 하고 몸의 욕망을 따른다. 이런 데서 살면 여한이 없겠다고 말하는 저 사람의 마음이 진심인 것을 알지만, 그는 결국 도시의 속도 경쟁 속에 몸과 정신을 맡긴 채 살아 갈 것이다.

"습관이 오래되면 품성이 되고, 품성은 문으로 내쫓으면 창문으로 들어온다."는 말도 있다.

안성시의 땅을 두고 조선 시대의 문인 최부는 이렇게 읊었다.

"산은 동북쪽을 막아서 저절로 성이 되었고 지역은 서남으로 트였는데 기름진 들판이 질펀하다."

그의 말처럼 칠장산에 올라서면 가까이에 칠현산(516m), 덕성산(520m)이 펼쳐져 있고 먼 발치에 청룡사를 품고 있는 서운산(547m)이 보인다. 그리고 비봉산, 도덕산(366m), 청량산(340m)을 넘어서면 질펀하게 안성평야가 펼쳐 있다.

현인들은 마음의 평정과 안온함을 느끼는 곳이 명당이라고 했다, 그러나 명당은 땅에 있는 것이 아니라 우리의 마음속에 있는 것인지도 모른다. 도시에서 몰려온 관광객들의 발걸음이 바빠지기 시작한다. 칠장사를 떠나 죽산으로 가는 버스가 도착할 시간이 다가온 까닭이다. 죽산에서 여기로 오면서 시골 버스의 늑장을 경험하고도 저들은 여전히 이 세상천지가 시간의 지배 속에 움직이고 있다고 믿는 모양이다. 나는 그들과 거리를 두고 천천히 걸음을 옮긴다.

칠장사를 등 뒤에 두고 걷는데 까닭없이 이런 생각이 들었다.

"세상이 별 것이 아닌데, 우리는 너무 세상 속으로 파고들어 살기 때문에, 세상을 멀리서 바라보는 법을 몰라 어렵게 사는 것은 아닌가."

버스에 오르며 아쉬운 마음으로 칠장사에 눈을 돌리는 순간, 다시 내 마음에 떠오르는 생각이 있었다.

"이름조차 극락極樂인데다, 크게 화합한다는 대화大和 마을이 있는 칠장리에 터를 잡고 살게 된다면 내세에서의 천국도 그리 부럽지 않으리라."

옥산서원 전경

▶▶▶ 찾아가는 길

영천시에서 28번 국도를 타고 가다 보면 영천과 경주의 경계 부근에 안강휴게소가 있다. 그곳에서 6~7km를 가면 주유소가 나온다. 주유소를 조금 더 지나 좌회전하여 2km를 더 가면 옥산서원에 이르고 동락당과 정혜사지는 바로 지근 거리다.

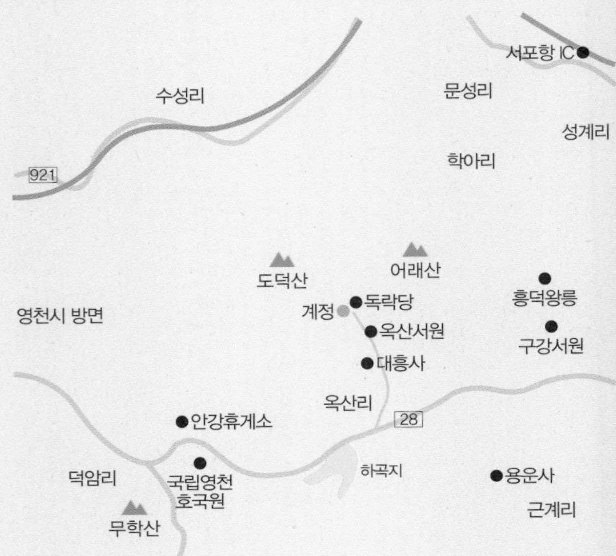

23 경상남도 경주시 안강읍 옥산리 계정溪亭마을

산 중의 은신처

1960년대나 70년대 풍경은 아닐지라도 마을에 들어서면 아늑하고 사랑스러워 머물러 살고 싶은 생각이 드는 마을이 있다. 그런 반면 집 나간 사람들이 많은 것처럼 쓸쓸하여 빨리 돌아갔으면 싶은 마을도 있다.

운이 좋게 마치 고향에 돌아온 듯이 가슴 속에 포근하게 안기는 마을을 만나면 문득 공자의 말이 실감 나게 떠오를 때가 있다.

"마을이 서로 사랑하는 것이 아름다우니, 그런 곳을 골라 살지 않는다면 이를 어찌 지혜롭다 하겠는가?(孔子曰 里仁爲美 擇不處仁. 得智)"

답사를 나가서 하루나 이틀씩 머물다가 돌아와서도 가슴 깊숙한 곳에 자리 잡고서 며칠씩 떠나지 않고 머무는 곳이 있다. 그 중의 한 곳이 바로 경주시 안강읍 옥산리다.

본래는 경주군 강서면 지역으로 안강읍 옥산리와 영천시 고경면 오룡동 경계에 있는 자옥산紫玉山(567m) 아래인 옥산리는 아름다운 옛 절터인 정혜사와 옥산서원이 있다.

그리고 계정 마을에 조선 중종 때 성리학자인 회재晦齋 이언적李彦迪이 7년 동안 은거했던 사랑채 독락당獨樂堂이 있다. 독락당의 글씨는 조선 선조 때의 명신인 아계 이산해李山海가 썼다고 하는데, 보물 제413호로 지정되어 있다.

이 집은 회재가 낙향한 이듬해인 1532년에 지은 것으로 독락당과 계곡 사이에는 담장이 있고 그 담장의 한 부분을 헐어내고 살창을 설치하여 대청에서 자계 계곡과 흐르는 냇물을 바라볼 수 있도록 만들었다.

독락당 뒤편의 약쑥밭이라는 숲은 이언적이 강계로 유배를 갔다가 세상을 뜨자 그 아들이 반장을 하기 위해서 그곳에 갔다가 약쑥을 가져와 심었다는 곳이다.

독락당 건물 내에 계정溪亭이라 이름 붙인 아름다운 정자 한 채가 있다. 원래 이곳은 회재의 아버지가 쓰던 3칸짜리 초가집이었으나 회재가 은거하면서 초가집을 기와집으로 바꾸고 옆으로 2칸을 달아내어 지금의 형태로 된 것이다. 계정이라는 현판은 조선 중기의 명필인 한석봉의 글씨라 한다. 난간에 기대어 보면 자옥산과 자계 계곡이 한데 어우러져 모두 하나가 된다. 1688년에 계정에 올랐던 정시한丁時翰(다산 정약용의 선조)은 이곳의 풍경을 다음과 같이 읊었다.

> "정자는 솔숲 사이 너럭바위 위에 있는데 고요하고 깨끗하며 그윽하고 빼어나 거의 티끌 세상에 있지 않은 듯하다. 정자에 올라 난간에 의지하여 계곡을 바라보니 못물은 맑고 깊으며 소나무, 대나무가 주위를 감쌌다. 관어대觀魚臺, 영귀대詠歸臺 등은 평평하고 널찍하며 반듯반듯 층을 이루어 하늘의 조화로 이루어졌건만 마치 사람의 손에서 나온 듯하다. 집과 방은 너무 크지도 너무 작지도 않아 계곡과 산에 잘 어울린다."

계정 앞에 있는 나무가 천연기념물 제115호로 지정되어 있는 주엽나무로 회재가 중국에 갔을 때 구해 온 것이라고 한다.

계정의 한쪽 작은 방위에 걸린 '양진암'은 정혜사의 스님과 친교를 맺었던 회재가 아무 때나 스님이 스스럼없이 찾아와 머물게 하려고 만든 방으로 회재 이언

회재 이언적이 머물며 학문을 연마했던 독락당의 별채에는 계정이 보인다.

적은 당시 미천한 계급에 속하던 스님과도 허물없이 학문적 공감대를 형성했음을 보여주는 공간이다.

계정 북쪽에 있는 너럭바위를 관어대觀魚臺라고 부르는데, 바위 위가 평평하여 삼사십 명이 앉을 수가 있으며, 회재가 직접 그 바위에 관어대라는 글씨를 새겼다고 하며, 계정 북쪽에 있는 사재방우는 호랑이가 자주 나타나서 사자암이라 지었다고 한다.

또한 이 마을에는 계정어서각御書閣이 있는데, 이곳에는 조선 12대 임금인 인종이 회재 이언적에게 내린 어필 1폭이 보관되어 있다.

동백꽃이 차가운 얼음 속에 피어나는 곳

독락당을 지나 조금 골짜기를 따라가면 산기슭에 서 있는 아름다운 탑 하나를 만나게 되는데, 그곳이 바로 정혜사淨惠寺 터이고 고즈넉하게 서 있는 탑이 정혜사지 13층석탑이다. 도덕산 자락에 자리 잡은 정혜사지定慧寺地에는 통일신라 시대의 불국사 다보탑 · 화엄사 4사자석탑과 함께 대표적인 이형 석탑으로 국보 제40호로 지정되어 있다.

기단은 단층으로 막돌로 쌓았고, 그 위에 탑신을 세웠는데, 상륜부는 없어지고 높이는 6.4m이다.

이 절은 회재와 아주 인연이 깊은 절이다. 회재가 이 절의 스님과 친교가 깊어서 서로 정혜사와 독락당을 자주 찾았다고 하며, 그가 죽은 뒤에는 그의 글씨와 서책들이 가득 찼었다고 한다. 하서 김인후가 그의 시 속에서 "해당화가 아름다움을 한껏 뽐내고 동백꽃이 차가운 얼음 속에 오연하다."라고 노래했던 그 시절은 과연 어느 세월이었던가?

정혜사는 경주의 역사와 지리지를 정리한 『동경잡기』에 의하면 신라 시대의 절이라고 기록되어 있으며, 선덕여왕 1년에 당나라의 참의사인 백우경白宇經이 이곳에 와 만세암萬歲庵이라는 암자를 짓고 살던 중 선덕여왕이 행차한 후 절 이름을 정혜사로 지었다고 한다. 벼슬길에서 물러난 회재는 이곳에서 실의의 시절을 보내면서 스님들과 사귀었고 그가 죽고 나서 옥산서원이 세워진 후에는 정혜사

아름다운 이형탑인 13층석탑만 남은 정혜사지

가 편입되었다. 그러나 1834년에 일어난 화재로 인해 탑만 남고 절은 사라졌고 탑 또한 1911년 도굴로 인해 탑재들을 잃어버린 채 10층탑으로 서 있을 뿐이다.

이곳에서 물길을 따라 조금 내려가면 선마라고 부르는 서원마을이 있고, 외나무다리로 이어진 자계천을 건너면 옥산서원玉山書院에 이른다. 옥산서원 앞을 흐르는 자계천의 물소리는 맑고 청아하다. 층층을 이룬 너럭바위가 세심대洗心臺이다. 그 아래에 있는 소沼가 용추龍湫 또는 쌍용추라는 불리는 소이다. 위와 아래에 쌍으로 되었으며, 양쪽 옆으로는 석벽이 깎아지른 듯이 솟아 있는데, 퇴계 이황이 썼다는 용추라는 글씨가 지금도 크게 새겨져 있다. 영귀대, 탁영대, 관어대, 징심대 등의 기암괴석과 함께 수목이 울창한 계곡 가운데로 외나무다리를 건너면 느티나무, 회나무, 참나무, 벚나무 들에 휩싸인 옥산서원의 정문인 역락문亦樂門이 나타난다. 문의 이름은 논어의 첫머리에 "배워 때때로 익히면 즐겁지 아니한가. 벗이 있어 멀리로부터 찾아오면 또한 기쁘지 아니 한가. 남들이 나의 학문을 알아주지 않아도 원망치 않는다면 또한 군자가 아니겠는가."에서 따온 것으로 조선 선조 때 학자였던 노수신이 지은 것이다.

24세에 문과에 급제한 회재는 벼슬길에 올라 요직을 두루 거치며 조선 성리학의 큰 틀을 세웠다. 화담 서경덕과 쌍벽을 이룬 이언적의 학문은 주희의 주리론적 입장을 확립하였으며 퇴계의 성리학 연구에 깊은 영향을 끼쳤다. 그러나 김안로의 등용을 반대하다 좌천되어 이곳 자옥산 기슭에 은둔하며 성리학 연구에만 몰두하다가 을사사화 이후 명종 2년 양재역 벽서사건에 연루되어 강계로 유배되었다가 그곳에서 죽었다. 그의 죽음을 애도하던 영남지방의 사림士林들이 그가 은둔하였던 이곳에 서원을 짓고 1574년에 경상도 관찰사인 김계휘金繼輝의 제청에 의하여 옥산서원이라고 사액을 받았다.

구인당 정면에 걸려있는 옥산서원 편액은 추사 김정희가 쓴 글씨이다. "만력萬曆 갑술년(1574) 사액 후 226년이 되는 을해년에 화재로 불에 타서 다시 하사한다."는 내용이 편액에 부기되어 있어 추사가 다시 이 글씨를 쓰게 된 연유를 알 수 있다.

이 글씨는 김정희가 제주도로 유배를 가기 전인 54세에 쓴 것으로 추사의 완숙미를 볼 수가 없고 오로지 굳세고 강한 힘만을 느낄 수 있으므로 '철판이라도 뚫을 것 같다'는 평을 받는 글씨이다.

서원을 유지시키는 가장 중요한 경제적 기반은 토지와 노비를 드는데, 이 서원에 딸린 전답이 한때는 600두락이 넘었다는 기록이 남아 있으며, 지금도 대지 3,500여 평을 비롯하여 전답이 2만 6백 평, 임야 35정보가 옥산서원의 소유이다. 창건 당시 하사받은 노비가 17명이었으며 영일과 장기현에는 옥산서원에 딸린 배가 3척이 있어 해산물과, 소금을 비롯한 생필품을 운송했다고 한다. 옥산서원은 대원군이 서원을 철폐하던 시기에도 그대로 남겨두었으나 한말에 불에 타서 다시 지었다. 그때도 서고書庫는 온전하여 중종 8년에 실시한 사마시司馬試의 합격자 명단인 「정덕계유사마방목正德 癸酉 司馬榜目」이 보물 제524호로 지정되어 있으며, 보물 제525로 지정되어 있는 『삼국사기』 전 50권을 비롯하여 『고려사』, 『동국지리지』 등을 비롯한 귀중한 유물들이 보관되어 있다. 정문을 들어서서 만나는

영남 유학의 거유 회재 이언적을 모신 옥산서원

누각 건물인 무변루無邊樓는 명필 한석봉韓石峯이 썼다. "모자람도 남음도 없고 끝도 시작도 없도다. 빛이여! 밝음이여! 태허에 노닐도다."라는 뜻이 담겼다.

무변루를 비롯하여 수많은 문화유산이 숨어 있는 옥산서원과 정혜사지 근처에 터를 잡고 산다면 문득 최순우 선생이 그의 집에 써 붙여 놓았다는 "두문즉시심산杜門卽是深山"이라는 글이 떠오를 듯도 하다. "문만 걸어 닫으면 바로 이곳이 오지 같은 산중"이라. 어쩌면 마음이 한없이 느긋해지다가 일변 쓸쓸해질지도 모르겠다.

북한강과 남한강이 만나는 두물머리 전경

▶▶▶찾아가는 길

덕소에서 6번 국도를 따라가면 팔당대교와 마주치고 그곳에서 한강을 따라가면 팔당댐에 이른다. 팔당댐에서 2.9km를 가면 중앙선 철교 밑에 이르는데 그곳에서 우회전하여 1.3km를 더 가면 정약용 생가 앞 주차장이 나온다.

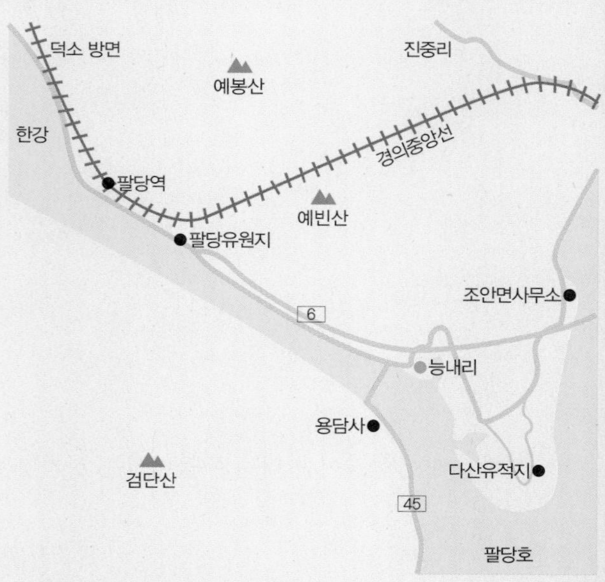

24 경기도 남양주시 조안면 능내리

조선 최고의 명당

우리나라 강을 답사하다 보면 강줄기가 작으면 작은 대로 넓으면 넓은 대로 저마다 간직한 아름다움으로 사람의 마음을 휘어잡는다. 한강만 해도 그렇다. 검룡소에서 자그맣게 시작된 물길이 금대봉에서 내려온 작은 물줄기와 만나서 하나되어 흐르며 수많은 지류들을 만나게 된다.

오로지 높은 곳을 열망하는 사람과 달리 오로지 낮은 곳으로만 여울져 흐르는 한강은 영월읍에서 동강과 서강을 만나 남한강이 되고, 정선과 영월 그리고 충주, 여주, 양평을 지나 이곳 두물머리 즉, 양수리에서 북한강을 만난다.

나일강의 청나일과 백나일이 만나는 곳이 세상에서 가장 긴 키스라는 말이 있는데, 우리나라에의 강 중 가장 큰 두 개의 물줄기가 만나 어우러지는 곳이 양수리이다.

두 개의 물이 만나는 양수리

북한강과 남한강이 만나는 두물머리는 한자로는 양수두兩水頭라고 쓰고 두 물줄기가 합수하는 자리라는 뜻이다. 일제 때 양수리 근처에 올라갔던 일본인이 두물머리를 내려다보고 "조선에도 이런 명당이 있다니!"하며 감탄했다고 한다.

두물머리에서 바라다보이는 조안면 능내리는 조선 후기 실학사상으로 한민족을 감싸고자 했던 다산茶山 정약용丁若鏞이 태어나고 말년을 보낸 곳이다.

현재는 경기도 남양주시 조안면 능내리 산 75-1번지로 변했지만 다산이 살았던 그 당시는 경기도 광주군 초부읍 마현리 소내였다. 능내리는 세조 때 좌의정을 지낸 서원부원군西原府院君 한확韓確의 묘가 있으므로 능안 또는 능내라고 하였다. 비선골에는 한확의 신도비가 서 있는데 팔당에서 양서면으로 가는 길옆에 자리 잡은 그의 묘는 금까마귀가 알을 품고 있는 형국이라고 한다.

비선골 서쪽에 있는 골짜기인 막은데미는 한확의 묘를 쓸 때 사성을 높이 하자 지관이 이 묫자리는 금까마귀가 알을 품고 있는 형국인데, 사성이 높으면 알이 곯는다고 하여 막은 사성을 없앴다고 한다.

능내리에 있는 들은 되반지기라고 부르고, 학둔지, 장승배기, 옷추개 등의 골짜기 이름이 있는데 북당골은 불당이 있었다고 해서 붙여진 이름이다.

다산 정약용의 생가는 1925년 여름의 홍수 때 떠내려가 1975년 새로 복원한 것이다. 다산 선생의 집 창문들에는 구멍이 숭숭 뚫려 있다. 저 방에는 무엇이 있을까, 하는 호기심들이 창호지를 뚫었으리라. 옛맛을 느낄 수 없는 다산의 집 뒤편 '여유당與猶堂'이라 새긴 빗머릿돌을 지나 작은 언덕에 오르면 정약용과 그의 아내 숙부인 풍산 홍씨를 합장한 묘가 나타난다. 팔당호의 출렁이는 물결이 어른거리는 그 뒷산에 정약용 선생의 묘소가 있다.

정약용은 사도세자가 죽임을 당했던 영조 38년(1762) 6월 16일 압해 정씨 재원과 해남 윤씨의 넷째 아들로 태어났다. 그의 어머니는, 송강 정철과 쌍벽을 이루는 가사문학의 대가 고산 윤선도와 윤두서의 직계 후손이었다. 그의 호는 다산茶山, 삼미三眉이고 당호는 여유당이었는데, 여유당이란 '겨울 냇물을 건너듯이 네 이웃을 두려워하라'는 뜻이 담겨 있다. 다산이란 호는 유배지였던 귤동의 뒷

을축년 대홍수 때 수해를 입은 뒤 옮겨 지은 다산 정약용 선생 생가

산 이름이다.

다산 정약용은 네 살 때부터 천자문을 배우기 시작하였고, 7세 되던 해 천연두를 앓았지만 기적적으로 휴유증 없이 회복되었다. 눈썹에 약간의 흉터가 남아 그의 호 삼미는 그것에 기인한 것이었다. 15세의 나이에 풍산 홍씨와 혼인을 하였으며 22세 때 소과에 합격하였다. 1776년에 회시에 합격하여 생원이 되었고 5년 뒤에 문과에 급제하였다. 다산은 정조를 도와서 수원성을 준공하였으며 여러 직책을 거쳤다.

청년시절 다산에게 가장 많은 영향을 주었던 사람은 8년 연상의 이벽이었다. 그는 한국 천주교에서 창립성조로 받드는 인물이면서 다산과는 사돈 관계인, 즉 다산의 큰형수(정약현)의 동생이었다. 다산이 둘째형 약전과 함께 "일찍이 이벽을 따랐다"는 기록을 남겼던 것에서 보듯이 정조에게 중용을 가르치다가도 의문사항이 있으면 이벽에게 자문을 구하곤 했다. 물이 흐르듯 하는 담론으로 사람들을 따르게 했던 이벽은 뛰어난 활약으로 천주교를 전파하였는데 1785년 을사박해 때 15일간 방 안에서 기도와 명상을 하다가 탈진해 죽었다.

다산의 호인 여유당이 사랑채에 걸려 있다.

한국인으로 중국에 가서 서양 선교사에게 최초의 세례를 받은 이승훈은 다산의 매형이고, 최초의 천주교 교리 연구회장으로 순교한 정약종은 셋째 형이며, 맨처음 천주교의 순교자가 되었던 윤지충은 외종형이다. 이렇듯 다산의 주변 사람들은 한국 천주교의 창립을 주도한 사람들이었다. 1800년 정조의 죽음 이후 다산 정약용은 화려했던 관직 생활을 버리고 마재에 낙향해 온다. 그에게는 불행의 그림자가 드리워지고 있었고 1801년 신유교옥이 발생하면서 그의 집안은 쑥대밭이 되고 만다.

천주교의 은인 정약용

숙질간이었던 이가환과 이승훈은 죽임을 당하였고 정약용과 정약전은 천주교를 청산한 사실이 드러나 경상도 장기와 신지도로 유배를 떠났다. 그의 셋째 형 정약종은 그의 장남 철상과 함께 서소문 밖에서 처형되었고, 청국인 신부 주문모도 자수하였지만 처형되었다. 그러나 신유교옥은 황사영 백서사건으로 더욱 크게 번진다. 백서사건의 내용은 도피 중이었던 황사영이 중국에 있는 프랑스 선교사에게 비단에 싸서 보내려던 편지였다. 편지 내용은 청국의 황제에게 조선의 국왕이 천주교도를 박해하는 것을 금지해 달라는 청원서였다. 황사영은 16세에 장원급제한 수재였으며 정약현의 사위로서 정약용에게는 조카사위였다.

황사영, 정약전, 정약용은 다시 붙들려와 국문을 받았고 정약용은 강진으로 정약전은 흑산도로 다시 귀양을 간다. 형제는 나주 율정점에서 눈물로 헤어진 후 살아 생전 다시 만나지 못했다. 1807년 다산은 강진에서 정약전이 보낸 편지 한 통을 받는다. "살아서는 증오한 율정점이여! 문 앞에는 갈림길이 놓여 있었네" 다산과 약전 두 형제간의 우애가 얼마나 깊었는가를 보여주는 한 장면이다.

다산은 17년 동안 강진의 유배생활에서 헐벗고 굶주린 이 땅의 민중들과 이 나라를 위해 500여 권의 저술을 남겼다. 그 책들이 『경세유표』와 『목민심서』, 그리고 『흠흠신서』이다. 『경세유표』는 정치 · 사회 · 경제 전반에 걸친 개혁안을 담은 것이었는데 현존하는 것은 44권 15책이다. 『목민심서』는 지방 일선 책임자 즉, 수령들의 행정지침서로서 행정관료가 부임하는 날로부터 퇴임하는 날까지 지켜야 할 사항들을 기록한 책이다. 『흠흠신서』는 30권 10책으로 된 형법서이다. 살인사건을 조사하고 심리하고 재판하여 처형하는 과정에서의 공정성과 다산의 생명 존중 사상이 가장 잘 드러난 저술이다.

18년의 유배에서 풀려 마재로 돌아온 정약용은 그 뒤로도 17년을 살고 1836년(헌종 2년) 75세의 나이로 별세했다. 하지만 당시의 내로라하던 고관대작들은 양수리 다산의 집 앞을 지나치면서도 그를 찾지 않았다고 한다. 철저한 고독 속에서 다산은 『흠흠신서』 30권, 『아언각비』 3권 등의 대작을 완성했다.

그리움의 땅 마재

정약용의 유배지였던 강진과 그의 고향인 이곳 마재가 아니었다면 우리는 시대를 뛰어넘는 나라의 스승인 그를 만날 수 없었을 것이다. 마재와 천진암은 정약용에게는 평생을 따라 다닌 그리움의 땅이었다.

> "1797년 여름 석류꽃이 처음 필 무렵 내리던 부슬비도 때마침 개었다. 정약용은 고향 소내에서 천렵하던 생각이 간절하였다. 조정의 허락도 받지 않고 도성을 몰래 빠져 나와 고향에 돌아왔다. 친척 친구들과 작은 배에 그물을 서

둘러 싣고 나가 잡은 고기를 냇가에 모여 실컷 먹었다. 그러자 문득 중국의 진나라 장한이 고향의 노어와 순채국이 먹고 싶어 관직을 버리고 고향에 돌아갔다는 이야기가 생각났다. 그는 산나물이 향기로울 때라는 것을 깨닫고 형제, 친척들과 함께 앵자산 천진암에 들어가 냉이, 고비, 고사리, 두릅 등 산채들을 실컷 먹으며 사흘이나 놀면서 20여 수의 시를 짓고 돌아왔다."

『여유당전서』에 실린 글이다.

다산은 죽기 전에 자제들에게 "내가 죽거든 절대 지관을 부르지 말라" 하고서 그를 묻을 곳을 정해주었다고 한다. 그런데 아이러니컬하게도 다산의 묘는 1925년에 있었던 을축년 대홍수 때에도 안전했다고 한다. 그렇게 풍수를 부정했던 다산의 묘가 요즘 풍수가들 사이에서 명당자리라고 알려져서 찾는 사람들이 끊이질 않고 있다. 다산이 풍수를 잘 보아 명당에 들어간 것인지, 아니면 풍수를 보는 사람들의 안목이 잘못되었는지 알다가도 모를 일이지만 다산 선생이 살았던 곳이 현대적 개념의 좋은 땅인 것만큼은 틀림이 없다.

생가 뒤에 모셔진 다산 정약용 선생 부부의 합장 묘

"인생은 짧은 이야기와 같다. 중요한 것은 그 길이가 아니라 가치다."라고 한 세네카의 말과 "인생은 짧다. 그렇기 때문에 우리는 애태우고 또 착각에 빠진다. 우리는 이 세상에 사는 짧은 세월 동안에 삶의 열매를 따려고 하지만 사실은 그 열매가 익으려면 수천 년이 걸려야 한다."고 말한 한스 카로사의 말을 곰곰이 생각하면 다산의 고난에 찬 일생이 후세에게는 큰 행운으로 작용했다는 것을 깨닫게 된다.

다산의 옛집 근처에는 두 개의 나루터가 있는데 능내리에서 광주시 남종면 우천리 소내로 건너는 나루가 소내나루이고, 마재 서쪽 윰앞마을에서 광주시 동부읍으로 건너가는 나루가 윰앞나루이다. 그리고 용인군 용인읍 호리 상봉(401m) 동쪽 계곡에서 발원하여 50.75km를 흘러 내려온 경안천이 건너편의 광주시 남종면 분원리와 삼성리 사이에서 한강과 합류한다.

날이 밝은 날 수종사에서 바라보는 풍경은 한 폭의 산수화 같다. 북한강과 남한강이 팔당댐과 덕소를 지나 서울로 흘러가는 길목에 있는 능내리는 온 민족의 스승인 다산 선생이 태어나고 잠든 곳이라서 좋지만, 더 좋은 것은 북한강과 남한강이 하나로 만나서 이루어 놓은 그 어우러짐이 아닐까?

송시열이 제자들을 가르쳤던 암서재

▶▶▶찾아가는 길

충북 괴산군 청천면이나 증평에서 37번 국도를 따라가다가 금평리 삼거리에서 32번 지방도를 만나서 5km쯤 더 가면 화양동에 이르고 선유동은 그곳에서 멀지 않다.

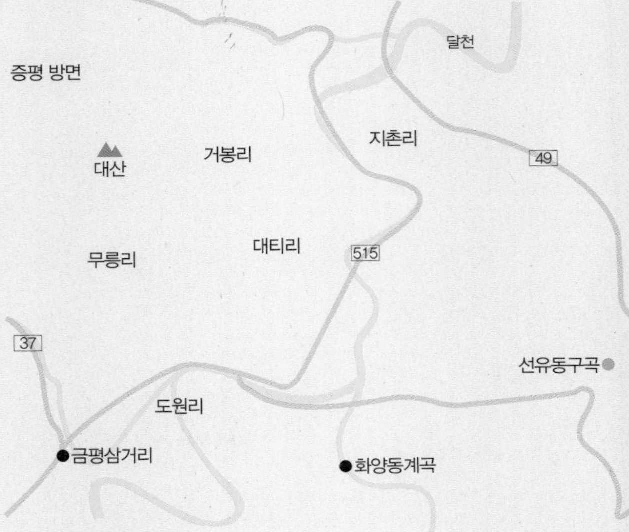

25 충청북도 괴산군 청천면 송면리 외선유동外仙遊洞

금강산 이남에서 가장 빼어난 곳

옛날이나 지금이나 사람들의 관심사는 크게 다르지 않다. 먹고 살기가 팍팍하면 그저 밥 세 끼 굶지 않고 살기를 갈망한다. 그러나 먹고사는 문제가 해결되면 오늘날의 개념으로 여러모로 살기에 적합한 길지吉地에 좋은 집 장만하고 오래오래 살기를 원한다.

우리나라 역사에 한 획을 그은 이황과 이준경 등 이름난 사람들이 즐겨 찾았으며, 그들이 오래도록 대代를 이어 살고자 했던 곳이 충북 괴산군 청천면 송면리의 선유동 부근이다.

『택리지』를 지은 이중환이 '삼남 일대에서 제일가는 경승'이라고 찬탄했던 이곳은 본래 청주군 청천면의 지역으로 사면四面에 소나무가 무성하여 송면松面이라 부른다. 이곳 송면리는 조선 선조宣祖 때 붕당이 생길 것을 예언했던 동고東皐 이준경李浚慶이 장차 일어날 임진왜란을 대비하여 자손들의 피난처로 지정하여 살게 했던 곳이다.

이준경은 동서 분당이 되기 전에 붕당 출현을 예언했던 인물이다. 1571년(선조 4년) 당시 영의정이던 이준경이 이이를 중심으로 붕당의 조짐이 있자 죽음에 앞서 유차를 올렸다.

"지금 벼슬아치들이 이런저런 명목으로 붕당朋黨을 만들고 있습니다. 이는 대단히 큰 문제로서 나중에 반드시 나라의 고치기 어려운 환란이 될 것입니다."

이 소식을 접한 율곡栗谷 이이李珥는 소를 올려 변명하였다. "조정이 맑고 밝은데 어찌 붕당이 있겠습니까? 이는 임금과 신하를 갈라놓으려 하는 것이옵니다. 사람이 죽음에 임해서는 말이 착한 법인데 이준경은 죽음에 이르러 그 말이 악하옵니다." 율곡이 그 자신을 변호하면서 이준경을 비판하자 삼사에서는 율곡의 편을 들어 이준경의 벼슬을 추탈하기 위해 탄핵했다.

그때 그런 움직임에 반대하고 나섰던 사람이 서애 유성룡柳成龍이었다. 유성룡은 "대신이 죽음에 임하여 올린 말에 옳지 못한 것이 있으면 그 말을 물리치는 것은 가능하지만 죄까지 주는 것은 너무 심하지 않은가?" 그 뒤를 이어 좌의정 홍섬도 이준경을 변호했다. "이준경이 살아생전에 공덕이 많았는데 죽음에 이르러 올린 유차를 빌미로 죽은 후 죄를 주는 것은 옳지 못하다."

결국 이준경의 예언은 들어맞아 그가 죽은 뒤 4년 만에 을해분당乙亥分黨으로 동인과 서인으로 나뉘게 된다. 율곡 이이는 이준경을 비판했던 것을 부끄럽게 여겨 동서분쟁을 조정하기 위해 온 힘을 쏟았지만 역부족이었다. 결국 1589년 10월 일컬어지는 기축옥사己丑獄死가 일어나고 3년 뒤에 미증유의 임진왜란壬辰倭亂이 일어나 온 나라가 쑥대밭이 되고 말았다.

솔면이라고 부르는 송면리에는 이준경이 그 자손들을 데리고 집을 짓고 살았다는 '이 동고 터' 또는 '이정승 터'라는 집터가 남아 있고, 서남쪽 삼거리는 청천, 상주, 괴산으로 가는 세 갈래 길이 있다.

송면 남쪽에는 예전에 숲이 우거졌었다는 숲거리가 있고 서쪽에 있는 소沼는 가래나무가 있어서 가래소라고 부른다.

화양동 구곡에서 동쪽으로 14km 지점 화양천 상류에 있는 선유동구곡은 신라 때 사람인 고운孤雲 최치원崔致遠이 이곳을 소요逍遙하면서 선유동이라는 명칭을 남긴 데서 유래된 곳으로 그 이후 퇴계 이황이 칠송정에 있는 함평 이씨 댁을 찾아 왔다가 이곳의 비경에 사로잡혀 아홉 달을 돌아다닌 뒤 아홉 개의 이름을 지어 글씨를 새겼다고 한다. 주자학을 창시한 주희朱熹는 성리학의 탐구에 이상적인 장소를 굽이굽이 돌아가는 계곡으로 보았다. 그는 그러한 형세를 갖춘 계곡을 중국 남부에서 발견한 뒤 무이구곡武夷九曲이라고 지은 뒤 1곡에서 9곡에 이르는 물의 구비마다 그 모양새에 합당한 이름을 붙인 뒤 성리학의 경지에 비유하였다. 이황의 뒤를 이어 화양동구곡에서 제자를 길러 낸 송시열宋時烈을 비롯한 조선의 사대부들은 앞다투어 나라 곳곳에 구곡을 지었다.

괴산 선유동에 늘어서 있는 기기묘묘한 바위들

일반적으로 문경의 소금강이라 부르는 이곳은 30m 높이의 커다란 바위에 구멍이 뚫려 있고 바위에 선유동문仙遊洞門이라는 글씨가 음각된 곳에서부터 시작된다. 이곳에서부터 이퇴계李退溪가 이름 지은 선유구곡이 펼쳐 있다. 바위가 깎아지른 듯 하늘에 솟아 있는 경천벽驚天壁, 옛날에 암벽 위에 청학이 살았다는 학소암鶴巢岩, 학소암 위에 있는 바위로 화로처럼 생겼는데 신선이 약을 달여 먹었던 곳이라는 연단로燃丹爐, 와룡臥龍이 물을 머금었다 내뿜듯이 급류를 형성하여 폭포를 이룬 와룡폭臥龍瀑, 방석같이 커다란 모양의 난가대爛柯臺, 바둑판의 형상을 한 커다란 암반인 기국암棋局岩, 거북같이 생긴 구암龜岩, 두 바위가 나란히 서 있고 뒤에는 큰 바위가 가로 놓여 그 사이에 석굴이 있는 은선암隱仙岩 등이 선유동구곡으로 주위의 수석층암과 노송이 어우러져 세속과는 거리가 먼 이상향적 분위기를 연출하고 있다.

그 중 난가대와 기국암에는 다음과 같은 전설이 서려 있다.

조선 명종 때의 일이다. 한 나무꾼이 도끼를 가지고 나무를 하러 갔다가 바위에서 바둑을 두는 노인들을 발견하고 가까이 가서 구경을 하였다. 그러자 한 노인이 "여기는 신선들이 사는 선경이니 돌아가시오." 하였다. 그 말에 정신을 차리고 옆에 세워둔 도끼를 찾았는데 도낏자루는 이미 썩어 없어진 뒤였다. 터덜터덜 집에 돌아오니 낯 모르는 사람이 살고 있었다. 누구인가 물었더니 그의 5대 후손이었다. 그래서 그곳에 간 날을 헤아려보니 그가 바둑 구경을 한 세월이 150년이나 되었던 것이다. 그때부터 도낏자루가 썩은 곳을 난가대라고 불렀고 노인들이 바둑을 두던 곳을 기국암이라고 부르게 되었다고 한다.

바위 위에 큰 바위가 얹혀 있어서 손으로 흔들면 잘 흔들리는 흔들바위, 큰 소나무 일곱 그루가 정자를 이룬 칠송정터, 바위에서 물이 내려가는 것과 같은 소리가 들린다는 울바위, 울바위 옆에 사람의 배처럼 생겨서 정성을 들여 기도하면 아들을 낳는다는 배바우, 근처가 모두 석반인데 이곳만 터져서 문처럼 되어 봇물이

송시열의 글에도 나오는 파천

들어온다는 문바우 등이 이곳 송면리의 선유동을 빛내는 명승지이다.

『논어』에 "공자께서 말씀하시기를, 지자智者는 물을 좋아하고, 인자仁者는 산을 좋아한다. 지자는 동적動的이고, 인자는 정적靜的이며, 지나는 낙천적이고, 인자는 장수한다."고 하였는데, 산과 물이 아름다운 이곳은 그런 의미에서 그 두 가지 면을 다 겸비한 곳이라고 볼 수 있다.

중국 북송시대의 곽희郭熙는 『임천고치林泉高致』의 「산수훈山水訓」에서 다음과 같이 말했다. "군자가 산수를 사랑하는 까닭은 그 뜻이 어디에 있는가. 전원에 거처하면서 자신의 천품을 수양하는 것은 누구나 하고자 하는 바요. 천석이 좋은 곳에서 노래하며 자유로이 거니는 것은 누구나 즐기고 싶은 바다." 또한 『임원십육지林園十六志』를 지은 서유계는 "사람 사는 마을 근처에 산수를 가히 감상할 만한 곳이 없으면 성정性情을 도야할 수 없다." 하였다.

옛사람들과 이중환의 충고를 받아들여서인지 조선 시대의 사대부들은 나라 안의 경치 좋은 곳에 정자를 만든 뒤 말년의 삶을 영위했고 유배지에서까지도 초막을 짓고서 공부를 하거나 후진들을 양성했다.

최치원, 이준경, 퇴계 이황, 송시열 등, 이 땅을 살다간 선유先儒들이 거닐던 곳에 터를 잡고 아침저녁으로 선유동과 화양동 일대를 걸어 다니다 보면 세상의 시름을 잊을 수 있지 않을까?

이곳 선유동에 남아 있는 선유정仙遊亭 터는 약 220여 년 전에 경상도 관찰사를 지냈던 정모라는 사람이 창건하고 팔선각八仙閣이라고 지었는데, 그 뒤에 온 관찰사가 이름을 선유정으로 고쳤다고 하나 지금은 사라지고 터만 남아 있다.

이준경과 이황이 살았던 곳

시간이 나서 강물을 따라 조금 내려가면 우암 송시열의 자취가 어린 화양동구곡이다. 『택리지』에 다음과 같이 묘사되어 있다.

> "선유동에서 조금 내려가면 현재 그곳에서 파관巴串, 또는 파곶이라 불리는 곳이 있다. 깊숙한 골짝에서 흘러내린 큰 시냇물이 밤낮으로 돌로 된 골짜기와 돌벼랑 밑으로 쏟아져 내리면서, 천 번 만 번 돌고 도는 모양은 다 기록할 수가 없다. 사람들은 금강산 만폭동과 비교하여 보면 웅장한 점에 있어서는 조금 모자라지만 기이하고 묘한 것은 오히려 낫다고 한다. 금강산을 제외하고 이만한 수석이 없을 것이니, 당연히 삼남지방에서는 제일이라 할 것이다."

길은 화양동 계곡으로 이어지고

송시열의 자취가 아직도 진하게 남아 있는 화양구곡은 선유구곡에서 강을 따라 내려오면 멀지 않은 곳이다.

송시열은 벼슬에서 물러난 후 이 계곡에 들어와 글을 읽으며 살면서 이곳 아름다운 아홉 곳에 이름을 짓고, 암서재를 지은 뒤 제자들을 가르쳤다. 화양구곡은 조선 시대 노론의 성지 중의 성지로 화동동서원과 만동묘가 있다. 『조선왕조실록』에 삼천 번이 넘게 나오는 송시열을 조선 시대 영남지방에서는 개 이름으로 지었던 적이 있었다. 지금까지도 그 지역에선 영문도 모른 채 짓는 '시열'이라는 개 이름은 바로 조선 시대 기호학파의 영수인 송시열을 일컫는 말이다. 기호학파에서는 공자孔子나 맹자孟子처럼 떠받들어 '송자宋子'라고 불린 송시열이 왜 그렇듯 흔한 개의 이름이 되었을까? 그 연유는 조선 시대에 일반 사람들이나 남인들은 그를 송자라고 부르지 않았다. 그를 송자라고 부른 사람들은 노론老論이라는 당파뿐이었다. 그래서 그와 원한이 깊었던 쪽 사람들은 '시열'이란 이름을 개 이름으로 짓고 개를 구박했던 것이다.

1975년 도립공원으로 지정된 화양동계곡은 원래 청주군清州郡 청천면의 지역으로, 황양목黃楊木(회양목)이 많으므로 황양동黃楊洞이라 불리었다. 그러나 효종孝宗 때 우암尤庵 송시열宋時烈이 이곳으로 내려와 살면서 화양동華陽洞으로 고쳐 불렀다. 1914년 행정구역 통폐합에 따라 현천리玄川里와 병합하여 화양리라 하고 괴산군 청천면에 편입하였다. 화양구곡과 만동묘 그리고 화양동서원이 있는 이곳 화양동계곡은 사시사철 사람들의 발길이 끊이지 않는 곳이다.

괴산 선유동의 입구에 새겨진 선유동문

물은 청룡처럼 흐르고,
사람은 푸른 벼랑으로 다닌다.
무이산 천년 전 일
오늘도 이처럼 분명하여라.

송시열이 1686년 3월에 이곳 화양동에 와서 지은 「파곡巴谷」이라는 시다.

산수 좋고 인심 좋고, 아직은 사람들의 때가 덜 묻은 선유동에 터를 잡고 선유동과 화양동의 아홉 가지 경치를 내 정원처럼 여기고 산다면, 이보다 더한 호사가 어디 있을까.

무량사의 설경

▶▶▶찾아가는 길

충남 보령시 성주면이나 부여군 구룡면에서 40번 국도를 따라가다 보면 부여군 외산면에 이르고 외산면 소재지인 만수리에서 무량사는 지척에 있다.

26 충청남도 부여군 외산면 무량사 아랫마을

조선 최대의 아웃사이더 김시습의 입적처

사람들은 세상이 날이 갈수록 각박해진다고 한다. 그래서 살맛이 안 난다고 한다. 이런 때일수록 정이 가득 담긴 마음을 나누면서 살아갈 사람들이 많아야 좋다. 옛사람들은 사람과 사람과의 관계를 아주 소중히 여겼다.

그런데 작금의 현대인들은 인간관계보다 물질을 더 중요하게 여기고 대부분의 사람들은 물질을 친구 삼아 살고자 한다.

마음에 맞는 사람들끼리 모여서 조용히 정을 나누며 살 만한 곳은 어디인가? 그러한 조건을 갖춘 곳 중의 하나가 조선 시대 최고의 아웃사이더 매월당 김시습이 말년을 보내고 세상을 하직한 부여군 외산면에 있는 무량사이다.

평생을 어디 한 군데 정착하지 못하고 부평초처럼 떠돌았던 매월당 김시습의 자취가 남아 있는 무량사는 충청남도 보령군 미산면과 부여군 외산면의 경계에 있는 만수산 자락에 자리 잡고 있다.

만수산 자락에 자리 잡은 마을

원래 부여군 외산면은 홍산군 지역이었다. 성주산, 아미산, 월명산의 안쪽이 되므로 산내면이라고 하다가 1914년 행정구역 통폐합에 따라 부여군 외산면에 편입되었다. 만수산 자락에 자리 잡은 만수리는 홍산군 외산면 지역으로 만수산 아래 있으므로 만수리라고 지었다.

만수산 입구에 서 있는 나무장승은 충청도 장승의 표본이라고 할 정도로 단조롭지만 친근하다. 하나 둘씩 자연으로 돌아가고 또 세워지는 장승들의 인사를 받으며 걸어가다 보면 극락교가 나타나고 사잇길을 조금 더 걸어가면 무진암이 보인다. 북두머니, 북두리라고 부르는 이곳에서 예전에 칠성제를 지내기도 했는데, 바로 이곳이 부둣골이라고도 부르는 부도골이다. 이곳에 조선 시대 최대의 아웃사이더라고 일컬어지는 매월당 김시습金時習의 부도가 오백여 년의 세월 저편에서 선 채로 나그네를 맞는다.

조선 초기의 학자이며 문장가로 당대를 풍미했던 김시습은 자는 열경悅卿, 호는 매월당梅月堂, 법호는 설잠雪岑으로 1435년에 서울 성균관 부근에서 태어났다. 어려서부터 신동으로 소문이 자자했던 김시습은 '한 번 배우면 곧 익힌다'하여 이름도 시습으로 지어졌으며 당시의 임금이었던 세종대왕에게 "장래에 크게 쓰겠다"라는 전지까지 받았다. 그는 13세까지 수찬 이재전과 성균관 대사성, 김반별 그리고 윤상으로부터 사서삼경을 비롯 예기와 제자백가 등을 배우다가 그의 나이 스물한 살이 되던 해에 수양대군의 왕위찬탈 소식을 듣고 보던 책들을 모두 모아 불사른 뒤 머리를 깎고 방랑길에 접어들었다.

관동지방과 서북지방뿐만 아니라 만주 벌판과 전주, 경주에 이르기까지 그의 발길이 미치지 않은 곳이 없었는데 전주에서도 그가 한겨울을 보냈다는 연유 탓인지 전주객사 동익헌 쪽에 매월당이라는 누각이 있었으나 지금은 헐린 채 흔적도 없다.

매월당 김시습이 입적한 절

김시습은 31세에 경주로 내려가 금오산 용장사에 금오산실을 짓고, 그 집의 당

무량사 일주문

호를 매월당이라 붙인 후 그곳에서 37세에 이르기까지 우리나라 최초의 한문소설인 「금오신화」와 여러 책을 지었다. 37세에 서울로 올라와 여러 절을 전전하던 김시습은 47세 되던 해에 돌연 머리를 기르고 고기를 먹으며 아내를 맞기도 했으나 폐비 윤씨 사건이 일어나자 다시 관동지방으로 방랑의 길에 나선다.

훗날 「김시습전」을 지은 율곡 이이는 김시습을 일컬어 "한번 기억하면 일생동안 잊지 않았기 때문에 글을 읽거나 책을 가지고 다니는 일이 없었으며, 남의 물음을 받는 일에는 응하지 못하는 것이 없었다. (…) 재주가 그릇 밖으로 흘러넘쳐서 스스로 수습할 수 없을 만큼 되었으니 그가 받은 기운경청은 모자라게 마련된 것이 아니겠는가. 윤기를 붙들어서 그의 뜻은 일월과 그 빛을 다투게 되고 그의 풍성을 듣는 사람들은 겁쟁이도 융통하는 것을 보면 가히 백세의 스승이 되기에 남음이 있다."라고 하였다. 이이는 다시 "김시습이 영특하고 예리한 자질로 학문에 전념하여 공과 실천을 쌓았다면 그 업적은 한이 없었을 것이다."라면서 불우했던 그의 한평생을 애석해 했다.

김시습은 오십대에 이르러서야 인생에 대하여 초연해질 수 있었다. 그는 이 나

매월당 김시습의 자화상

라 구석구석을 정처 없이 떠돌아 다니다가 마지막으로 찾아든 곳이 이곳 무량사였다. 그는 이곳에서 자신의 초상화를 그리고는 "네 모습 지극히 약하며 네 말은 분별이 없으니 마땅히 구렁 속에 버릴지어다."라고 자신을 평가하였다. 무량사에는 진위를 확인할 수는 없지만 불만이 가득한 김시습의 초상화가 지나는 길손들을 맞고 있다. 그는 59세에 이 절 무량사에서 쓸쓸히 병들어 죽었다.

그는 죽을 때에 화장하지 말 것을 당부하였으므로 그의 시신은 절 옆에 안치해 두었다. 삼년 후에 장사를 지내려고 관을 열었다. 김시습의 안색은 생시와 다름없었다. 사람들은 그가 부처가 된 것이라 믿어 그의 유해를 불교식으로 다비를 하였다. 이때 사리 1과가 나와 부도를 세웠다. 그 뒤 읍의 선비들은 김시습의 풍모와 절개를 사모하여 학궁 곁에 사당을 지은 뒤 청일사라 이름을 짓고 그의 초상을 옮겨 봉안하였다.

만수산萬壽山의 높이는 575m로, 능선이 병풍을 두른 듯 사찰 일대를 감싸고 있으며, 남쪽 기슭에 오랜 역사를 지닌 무량사無量寺를 비롯 도솔암, 태조암 등 여러 채의 부속 암자를 품고 있다.

만수산으로 오르는 산길은 김시습의 부도가 있는 부도 밭에서부터 시작된다. 산행 코스는 비교적 단조로운 편이지만 올라갈수록 더 넓게 드러나는 산들을 바라보며 한참을 오르면 정상이 나온다. 엷은 구름과 햇빛에 가려 흐릿하게 앞산이 보이지만 서해바다는 보이지 않는다. 어슴프레 성주산(680m), 성대산(631m), 조공산(308m), 월하산이 지척이다. 정상은 두 평 정도의 넓이에, 삼각점이 박혀 있다.

선승禪僧 진묵대사가 머물렀던 곳

무량사無量寺! 무량이란 셀 수 없다는 뜻이 담긴 표현으로 목숨을 셀 수 없고 지혜를 셀 수 없는 것이 바로 극락이니 극락정토를 지향하는 곳이 무량사라고 할 것이다.

만수산(575m) 기슭에 자리 잡은 무량사는 사지에 의하면 신라 문무왕 때 범일국사가 창건하였고 신라 말 고승인 무염국사가 머물렀다고 하지만, 범일국사(810~889)는 문무왕 때(661~680)와 훨씬 동떨어진 후대의 인물로 당나라에서 귀국한 후 명주 굴산사에서 주석하다가 입적하였기 때문에 그가 이 절을 창건하였다고 보기는 어렵다. 현재의 모습으로 보아 고려 때 크게 중창한 것으로 보인다.

조선 시대엔 선승으로 이름 높은 김제 출신의 진묵대사가 이절 무량수불에 점안을 하였고, 이 만수산 기슭에서 나는 나무열매로 술을 빚어 마시며 몇 수의 시를 남겼다.

> 하늘을 이불 땅을 요 삼아,
> 산을 베개 하여 누웠으니,
> 달은 촛불 구름은 병풍.
> 서쪽바다는 술항아리가 되도다.
> 크게 취하여 문득 춤을 추다가,
> 내 장삼을 천하곤륜산에 걸어두도다.

그러나 진묵대사는 당시 조선에 휘몰아쳤던 기축옥사 당시 그와 같은 시대, 같은 지역에 살았던 정여립과의 관계가 있을 법한데 아무런 흔적 하나 남아 있지 않다. 그뿐만이 아니다. 서산대사 휴정이나 사명당 유정이 임진왜란이 일어났을 때 온몸을 다 바쳐 나라를 위해 일어났을 때도 진묵대사는 오로지 수행에만 전념했다. 그러면서도 어머니에 대해서만은 지극한 정성을 다하였던 것을 우리들은

노년을 이곳에서 지내고 입적한 매월당 김시습의 부도

무엇으로 이해해야 할 것인가. 진묵대사는 이절과 완주 서방산의 봉서사, 그리고 모악산의 수왕사를 비롯 전라도 일대의 절에서 기행과 술에 얽힌 일화를 많이 남겼다.

이 무량사는 임진왜란 당시 크게 불탔으며 17세기 초에 대대적인 중창불사가 있었다. 천왕문을 들어서면 10세기경에 만든 것으로 석등의 선이나 비례가 매우 아름다운 무량사 석등(보물 제233호)이 먼저 들어오고 그 뒤에 이 지역에서 다보탑多寶塔이라고 부르는 오층석탑이 있다. 오층석탑(보물 제185호)은 창건 당시부터 이 절을 지켜온 것으로 추측되는데, 완만한 지붕 돌과 목조건물처럼 살짝 반전을 이룬 채 경박하지 않은 경쾌함을 보여 주는 모습의 처마선이 부여 정림사지 오층석탑을 연상케 한다. 이러한 점 때문에 이 탑은 장하리 삼층석탑, 은선리 삼층석탑과 함께 몇 남아 있지 않은 고려 시대에 조성된 백제계의 석탑으로 평가받고 있다.

또한 이 탑의 1층 몸돌에서는 금동 아미타 삼존불좌상이 발견되었고, 5층 몸돌에서는 청동합 속에 들어있는 다라니경과 자단목 등 여러 점의 사리 장치가 나왔다. 임진왜란 때 크게 불타버린 것을 인조 때에 중건한 무량사의 대웅전은 법주사의 팔상전과 금산사의 미륵전, 화엄사의 각황전, 그리고 마곡사의 대웅보전처럼 특이하게 지었다. 조선 중기 양식의 특징을 잘 나타낸 불교 건축으로서 중요한 가치를 지니고 있는 2층 목조건물은 밖에서 보면 2층 건물이지만 내부는 위아래층이 하나로 트여 있다. 아래층 평면은 정면 5칸에 측면이 4칸이며 기둥의 높이는 14.7m나 된다. 중앙부의 뒤쪽에 불당이 마련되어 있고, 그 위에 "소조아미타삼존불(5.4m)"이 모셔 있다. 좌우에는 관세음보살(4.8m)과 대세지보살이 배좌하고 있는데, 아미타삼존불은 흙으로 빚어 만든 소조불로는 동양 제일을 자랑한다.

그뿐만이 아니라 이 불사의 복장 유물에서 발원이 나와 1633년에 흙으로 빚은 아미타불임을 분명히 밝혀진 불상임을 알 수 있다. 이 절에는 1627년에 그린 괘불과 무량사 미륵보살도와 동종이 있다.

김시습은 회한에 찬 그의 생애를 그린 듯 다음과 같은 시 한 편을 남겼다.

> 그림자는 돌아다 봤자 외로울 따름이고
> 갈림길에서 눈물을 흘렸던 것은 길이 막혔던 탓이고
> 삶이란 그날 그날 주어지는 것이었고
> 살아생전의 희비애락은 물결 같은 것이었노라.

독일의 시인인 네안다도 그의 저서인 『생명을 가르치는 사람』에서 그와 비슷한 글을 남겼다.

> "인생은 꿈과 같고, 아무런 가치도 없는 물거품에 지나지 않는다. 우리가 매일 보고 있듯이 순식간에 지나가는 것이며 머무르는 장소가 없다."

그럴 것이다. 모든 것은 잠시 머물다 시간의 흐름을 따라 흘러서 간다. 가고 오는 그 흐름에 몸을 맡긴 채 만수산 기슭에 터를 잡고서 매월당 김시습처럼 세월을 벗하다 보면 한세상이 그렇게 가고 오는 것이라는 것을 깨닫게 되지 않을까?

일두 정여창의 옛집

▶▶▶찾아가는 길

경남 함양이나 안의에서 24번 국도를 따라가다 보면 지곡면 소재지에 닿는다. 그곳에서 정여창 고택이 있는 개평리는 아주 가깝다.

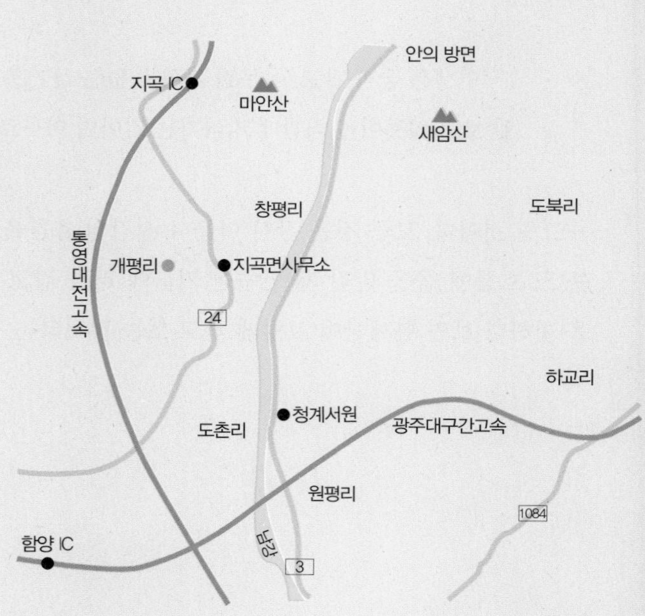

27 경상남도 함양군 지곡면 개평리

우함양의 기틀을 다진 곳

당나라 현종 때의 고사에 '한단지몽邯鄲之夢'이라는 이야기가 있다. 여옹呂翁이라는 도사가 한단의 어떤 주막 앞에서 쉬고 있었다. 그때 노생盧生이라는 초라한 청년이 장안으로 과거를 보기 위해 가다가 여옹 옆에 자리를 잡고서 자신의 신세를 한탄하던 중에 선잠이 들었다.

그를 안타깝게 바라보던 여옹이 양쪽에 구멍이 뚫린 도자기 베개를 꺼내주자 그것을 베고서 잠에 빠져 들었다.

베개의 양쪽 구멍이 차차 커져서 그 속으로 들어가자 고래등 같은 집이 있었고 그 집의 딸과 결혼한 노생은 과거에 급제하여 행복하게 살았다. 그러나 행복했던 시절도 잠시 노생은 역모사건에 몰렸다. 가까스로 사형은 면하였지만 변방으로 유배를 가 한 많은 세월을 보내다가 고향으로 돌아와 쓸쓸하게 살다가 죽었는데, 그의 나이 80세였다.

노생이 번쩍 눈을 뜨자 하룻밤 꿈이었다. 이 꿈을 통해 인생이 봄날의 꿈처럼 허망하다는 것을 깨닫고 부귀영화보다는 고향에서 편안한 생활을 보내는 게 나을 것이라는 생각에 과거를 그만두고 귀로에 올랐다는 이야기이다.

동양의 지혜나 서양의 지혜나 매일반이라서 그런지 『검은 고양이』를 지은 에 드거 앨런 포우도 "우리가 보거나 생각하는 모든 것은 꿈에 지나지 않는다."라는 말을 남겼다.

그러나 누구든 꿈속에서가 아니라 현실 속에서 살아 있는 동안 좋은 곳에 터를 잡고서 좋은 집 한 채 지어 놓고서 살고 싶은 마음이 있을 것이다.

더불어서 그 마을이 한 시대를 빛낸 사람으로 오래오래 가슴 속에 남아있고 존경심이 우러나오는 사람이 살았던 곳이라면 그것만으로도 가슴이 훈훈할 것이다.

흔히 '뼈대 있는' 고장을 말할 때 '좌안동左安東, 우함양右咸陽'이라는 말을 쓰는데 그 역사성이 가장 돋보이는 고장이 이곳이며, 조선 초기의 학자로 김종직의 제자였던 정여창의 고향도 바로 이곳이다.

일두 정여창의 고향마을

'좌안동, 우함양'이라고 부를 때 낙동강의 동쪽인 안동은 훌륭한 유학자를 많이 배출할 땅이고, 낙동강 서쪽인 함양은 빼어난 인물들이 태어난다는 설이 있다. 이러한 '우함양'의 기틀이 된 사람이 안의 현감을 지냈던 정여창鄭如昌이다.

정여창은 조선 성종 때의 문신으로 본관은 경남 하동이고 자는 백욱佰勖, 호는 일두一蠹였다. 그의 아버지는 함길도 병마 우후증한성 부좌윤을 지냈던 육의였지만 정여창이 여덟 살 되던 해 세상을 떠났다.

혼자서 독서하던 정여창은 김굉필과 함께 김종직의 문하에서 학문을 연마하였는데, 특히 그는 『논어』에 밝았고 성리학을 깊이 연구하였다.

성종 임금이 성균관에 유서를 내려 행실에 밝고 경학에 밝은 사람을 널리 구하자 성균관에서 그를 제일 먼저 천거하였지만 사양하고 벼슬에 나가지 않았다. 1486년 어머니가 이질에 걸리자 극진히 간호하였지만 끝내 숨을 거두자 상복喪服을 벗지 않고 3년 동안 시묘하였다. 그 뒤 하동 악양동에 들어간 정여창은 섬진나루에 집을 짓고 대나무와 매화를 심은 뒤 한평생을 그곳에서 지내고자 했다.

정여창을 모신 남계서원으로 소수서원 다음에 두 번째로 사액을 받은 서원

그러나 세상은 마음먹은 대로 되지 않는 것이던가, 1490년 참의 윤휘가 효행과 학식이 뛰어난 선비라 하여 정여창을 천거하여 소격서 참봉에 제수되었다. 하지만 자신의 직분을 들어 사양하였다. 성종은 정여창의 사직상소문의 글에다 "경의 행실을 듣고 나도 모르게 눈물이 났다. 행실을 감출 수 없는데도 오히려 이와 같으니 이것이 경의 선행이다."라고 쓰고 사임을 허가하지 않았다. 그 해에 별사문과에 합격한 정여창은 예문관검열을 거쳐 다시 동궁이었던 연산군을 보필하였지만 강직한 그의 성품 때문에 연산군이 그를 좋아하지 않았다.

연산군 1년(1495)에 안음현감에 제수된 정여창은 일을 처리함에 공정하였으므로 정치가 맑아지고 백성들로부터 칭송이 그치지 않았다. 매사 물어본 뒤에 시행하였고 원근에서는 그를 찾아와 판결을 받았다고 한다. 벼슬길에 올라서는 세자에게 강론하는 시강원 설서를 지낼 만큼 학문이 뛰어났다. 그러나 연산군 때에 그의 스승인 김종직과 더불어 무오사화에 연루되어 함경북도 종성면에 유배되어 죽었다. 그 뒤 갑자사화 때 부관참시 되었다. 어린 시절 아버지와 함께 중국의 사신과 만난 자리에서 그를 눈여겨본 중국 사신이 "나이 들어서 집을 크게 번창하게 할 것이니 이름을 여창이라 하라."고 했던 말처럼 그의 학문과 덕망이 출중하여 김굉필, 조광조, 이언적, 이황과 더불어 조선 성리학의 5현으로 추앙받았다. 정여창이 태어난 개평리는 마을이 댓잎 네 개가 붙어있는 개介자 형상이라 하여 개평이라는 이름이 붙었다.

본래 함양군 덕곡면 지역이었던 개평리는 남강의 상류천인 남계천 부근에 있으므로 갯들 또는 개평이라고 하였는데 1914년에 지곡면에 편입되었다. 개평 서북쪽에는 거북이 형상인데 목이 떨어진 거북바우가 있고, 북쪽에는 교수정教壽亭이라는 정자가 있다. 개평 북서쪽에는 조선 후기에 개음공介陰公이 지었다는 면귀정이 있으며, 개평리에 있는 홍문紅門은 정개청을 모신 사당의 이름이다. 개평 남쪽에는 신선대라는 작은 산이 있고, 신선대에는 옛날 신선이 바둑을 두었다는 신선바우가 있다. 골짜기로는 산막이 있었다는 산막골이 있고, 서남쪽에 불미골이라는 골짜기가 있으며, 독새미 동산새미라는 이름의 옛날 샘이 있다.

개울가를 따라 천천히 들어가면 야트막한 돌담 너머 사과밭이 아름다운 길이 나오고 다시 골목으로 휘어들면 만나는 솟을대문, 그 대문에는 정려旌閭를 게시한 문패 네 개가 편액扁額처럼 걸려 있다.

토지의 무대였던 개평리

대문간을 들어서면 곧바로 사랑채가 보이고 그대로 들어가면 안채로 들어가는 일각문이 나온다.

중요민속자료 제186호로 지정되어 있는 이 집은 그의 후손인 정병호 씨의 이름을 따서 정병호 가옥으로 불리고 있다. 이 집이 처음 지어진 것은 500여 년이 넘었을 것으로 추정되는데, 집의 안채는 경상도 청하현감을 지낸 선조가 300여 년 전에 지었으며, 사랑채는 서산군수를 지낸 정병호의 고조부가 지은 집이라고 한다.

조선 중기와 후기의 주택 연구에 귀중한 자료로 평가되는 이 집의 터는 풍수지리를 공부하는 사람들에게 널리 알려진 집이다. 이 집이 사람들에게 회자되기 시작한 것은 대하소설 「토지」가 TV 드라마로 상영되면서부터였을 것이다. 토지의 무대인 하동 평사리에서 최참판댁을 구하지 못한 제작진들이 이곳 정병호 가옥을 최참판댁으로 설정하였고 정면 5칸에 측면 2칸의 ㄱ자 팔작지붕집인 이 집 사랑채가 사람들의 머릿속에 각인된 것이다.

서슬 푸른 최치수의 고함소리가 터져 나오던 곳도 이곳이고, 최치수를 살해했던 평산 영감과 귀녀가 붙잡혀 왔던 곳도 이곳이었다. 돌을 모아서 산과 골짜기를 만들고 갖가지 나무가 심어졌었을 사랑채 앞마당에는 늙은 소나무가 언제나 변함없이 그 집을 지키고 있다.

안채로 들어가면 으레 마루에 편하게 앉아서 이곳저곳을 바라다본다. 그러나 사람의 온기가 느껴지지 않는 이 집은 바라볼수록 안쓰럽기만 하다. 뒤 안으로 들어가 장독대의 장독들을 하나하나 떠들어보지만 장 내음이나 된장 냄새와 그리고 김치 냄새가 물씬 풍길 것 같지만, 텅 비어있다.

한편 이곳 함양군 서하면 다곡리에 '은퇴자 등을 위한 환경친화적인 차세대 도시 형태'가 세워질 것이라고 해서 온 천지가 떠들썩했다. 우리나라의 한 도시개발 프로젝트에서 만든 설계안이 세계적으로 정평이 나 있는 L.A건축가협회의 건축 디자인 상을 2007년에 받았다. 심사위원들이 '자연환경과 지형을 활용하는 최선의 방안'이라고 평가한 이 미래의 도시는 자족도시로 건설된다고 한다. 1,146ha, 즉 350만 평의 대지에 주거시설, 골프장, 쇼핑몰, 병원, 학교, 생태공원, 엔터테인먼트 시설 등이 들어선다고 한다. 특히 각 건물의 디자인을 세계적인 수준으로 만들어 관광 명소로 만든다는 야심찬 계획을 하고 있으며 토지 수용을 끝냈기 때문에 개발이 가시화될 것이라고 했지만 우여곡절 끝에 유야무야되고 말았으니, '세상사 알 수 없다'가 맞는 말인가?

한편 이곳에서 멀지 않은 승암산에 승안사의 절터와 정여창의 묘소가 있다.

『신증 동국여지승람』에 "승안사昇安寺는 사암산에 있다."라는 구절만 나와 있는 승안사지는 함양군 수동면 우명리에 있는 승안산 자락에 있다. 일도 정여창 선생의 묘소가 있던 곳이라고 말해야 찾기가 쉬운 승안사지는 거창으로 향하는 길가에서 1Km쯤의 시멘트 길을 따라 올라가면 나타난다.

운치 있게 자리 잡은 소나무 한 그루 보이지 않고 잡목만이 늘어선 길을 한없이 오르다 보면 하동 정씨 묘소를 관리하는 고가가 나타나고 그 앞에 경상남도 유형문화재 제33호인 함양 석조여래좌상이 냇가를 등진 채 서 있다.

높이가 2.3m에 이르는 석조여래좌상은 대형화된 고려 초기의 불상으로 보이며 오른손이 떨어져 나갔고 하체는 땅속에 묻혀 있다. 머리가 커서 가분수로 보이고 세월의 더께인 양 콧날까지 푸른 이끼가 얹혀 있지만 알 듯 말 듯 한 미소는 바라볼수록 표현하기 힘든 아름다움을 드러내 준다고 할까.

석조여래좌상의 뒤편으로 100m 떨어진 곳에 승안사 삼층석탑(보물 제294호)이 있다. 1962년 탑을 옮기는 과정에서 새로운 사실이 밝혀졌다. 성종 2년(1494)에 탑을 옮겨 세웠음을 알 수 있는데, 이 탑이 원래 서 있었던 자리는 하동 정씨 제각이 있던 곳으로 추정하고 있다. 높이가 4.3m에 이르고 2층 기단 위에 3층 탑신을 올린 통일신라 석탑의 양식을 따르고 있지만 고려 초기의 작품일 것으로 추

함양에 있는 상림, 고운 최치원 선생이 조성한 인공숲이다.

정하는 승안사 삼층석탑은 기단과 탑신을 각종 조각으로 장식한 아름다운 탑이다. 특히 3층 기단의 각 면에 우주와 평화를 목각하여 면을 둘로 나누고 그 안에 각 1구씩의 불상이나 보살상, 비천상을 양각하였는데 조각들은 차와 꽃을 공양하거나 비파, 생황, 장구, 피리를 연주하는 모습이다. 1층 몸돌에는 각면에 사천왕상을 하나씩 양각하였고 2층과 3층 몸돌에는 우주만 새겨져 있다. 상륜부는 노반, 복발, 양화가 남아있지만, 양화는 거의 파손되어 있다. 그러나 전체적으로 볼 때 폐사지에서 이만한 아름다운 탑 하나를 만난다는 것은 답사객들에게 더할 수 없는 행운일 것이다.

그 곳에서 산을 올려다보면 돌계단이 나타나고 그 길을 따라가면 정여창 선생의 묘소가 있다.

한 폭의 아름다운 풍경화 같기도 하고 산책로 같기도 한 승안사지 가는 길에서 나와 함양 쪽으로 한참을 가면 만나는 곳이 청계서원靑溪書院과 남계서원藍溪書院이다. 청계서원은 조선 초기의 대문장가로 무오사화 때 희생된 김일손金馹孫을 모신 서원이고, 남계서원은 정여창과 강익, 정온을 배향한 서원이다. 남계서원은 명종 7년에 세워져 21년에 사액을 받았다. 흥선대원군의 서원 철폐 때에도 훼철되지 않은 47곳 가운데 하나인 남계서원의 강당인 명성당이다.

홍살문과 하마비를 지나 서원에 들어서면 만나는 건물이 풍영루이고 그 아래에 연못이 있다. 산청의 덕천서원과 달리 유생들이 기거하던 재가 좁은 이곳 남계서원의 여름 풍경은 배롱나무 꽃이 화사하기 이를 데 없다.

한편, 이곳에서 멀지 않은 함양군 서하면 송계리에서 안의면 월림리에 이르는 계곡을 팔담팔정八潭八亭의 화림동이라 하여 예로부터 함양 안의 명소로 알려진 곳이다.

▶▶▶찾아가는 길

남해읍에서 19번도로가 시작되는 미조면의 미조포구를 향해 가면 상주면에 이르고 남해 금산의 산 아래 상주리에 잘 알려진 상주해수욕장이 있다.

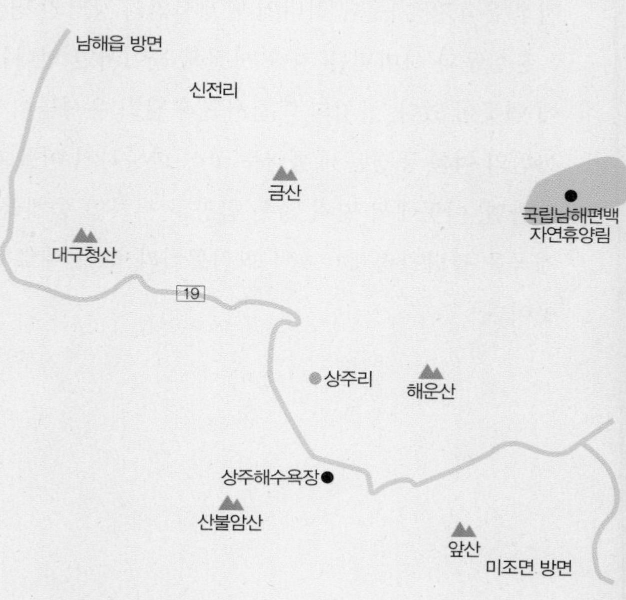

28 경상남도 남해군 이동면 상주리

마음이 아름다워지는 땅

교산 허균이 지은 『한정록』 중 「학림옥로鶴林玉露」에 실린 글이다.

> "송나라 조사서가 내게 말했다.
>
> '나에게는 평생 세 가지 소원이 있습니다. 그 첫째는 이 세상 모든 훌륭한 사람을 다 알고 지내는 것이요. 두 번째 소원은 이 세상 모든 양서를 다 읽는 일이요. 세 번째 소원은 이 세상 경치 좋은 산수를 다 구경하는 일입니다.'라고 하였다.
>
> 이에 내가 말했다.
>
> '다야 어찌 볼 수 있겠소. 다만 가는 곳마다 헛되이 지나쳐버리지 않으면 됩니다. 무릇 산에 오르고 물에 가는 것은 도의 기미를 불러일으켜 마음을 활달하게 하니 이익이 적지 않습니다.'
>
> 그러자 그가 덧붙여 말하기를 '산수를 보는 것 역시 책 읽는 것과 같아서 보는 사람의 취향의 높고 낮음을 알 수 있습니다.'라고 하였다."

좋은 산수가 있는 곳에서 좋아하는 사람들을 만나고 좋은 책을 읽으며 한 시절

남해 금산의 보리암

을 보내는 것은 더 없는 축복이리라. 그러나 이러한 소원을 이루고 사는 사람은 세상에 그리 흔치가 않아서 손에 꼽을 정도일 것이다. 하지만 두 번째 소원까지는 아니라도 아름다운 산수가 있는 곳에서 좋은 책을 마음껏 읽고자 하는 소원을 이루는 것은 그렇게 어렵지 않은 일이다. 그러한 장소로서 적합한 곳이 남해의 금산 아래 상주해수욕장 부근이다.

일찍이 자암 김구가 한 점 신선의 섬, 즉 일점선도一點仙島라고 불렀을 만큼 아름다운 섬나라 남해군은 제주도, 거제도, 진도에 이어 나라 안에서 네 번째로 큰 섬이다. 『동국여지승람』 '남해현'편 '형승'조에 '솔발처럼 우뚝한 하늘 남쪽의 아름다운 곳'이라고 기록되었듯이 남해군은 산세가 아름답고 바닷물이 맑고 따뜻하여 사람들이 즐겨 찾는 곳 중의 한 곳이다.

하늘 남쪽의 아름다운 곳

그중 남해 금산이라고 일컬어지는 산은 높이가 681m에 이르는 높지 않은 산이지만 예로부터 명산인 금강산에 빗대어 '남해 소금강'이라고 불릴 만큼 경치가 빼어나다.

신라 때의 고승 원효가 683년(신문왕 3년) 이곳에 초당을 짓고 수도하면서 관세음보살을 친견한 뒤 보광사라는 절을 짓고 절 이름을 따라 산 이름도 보광산이 되었다. 그러한 보광산이 '비단산'이라는 오늘날의 이름 금산錦山을 갖게 된 것은 조선을 건국한 태조 이성계에 의해서였다. 이성계는 청운의 뜻을 품고 백두산에 들어가 기도를 하였지만, 백두산의 산신이 그의 기원을 들어주지 않았다.

두 번째로 지리산으로 들어갔지만, 지리산의 산신도 들어주지 않자 이성계는 마지막으로 보광산으로 들어갔다. 임금이 되게 해달라고 산신에게 기도하면서 임금을 시켜 주면 이 산을 비단으로 감싸주겠다고 약속을 하였다. 이성계는 왕위에 오른 뒤 보광산의 은혜를 갚기 위해 산 전체를 비단으로 두르려 했지만, 그것은 쉬운 일이 아니었다. 고심하던 이성계 앞에 한 스님이 묘안을 내놓았는데 그것은 "비단으로 산을 감싼다는 것은 나라 경제가 허락하지 않으니 이름을 금산錦山(비단산)으로 지어주는 것이 좋겠다."는 의견이었다. 이성계는 그 제안을 받아 산 이름을 금산이라 지었다고 하며, 그때 경상도 지리산을 전라도로 귀양보냈다고 한다.

이 절은 그 뒤 1660년에 현종이 왕실의 원당 사찰로 삼고 보광사라는 절 이름을 보리암으로 고쳐 부르기 시작했고, 1901년에 낙서와 신욱이 중수하였으며, 1954년 동파스님이 다시 중수한 뒤 1969년에 주리 양소황이 중건하였다.

이 절에는 경상남도 유형문화재 제74호인 보리암전 삼층석탑과 간성각, 보광원, 산신각, 범종각, 요사채 등이 있으며 1970년에 세운 해수관음보살상이 있다.

보리암의 해수관음보살상은 강화 보문사 관음보살상, 낙산사의 해수관음상과 더불어 치성을 드리면 효험을 본다고 알려져 있어 신도들의 발길이 끊이지 않는 3대 해수관음보살상으로 손꼽힌다.

관음보살상 아래에 있는 보리암전 삼층석탑은 원효스님이 보광사라는 절을 창건한 것을 기념하여 김수로 왕비인 허태후가 인도의 월지국에서 가져온 것을 이곳에 세웠다고 한다. 화강암으로 건조한 이 탑은 고려 초기의 양식을 나타내고 있는데 단층 기단 위에 놓인 탑신 3층에 우주가 새겨져 있고 상륜부에는 우주가 남아 있다.

보리암에서 일출을 바라본다는 것은 하늘에서 별을 따는 것만큼이나 어렵다고 한다. 일출과 일몰을 모두 볼 수 있는 남해 금산의 극락전 아래쪽에는 태조 이성계가 백일기도를 드린 뒤 왕위에 올랐다는 이태조 기단이 있고, 이태조 기단 옆에는 세 개의 바위로 된 삼불암이 있다.

금산에 있는 부소암扶蘇岩은 진시황의 아들 부소가 이곳에서 귀양을 살다가 갔다는 바위고 상사암은 조선 숙종 때 전라도 돌산 사람이 여기에 이사 와서 살다가 집주인 여자에게 상사想思가 났으니 풀어달라고 애원하자 그 여자가 이 바위에서 소원을 풀어 주었다는 바위이다.

상사암에 있는 구정암은 9개의 둥근 홈이 있어 하늘에서 내린 물이 고인다는 천우수天雨水이고, 상사암 남쪽에 있는 약수터인 감로수는 숙종 임금이 이 물을 마시고 병이 나았다는 샘이다. 그 외에도 사선대, 제석봉, 촉대봉, 향로봉 등 제 나름대로 사연과 이름을 지닌 금산 38경이 있고, 금산 정상에는 망대라고 부르는 봉수대가 있다.

낮에는 연기, 밤에는 불빛으로 신호하여 적의 침입을 알렸던 금산 봉수대는 고려 영종 때 남해안에 출몰하는 왜구를 막기 위해 축조되었다. 조선 시대에는 오장 두 명과 봉졸 열 명이 교대로 지켰다고 한다. 평상시에는 연기를 하나를 피웠고, 적이 나타나면 둘, 가까이 접근하면 셋, 침공하면 넷에, 접전 시에는 다섯으로 연락하였고, 구름이나 바람으로 인한 이상 기후에는 다음 봉수대까지 뛰어가서 알렸다고 한다.

조선 시대의 봉수는 대체로 시간당 110km를 연락할 수 있었기 때문에 한양까지 7시간 정도 걸렸었는데 통신시설이 발달되면서 갑오경장이 있던 해인 1894년에 없어졌다.

이처럼 아름다운 남해 금산을 문학적으로 형상화한 시인 중의 한 사람이 이성복이다.

> "내 정신 속의 남해 금산은 '남'자와 '금'자의 그 부드러운 'ㅁ'의 음소로 존재한다. 모든 어머니의 물과 무너짐과 무두질과…그 영원한 모성의 'ㅁ'을 가지고 있는 남해의 'ㄴ'과 금산의 'ㄱ'은 각기 바다의 유동성과 산의 날카로움을 예고하고 있는 것이 아닐까."

이성복은 남해 금산을 물과 흙의 혼례로 규정하였고 "남해 금산은 내 정신의 비단길 혹은 비단 물길 끝의 서기 어린 산으로 존재했고 앞으로도 그렇게 존재할 것이다."라고 얘기하면서 시 한 편을 남겼다.

> 한 여자 돌 속에 묻혀 있었네.
> 그 여자 사랑에 나도 돌 속에 들어갔네.
> 어느 여름 비 많이 오고
> 그 여자 울면서 물속에서 떠나갔네.
> 떠나가는 그 여자 해와 달이 끌어주었네.
> 남해 금산 푸른 하늘가에 나 혼자 있네.
> 남해 금산 푸른 바닷물 속에 나 혼자 잠기네.

남해 금산은 서정인의 '산'이라는 소설의 주 무대가 되었는데 간추린 소설의 내용은 다음과 같다.

섬 학교의 교사로 부임하기 위해 탄 연락선에서 '전오'는 아이를 데리고 있는 아름다운 여인과 만났다. 여인은 중간 기착지에서 내렸는데, 어느 날 그 여자가 다시 나타나 같이 산에 오른다. 산 중턱에 이르자 날이 저물고 그들은 내려와 산정의 여관에서 하룻밤을 지내며 지난날의 상처에 대해 말한다. 그리고 다음날 그

안경을 닮았다고 하여 붙여진 쌍홍굴

들은 각각 다른 길로 산을 내려간다. 서정인은 '산'에서 "그것은 단순한 물량物量이 아니라, 저녁 나절의 연무에 싸여서 위하처럼 신비처럼 푸르스름한 빛으로 우뚝 솟아 있었다."고 이 남해 금산을 형상화했다.

마음이 아름다워지는 상주리

푸른 바다와 수많은 돌들이 섞이고 섞여 조화를 이루는 금산 아래에 그림 같은 상주 해수욕장이 있다. 방풍림으로 조성된 소나무 숲과 하얀 모래사장이 절묘한 아름다움을 빚어내는 상주 해수욕장은 어쩌면 동해의 장호 해수욕장과 더불어 나라 안에서 그 아름다움의 첫째를 다툴지 모른다. 남해 금산을 병풍처럼 두르고 반월형의 아름다운 자태를 자랑하는 해수욕장의 소나무는 한때 우리나라 남해안을 초토화시켰던 태풍 '매미'와 '루사'에도 끄떡하지 않았다. 그런 의미에서 "인간이 영악해지면 자연도 그만큼 영악해진다."는 소설가 이외수의 말처럼 자연에 순응하고 자연처럼 산다는 것이 얼마나 중요한 것인지를 보여주는 곳이다.

본래 이곳은 남해군 이동면 지역으로 상주개, 또는 상주포라고 하였는데, 1914년 행정구역 통폐합 당시 금포리, 금양리, 금전리를 병합하여 상주리라고 하였다. 조선 시대에 평산포영에 딸린 상주포보尙州浦堡가 있었던 자리에 있는, 선창굴강이라는 후미는 조선 시대에 세금을 받던 중선이 정박해 있던 곳이라고 한다. 상주리 남쪽에 있는 바위섬인 세존도는 중간에 배가 지나갈 수 있을 만큼의 구멍이 뚫려 있어서 남해 38경 중의 하나이다.

그림처럼 빛나는 상주 해수욕장에서 고개를 넘어가면 아름다운 포구인 미조彌助포구가 있다. 『신증동국여지승람』에 "미조항진彌助項鎭은 현의 동쪽 87리에 있다. 성화成化 병오년에 진이 설치되었다. 그 뒤에 왜적에게 함락되어 혁파했다가 가정嘉靖 임오년에 다시 설치하였다. 석축이며 둘레는 2,146척이고, 높이는 11척이다."라고 기록되어 있다. 미조항은 작은 목으로 되었으므로 미조목, 또는 메진목으로 불리었다. 1914년 행정구역을 통폐합하면서 물개넘, 파랑게, 큰섬, 범섬을 병합하여 미조리라고 하였는데, 한려수도에 자리 잡은 아름다운 항구를 대표한다. 근처 미조리의 들목에 있는 장군당은 고려 말의 장군인 최영 장군을 모시는 사당이다.

구름은 희고 산은 푸르고
시내는 흐르고 돌은 서 있고
꽃은 새를 맞아 울고
골짜기는 초부樵夫의 노래에 메아리치니
온갖 자연 정경은 스스로 고요한데
사람의 마음만 스스로 소란하다.

『소창청기』에 실린 글이다.

산천도 푸르고 바다도 푸르른 금산 자락, 쪽빛 바다가 항상 가슴을 설레게 하는 상주 해수욕장에서 남해 금산을 바라보기도 하고 오르내리기도 하면서 유유자적하며 사는 날을 기다려 본다.

다산 정약용이 제자들을 가르쳤던 다산초당

▶▶▶찾아가는 길

강진군 강진읍에서 해남으로 가는 18번 국도를 따라가다가 강진읍 학명리에서 우회전하여 18번 군도를 따라 7km쯤 가면 다산초당이 있는 귤동리 마을이 나온다.

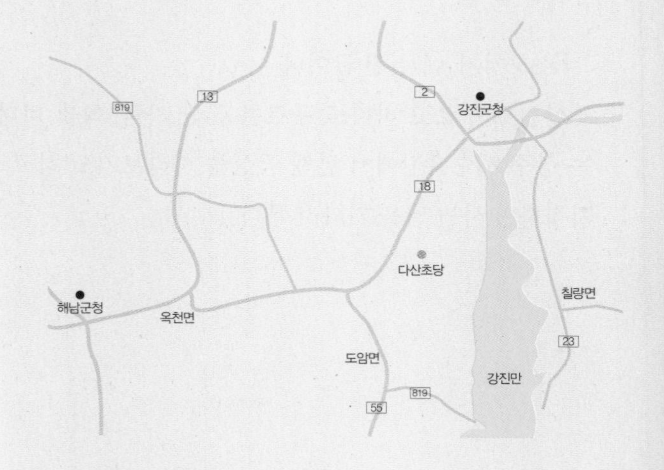

29 전라남도 강진군 도암면 다산초당

그곳에 가면 그리운 사람이 있다

동해바다가 우람한 남자의 기상을 지니고 있다면 남해바다는 곱게 단장하고서 그리운 사람을 기다리는 조선의 처녀처럼 조용하면서도 아늑하다. 남해바다가 한 폭의 수채화처럼 보이는 만덕산 자락에 다산학茶山學의 산실인 다산초당이 있다. 다산초당에서 백련사에 이르는 길을 가다 보면 "바다가 보이는 산길이 나는 좋아"라고 말한 어느 시인의 감성이 느껴지는 아름다운 길이다. 야생차나무와 잡목들이 우거진 그 길을 셀 수도 없이 홀로 걸어다닌 사람이 다산 정약용이다.

백련산이라고도 부르는 만덕산萬德山은 강진읍 임천리·덕남리와 도암면 만덕리·덕서리 사이에 걸쳐 있는 산으로 높이는 408m이다. 그 아래에 자리 잡은 도암면 만덕리 귤동마을의 다산초당에서 다산 정약용이 17년에 걸쳐 유배생활을 하였다.

만덕산 자락의 귤동마을

만덕리는 본래 강진군 보암면의 지역인데 1914년 행정구역을 개편하면서 덕산리 · 고전리 · 마점리를 병합하여 만덕산의 이름을 따서 지은 이름이다. 만덕리에서 가장 큰 마을인 귤동은 유자나무가 많아서 지은 이름이고, 다산茶山은 귤동 마을 뒷산 이름이다.

"터를 가림에 있어서는 반드시 그 풍기風氣(지세와 기운)가 모이고, 전면과 배후가 안온하게 생긴 곳을 가려서 영구한 계획을 삼아야 할 것이다."라고 『산림경제』에 실려 있다. 다산이 의도한 것은 아니고 불가항력적으로 머물러 살았던 곳인데도 이곳의 지형이 전통 풍수가 찾고자 한 땅의 전형이라고 할 수 있다.

이곳 강진의 만덕산을 두고 고려 시대의 승려 혜일慧一은 "앞 봉우리는 돌창고 같고, 뒤 봉우리는 연꽃 같았다." 하였고, 다산초당의 천일각天一閣에서 바라보이는 구십포九十浦에 대하여 『신증동국여지승람』에는 다음과 같은 글이 있다.

"근원은 월출산에서 나와 남쪽으로 흘러 강진현의 서쪽의 물과 합쳐 구십포가 된다. 탐라耽羅의 사자가 신라에 조공을 바칠 때 배를 여기에 머물렀으므로 이름을 탐진耽津이라 하였다." 그러나 탐진강은 영암군 금정면 세류리 궁성산의 북동계곡에서 발원하여 강진읍에서 남해로 들어간다.

역사는 돌고 돈다고 하던가? 역사 속에서 국사범들의 유배지였던 곳, 한 시대를 풍미했던 빼어난 사람들이 절망과 질곡의 시절을 보낸 장소들이 현대에 접어들면서 역사유적지와 문화관광지로 또는 말년을 지낼 거주지로 각광을 받고 있다.

그 대표적인 곳이 다산 정약용이 머물렀던 강진의 다산초당이다. 정약용이 남긴 『다신계안茶信契案』을 보자.

> "나는 신유년(1801) 겨울 강진에 도착하여 동문 밖의 주막집에 우접寓接하였다. 을축년(1805) 겨울에는 보은산방寶恩山房에서 기식하였고, 병인년(1806) 가을에는 학래의 집에 이사가 살았다. 무진년(1808) 봄에야 다산茶山에서 살았으니 통계를 내보면 유배지에 있었던 것이 18년인데 읍내에서 살았던 것이 8년이고 다산에서 살았던 것이 10년이었다."

다산이 유배를 와서 머물렀던 동문 밖 주막의 사의재

유배지의 오두막집을 사의재四宜齋라고 이름 지은 그는 그 집에서 1805년 겨울까지 만 4년을 살았다. 학문 연구와 저술 활동을 조금씩 시작한 그는 이곳에서 『상례사전』이라는 저술을 남겼는데, "방에 들어가면서부터 창문을 닫고 밤낮으로 외롭게 혼자 살아가자 누구 하나 말 걸어 주는 사람도 없었다. 그러나 오히려 기뻐서 혼자 좋아하기를 '나는 겨를을 얻었구나' 하면서, 『사상례士喪禮』 3편과 『상복喪服』 1편 및 그 주석註釋을 꺼내다가 정밀하게 연구하고 구극까지 탐색하며 침식을 잊었다."는 서문을 남겼다.

다산은 1805년 겨울부터는 강진읍 뒤에 있는 보은산의 고성사 보은산방으로 자리를 옮긴 후 그곳에서 주로 주역 공부에 전념하였다. "눈에 보이는 것, 손에 닿는 것, 입으로 읊는 것, 마음속으로 사색하는 것, 붓과 먹으로 기록하는 것에서부터 밥을 먹거나 뒷간에 가거나 손가락을 비비고 배를 문지르던 것에 이르기까지 무엇 하나인들 『주역』이 아닌 것이 없었소."라고 썼던 시절이었다. 그다음 해 가을에는 강진 시절 그의 수제자가 된 이청李晴(자는 학래鶴來)의 집에서 기거했다. 다산이 만덕산 자락의 '다산초당'으로 거처를 옮긴 것은 유배생활이 8년째 되던

1808년 봄이었다. 뒷날 이곳을 찾았던 곽재구 시인의 시 한 편을 보자.

아흐레 강진장 지나
장검 같은 도암만 걸어갈 때
겨울바람은 차고
옷깃을 세운 마음은 더욱 춥다
(…)
어느덧 귤동 삼거리 주막에 이르면
얼굴 탄 주모는 생굴 안주와 막걸리를 내오고
그래 한잔 들게나 다산
혼자 중얼거리다 문득 바라본
벽 위에 빛바랜 지명수배자 전단 하나
가까이 보면 낯익은 얼굴 몇 있을까
나도 모르는 사이에 하나하나 더듬어 가는데
누군가가 거기 맨 나중에 덧붙여 적은 뜨거운 인적사항 하나

정다산丁茶山 1762년 경기 광주산
깡마른 얼굴 날카로운 눈빛을 지님
전직 암행어사 목민관
기민시 애절양 등의 애민愛民을 빙자한
유언비어 날포로 민심을 흉흉케 한
자생적 공산주의자 및 천주학 수괴
(…)

만덕산 자락에 자리 잡은 백련사白蓮寺에서 동백나무 숲길을 지나 산길을 걸어 가면 정약용의 숨결이 바람으로 남아 있는 다산초당茶山草堂에 이른다. 정약용이

초당 시절 각별하게 지냈던 사람이 백련사에 있던 혜장惠藏선사였다.

혜장선사(1772~1811)는 해남 대둔사의 스님이었다. 나이가 서른 살쯤 되었던 선사는 두륜회(두륜산 대둔사의 불교학술대회)를 주도할 만큼 대단한 학승으로 백련사에 거처하고 있었다. 정약용이 읍내 사의재에 머물던 1805년 봄에 알게 되어 이후 깊이 교류하였다. 정약용이 한때 보은산방에 머물며 주역을 공부하고 자신의 아들 학유를 데려다 공부시켰던 것도 혜장선사가 주선했기 때문에 가능했다고 한다. 혜장은 다산보다 나이가 어리고 승려였지만 유학에도 조예가 깊었으며 문재도 뛰어났다고 한다. 1811년에 혜장선사가 죽자 다산은 그의 비명을 쓰면서 "논어 또는 율려律呂, 성리性理의 깊은 뜻을 잘 알고 있어 유학의 대가나 다름없었다."고 하였다.

사람이 사람을 만나는 곳

정약용이 사의재에서 지내던 때에는 혼자 책을 읽고 쓰면서 읍내 아전의 아이

고려 때 백련결사의 산실인 백련사. 다산 정약용과 교류를 나누었던 혜장선사가 머물렀던 곳이다.

들이나 가끔 가르쳤을 뿐 터놓고 대화할 만한 상대가 없었다. 정약용은 혜장스님과 만나 그와 토론하는 가운데 학문적 자극을 받고 외로움을 달랠 수 있었다.

그 무렵 고향에 있는 아들들에게 보낸 편지의 내용은 다음과 같다.

> "폐족의 자제로서 학문마저 게을리한다면 장차 무엇이 되겠느냐. 과거를 볼 수 없는 처지가 되었지만 이는 오히려 참으로 독서할 기회를 얻었다 할 것이다."

> "너희들이 만일 독서하지 않는다면 내 저서가 쓸데없이 될 테고, 내 글이 전해지지 못한다면 후세 사람들이 다만 사헌부의 탄핵문과 재판 기록만으로 나를 평가할 것이다."

아들들에게 써 보낸 정약용의 애타는 당부는 바로 자신의 삶의 자세이자 다짐이었을 것이다.

다산초당으로 온 후 정약용은 비로소 마음 놓고 사색하고 제자들을 가르치며 본격적으로 연구와 저술에 몰두할 여건을 갖게 되었다.

그때 다산에게 가장 그리웠던 사람들은 누구였을까? 그의 학문적 도반이었던 이벽이나 형제들도 그리웠겠지만 어쩌면 젊은 시절을 함께 모여 놀면서 학문을 논했던 '죽란시사'라는 모임의 친구들이었을 것이다. 젊은 날에 풍류를 즐겼던 정약용은 이치훈, 이유수, 한치응 등 열네 명의 뜻 맞는 선비들과 죽란시사竹欄詩社라는 풍류계를 맺고서 다음과 같은 규약을 정했다.

> "살구꽃이 피면 한 번 모이고, 복숭아꽃이 필 때와 한여름 참외가 무르익을 때 모이고, 가을 서련지西蓮池에 연꽃이 만개하면 꽃구경하러 모이고, 국화꽃이 피어 있는데 첫눈이 내리면 이례적으로 모이고, 또 한 해가 저물 무렵 분에 매화가 피면 다시 한 번 모이기로 한다."

서련지의 연못은 연꽃이 많기도 했지만 꽃이 크기로 소문이 자자했다. 죽란시사로 맺은 선비들은 동이 트기 전 새벽에 모여서 배를 띄우고 얼굴을 연꽃 틈에 갔다 대고는 눈을 감고 숨을 죽인 채 무엇인가를 기다렸는데, 그것은 바로 연꽃이 내는 소리였다고 한다. 잎이 필 때 청량한 미성을 내며, 꽃잎이 터지는 그 아름다운 소리를 듣기 위해서였다.

마치 꽃이슬을 마음속에 떨어뜨리는 듯한 그 청량감, 즉 청개화성聽開花聲을 소중하게 여겼던 선비들이 얼마나 그리웠을까?

정약용은 다산초당에서 "나무 한 그루, 풀 한 포기 병들지 않은 것이 없는" 이 땅과 그 병의 근원을 깊이 들여다보았다. 『여김공후』에서는 "살아서 고향으로 돌아가느냐의 여부는 오직 나 한 사람의 기쁨과 슬픔일 뿐이지만, 지금 만백성이 다 죽게 되었으니 이를 장차 어찌하면 좋으냐."라고 적고 있다. 그는 실학과 애민愛民의 길을 묵묵히 걸어가면서 그 당시 백성들이 직면했던 실상을 「애절양哀絶陽」 같은 시로 남겼으며 그곳에서 유배가 풀려 고향인 능내리로 돌아가기까지 5백여 권에 이르는 방대한 저서를 남긴 것이다.

다산이 그리움을 달래던 천일각

다산이 고향으로 돌아간 뒤 그가 가르쳤던 18명의 제자들이 떠나간 스승을 흠모하고 정을 유지하기 위해 만든 계가 다신계였다. 그들은 청명이나 한식날 스승이 거처하던 초당에 모여 운을 내어 시를 지었다. 그날 고깃값 한 냥은 곗돈에서 내고, 양식 한 되씩은 각자가 가져오기로 약정하였다. 그 뒤 곡우에 어린 차를 따서 덖어 한 근을 만들고, 입하 전 늦은 차를 따서 두 근을 만들어 서찰과 함께 스승에게 보냈다.

다산이 별세할 때까지 이어진 제자들의 스승 사랑에 다산 또한 가끔씩 편지를 보내어 그곳의 경향을 물었다. "동암東菴의 지붕은 잘 이었는지, 뜰에 심었던 홍도는 잘살고 있는지, 차는 철을 놓치지 않고 잘 따고 있는지…" 하고 보낸 그의 편지를 보면 몸은 고향에 있어도 마음은 항상 다산초당 일대를 그리워했던 것을 알 수가 있다.

스승과 제자들의 아름다운 사랑이 머물고 있는 다산초당은 다산이 고난에 찬 한 시절을 보냈는데도 수많은 사람들이 이런저런 연유로 즐겨 찾아가 삶터로서의 공간을 모색하고 있다.

다산초당뿐만이 아니라 추사 김정희가 머물렀던 제주의 대정읍과 조광조의 적소가 있는 화순 능주, 그리고 정약전과 최익현의 유배지였던 흑산도는 아직도 많은 사람이 즐겨 찾는 곳이다.

제4부

세월이 지나간 자리

화개산에서 바라본 교동도 일대

▶▶▶찾아가는 길

강화읍에서 48번 국도를 타고 하점면으로 이어진 길의 끝에 창후리 선착장이 있다. 창후리에서 배를 타고 가면 월선 선착장에 이르고 그곳에서 2~3km쯤 떨어진 곳에 옛 교동현의 중심가인 읍내리가 있다.

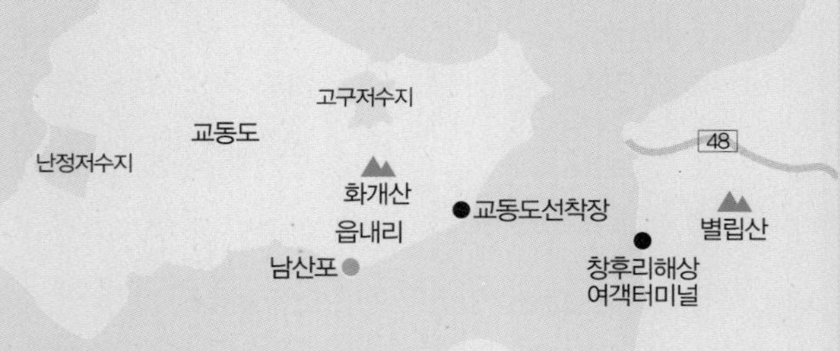

30 인천광역시 강화군 교동도의 남산포

마음이 설레는 그리움의 땅

꼭 한 번은 가 봐야지 하면서도 가 보지 못하고, 꿈만 꾸며 가슴을 설레게 하는 곳이 있을 것이다. 마치 열예닐곱 살 시절에 말 한 번 건네지 못하고 손 한 번 잡지 못하고 짝사랑만 하다가 막을 내린 어설픈 사랑의 기억처럼….

하지만 그토록 가고 싶었던 곳도 막상 그곳에 갔을 때 그 설레었던 마음을 충족시켜 주는 곳은 그다지 흔치 않다. 그러함에도 마음속의 풍경과 너무 잘 맞아떨어져 그 자리에 오래 머무르고 싶은 곳이 있다. 그곳이 바로 강화도에서 배를 타고 가면 닿는 교동도인데, 지금은 교동대교가 개통되어 차로 금세 갈 수 있다.

강화군 하점면 창후리에서 배를 타고 한참을 가야 도착하는 교동도는 육지와 격리된 섬이므로 고려 중엽부터 조선 후기에 이르기까지 단골 유배지였다. 고려 희종이 이 섬에 유배되었고, 조선 시대에는 계유정난癸酉靖難으로 안평대군安平大君이 유배를 왔던 곳이며, 폭군으로 이름을 날린 연산군도 이곳으로 유배를 와서 생을 마감했다.

생각할 때마다 마음이 설레는 곳,

『신증동국여지승람』에는 교동현의 교동도가 다음과 같이 실려 있다.

> "바다 섬에 있는데, 동으로 인화석진寅火石津까지 10리, 서로 바다까지 27리, 남으로 바다까지 11리, 북으로 황해도 배천군白川郡 각산진角山津까지 12리, 경도와의 거리는 182리다."

신라 경덕왕 때 지금의 이름인 교동현으로 고쳐서 혈구군穴口郡의 영현으로 만들었으며, 고려에서 그대로 두고 명종이 감무를 두었다. 조선 태조 4년에 만호를 두어 지현사를 겸했다가 뒤에 현감으로 고쳤으며, 1936년에 두 개 면을 병합하여 교동면이 되었다. 교동도의 남동부에 이 섬의 주산인 화개산(259m)이 우뚝 서 있고, 서부에 수정산이 솟아 있으며 다른 곳은 거의 대부분이 평지이다.

『신증동국여지승람』에 "수정산修井山현 서쪽 25리에 있고 화개산華蓋山은 현의 남쪽 3리에 있다."라고 실려 있는데, 목은 이색은 화개산을 다음과 같이 노래했다.

"바닷속 화개산은 하늘에 닿았는데, 산 위 옛 사당은 언제 지었는지 모르겠네. 제사한 후 한 잔 마시고 이따금 북쪽을 바라보니, 부소산扶蘇山 빛이 더욱 푸르구나."

조선 시대에는 교동현의 북쪽에 있던 각산진角山津(인참진仁站津이라고도 부른다)에서 배를 타고 황해도로 왕래하였다는데 분단 조국이 되고서부터 갈 수 없는 곳이 되고 말았다. 문신文臣 조준趙浚은 교동도를 "서리 내리고 강 맑은데, 기러기 남으니 수많은 돛에 한결같이 석양 비쳤네. 높은 벼슬로 나라 돕는 건 영욕榮辱이 많은데 짧은 돛대로 고기 낚는 것은 시비가 없구나. 들에 깔린 도량은 황금 세계 이루었고 강에 반쯤 내려간 가을 물은 푸른 유리 깔았세라. 갈대꽃 눈 같고 산 모양 그림 같은데 저물어 돌아오니 옷은 비에 흠뻑 젖었네"라고 시를 읊었다. 교동도 부근에서 많이 잡히는 어류는 조기, 숭어, 굴, 바지락, 조개, 낙지, 백하, 청게, 부레 등이고 소금이 많이 생산되었다.

화개산 자락의 화개사

갈대꽃 눈 같고 산 모양 그림 같은데

화개산 북쪽에는 안양사라는 절이 있었다는데 지금도 그 터가 남아 있다. 화개산 북쪽에서 흐르는 궤내는 남쪽으로 흘러 읍내를 감돌며 저수지를 만들고 남산포 앞에서 바다로 들어가는데 게가 많아서 궤내라고 부른다. 옛 시절 현이 있던 읍내리이고 그곳에 교동읍성이 있다.

읍내리를 감싸고 있는 교동읍성은 조선 인조 7년에 현재 화성시의 화량花梁에 있던 수영을 이곳으로 옮기며 함께 쌓은 성이다.

교동읍성의 북문 안에는 부군당府君堂이라는 신당집이 있는데, 이 당집이 만들어진 내력이 이채롭다. 조선 제10대 임금인 연산군이 중종반정으로 쫓겨난 뒤 1506년 9월에 이곳 교동으로 추방되어 와서 살다가 그 집에서 병이 들어 죽은 뒤 인근에 살고 있던 사람들이 연산군과 그의 아내인 신씨의 화상을 모셔놓고 원혼을 위로하는 제사를 지내던 곳이라 한다. 또한, 다른 이야기도 전해 온다. 연산군이 죽은 섣달에 섬 처녀를 하나씩 골라 이 당집에 등명燈明을 드렸다는데, 등명을 드는 처녀는 달거리를 보기 이전이어야 하고 몸에 상처가 없어야 했다. 그런데 한 번 등명을 들고 나면 연산까시라고 해서 귀신이 붙는다고, 혼인을 하려고 하지 않아 육지에 나아가 무당이 되었다고 한다.

임금의 자리에 있었던 12년 동안 연산군은 무오사화戊吾士禍와 갑자사화甲子士禍 등 두 차례의 사화를 통해 수많은 사람들을 죽였다. 그는 아무리 가까운 사람일지라도 그 자신을 비판하는 사람을 용납하지 않았던 전형적인 독재자였으니만큼 그 자신의 말로도 비극적이다. 연산군 재위 12년인 9월 초하루 지중추부사 박원종朴元宗과 성희안成希顔 등이 밤을 틈타 창덕궁을 포위하고 정현왕후 윤씨를 찾아가며 연산군 시대는 막을 내렸다.

한편 이곳 교동도는 조선 전기 당대 제일의 서예가로 이름이 높았던 안평대군이 유배를 왔다가 사사되었던 곳이기도 하다. 안평대군은安平大君은 세종의 셋째 아들로 이름은 용瑢이고 자는 청지淸之, 호는 비해당匪懈堂, 또는 매죽헌梅竹軒이라고 하였고, 1428년에 안평대군에 봉해졌다. 어려서부터 학문을 좋아하고 시문,

문루가 사라진 채 옛 시절을 일러주는 교동 읍성

서화에 모두 능하여 삼절三絶이라고 칭송을 받았던 그는 식견과 도량이 넓어서 많은 사람들의 신망을 받았다. 도성의 북문 밖에 무이정사를 짓고 남호南湖에 담담정淡淡亭을 지어 수많은 책을 수장收藏한 뒤 문인들을 초청하여 시회를 베풀며 호방한 생활을 하면서 김종서金宗瑞 등과도 자주 어울렸다. 계유정난이 일어나자 수양대군은 안평대군을 이 사건에 연루시켜 강화도로 유배를 보냈다가 교동도로 옮겼고, 좌의정 정인지鄭麟趾 등이 임금에게 안평대군을 죽여야 한다고 강박하여 마침내 사사의 명을 내렸는데, 그 죄목에는 "양모인 성씨와 간통하였다"는 내용이 실려 있다.

연산군의 유배지. 이곳에서 생을 마감했다.

한편 읍내리 동쪽에 있던 동진東津은 양서면 인화진과 삼산면 석모리로 건너가던 나루였다. 예전에는 손님들이 많이 드나들어서 전송하는 광경이 매우 볼 만했기 때문에 '동진송객東津送客'이라 하여 이 역시 '교동팔경' 중의 하나였다. 그러나 지반이 자꾸 높아져서 나루를 남산포로 옮기고 말았다.

교동면 인사리에 있는 북진나루터에서 나룻배를 타면 황해도 연백군 호동면 봉화리로 건너갈 수가 있었다. 그러나 바다 건너 황해도는 먼 기억 속의 국토라서 바라보는 것조차 아득할 뿐이다.

이곳을 두고 최숙정崔淑精은 다음과 같은 글을 남겼다.

"푸른 산 높고 높아 육오두六鰲頭에 눌렸는데, 게으른 손 올라서니 먼 근심 없어지네. 물 나라 찬 조수 고기잡이 마을 저물었고, 하늘 끝 지는 해에 바닷물에 가을이 왔구나. 가슴은 활짝 틔어 삼천 리요, 눈길에 멀리 보이는 것 수십 주로다. 둘러앉은 풍류는 누가 가장 씩씩하냐. 술잔 부어 서로 주며 더 놀고 가세."

고려 말과 조선 초기의 문장가인 목은牧隱 이색李穡도 교동도를 보고 다음과 같은 글을 남겼다.

"바닷물 끝없고 푸른 하늘 나직한데, 돛 그림자 나는 듯하고 해는 서로 넘어가네. 산 아래 집집마다 흰 술 걸러내어, 파 뜯고 회 치는데 닭은 홰에 오르려 하네."

또한 옛사람의 시에서도 교동도의 모습이 눈에 잡힐듯이 그려진다.

"한낮에 조수 밀고 얇은 그늘 헤쳤는데, 거룻배 푸른 강물에 한번 띄웠네. 경원전 아래 바람은 처음 순하게 부는데, 화개산 앞에 해는 지려 하네. 이미 시승이 오래 같이 노는 걸 기뻐했는데, 하물며 어부 만난 것이 지금 하는 듯함이랴. 지금 눈병난 걸 자주 후회하는구나. 밤에 잔서를 읽는데 달이 숲에 가득했네."

그러나 이곳 읍내리에 있었다는 교동현의 객사 터나 목은牧隱 이색李穡이 수양하던 곳이라는 갈공사 터는 사람들에게 물어보아도 알 길이 없다.

송나라 사신들이 오고 가던 곳

읍내리에 서서 남쪽 바다를 바라보면 눈앞에 보이는 산이 남산南山인데, 높이가 53m이다. 조선 시대 전망산 봉수가 있어서 서남쪽으로 말도 봉수를 받아 교동현에 전달하였던 이 산은 소나무가 울창하고 바닷바람이 매우 상쾌하다고 하여 진망납량鎭望納凉이라 하였고 교동 8경 중의 한 곳이다.

남산 밑에 있는 마을 이름은 남산포이며 근처에 식파정息波亭이라는 정자가 있었다. 이 정자의 처음 이름은 어변정이었는데, 바로 앞이 넓은 바다이므로 밀려왔다 밀려가는 파도가 볼 만하다고 하여 식파정이라는 이름으로 고쳤다. 고종 28년인 1881년에 부사 민창호閔敞鎬가 중건하였다.

남산 기슭의 읍내리 571번지에는 사신관使臣館 터가 있다. 바닷가의 바위에 정으로 쪼아서 만든 층층대가 있는데, 고려 때 송나라의 사신들이 이곳에 머물렀다가 떠날 때 배에 오르기 쉽도록 만들어 놓은 것이라고 한다. 고려가 망하면서 그 기능을 잃어버렸고 조선 중엽 이후에는 군기고로 쓰다가 통어사 정기원鄭岐源이 창고로 고쳐서 썼던 것을 그 뒤에 방어서 이근영李根永이 읍내로 옮겨 세웠다. 바로 그 옆에 사신당이라는 당집이 있다. 송나라 사신이 임무를 마치고 귀국할 때에 뱃길이 무사하기를 제사 지내던 이 집은 한국전쟁 당시 없어졌는데, 1969년에 다시 세워 뱃사람들이 무사태평을 기원하는 제사를 지내고 있다.

> "외로운 성 사면은 바다인데, 구름과 물이 서로 모여 까마득할 뿐일세. 길이 못가로 났으니 버들을 많이 심었고, 집은 섬에 의지했는데 두루두루 밭을 이뤘네. 누른 소 누운 곳엔 뿌연 연기와 풀꽃들 자욱하고, 흰 새 나는 가엔 이슬비와 비낀 바람 지나가네. 북으로 송도를 바라보니 이내 생각 하염없구나. 뭇 봉우리 높고 높아 퍼렇게 하늘에 닿았네."

여말선초의 문장가 정이오鄭以吳의 시에도 강화도의 모습은 잘 드러나 있다.

물 건너 멀리 섬들이 한 폭의 수채화처럼 보이고 썰물과 밀물이 그리움처럼 반복되는 곳, 바로 그 교동도 남산포에 집 한 채 지어놓고 흐르는 세월과 더불어 산다면 우리네 삶이 마냥 슬프지만은 않으리라.

낙산사의 홍련암

▶▶▶찾아가는 길

양양의 낙산사로 들어가는 7번 국도에서 속초 방면으로 4.5km를 가면 좌측으로 속초공항 쪽으로 가는 325번 군도가 나온다. 그 길을 따라 5km쯤 가면 석교리에 이르고 그곳에서 다리를 건너면 둔전리이다. 다리에서 다시 3km쯤 더 가면 진전사지에 닿는다.

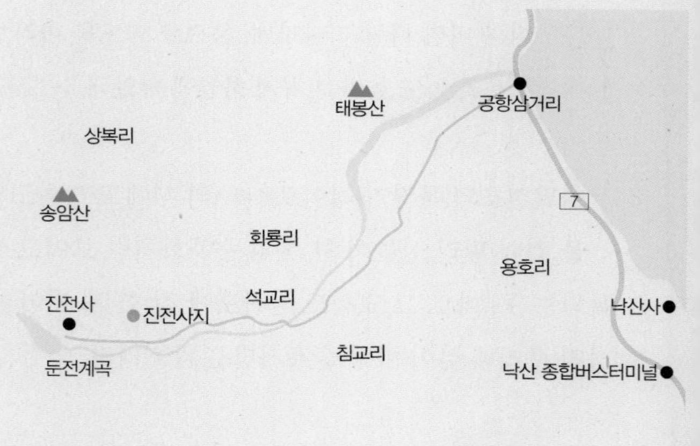

31 강원도 양양군 강현면 둔전리 진전사지 부근

진전사지가 있는 둔전리

동해는 서해나 남해 쪽과는 달리 온 바닷가가 다 해수욕장이다. 태평양을 바라보고 넓게 트인 바다를 따라 펼쳐진 모래사장은 얼마나 아름다운지. 철썩철썩 부딪치며 밀려왔다 부서지는 파도 소리는 또 얼마나 가슴을 시리게 하는지.

그래서였을까? 『택리지』를 지은 이중환은 양양의 낙산사 일대의 아름다운 경관을 다음과 같이 그렸다.

> "해안은 모두 반짝이는 흰 눈빛 같은 모래로 밟으면 사박사박 하는 소리가 나는 것이 마치 구슬 위를 걷는 것과도 같다. 모래 위에는 해당화가 새빨갛게 피었고, 가끔 소나무 숲이 우거져 하늘을 찌를 듯하다. 그 안으로 들어간 사람은 마음과 생각이 느닷없이 변하여 인간 세상의 경계가 어디쯤인지, 자신의 모습이 어떤 것인지 알 수 없을 정도로 황홀하여 하늘로 날아오른 듯한 느낌을 받는다. 그렇기 때문에 한번 이 지역을 거쳐 간 사람은 저절로 딴사람이 되고 십 년이 지나도 그 얼굴에 산수 자연의 기상이 남아 있을 것이다."

온 나라 구석구석을 돌아다닌 방랑자가 이렇게 찬탄에 찬탄을 거듭한 곳이 설악산 자락 양양의 낙산사 일대이다. 그리고 그곳에서 멀지 않은 곳에 아름다운 절터 진전사지가 있다.

답사 중에서 백미는 아무래도 폐사지 답사일 것이다. 절마다 있는 대웅전이나 요사채는커녕 어떠한 건물도 남아 있지 않고 탑 하나 덜렁 남아 있는 경우도 있지만 어떤 폐사지는 탑도 없고 불상도 없고 오직 조각 난 기왓장만 쓸쓸하게 뒹굴고 있는 곳도 있다.

포근한 어머니의 품 같은 마을

또 답사를 다니다 보면 어디선가 본 듯한, 아니 어머니의 품같이 포근한 느낌이 드는 곳이 더러 있는데 그러한 곳 중의 하나가 진전사지가 있는 양양의 둔전리이다. 강현리에서 장산리를 지나서 바라보면 설악산의 회채봉이 멀리 보이고 우측으로는 송암산(764m)이 좌측으로는 관모산(877.2m)이 보이는데, 물치천을 가로지른 석교교를 지나면 둔전리에 이른다.

본래 이곳은 양양군 강선면의 지역으로 조선 시대에 강선역降鮮驛의 토지인 둔전屯田이 있었으므로 둔전동이라고 불리다가 1916년에 행정구역 개편에 따라 강현면에 편입되었고 둔전리로 불린다.

『신증동국여지승람』에 "설악 : 북부 서쪽 50리에 있는 진산이며 매우 높고 가파르다. 8월에 눈이 내리기 시작하여 여름이 되어야 녹는 까닭으로 이렇게 이름 지었다."라고 기록되어 있는데 그 설악산 자락 양양군 강현면 둔전리에 있는 폐사지가 진전사지다.

길이 비좁기는 해도 설악산을 바라보고 들어가는 골짜기 길은 그윽하기 그지없다. 특히 가을이면 감나무에 매달린 붉디붉은 감들로 인하여 설레임으로 가득하다. 그 골짜기가 더욱 깊어지기 전 신라 구산선문九山禪門의 효시 도의선사가 창건한 진전사 터에 닿는다.

도의선사의 자취가 서린 진전사지 삼층석탑

진전사는 통일신라 시대에 창건된 사찰로 추정하고 있을 뿐 정확한 건립 연대는 알 수 없지만 여러 정황으로 볼 때 최소한 8세기 말에 창건한 것으로 보인다. 이 절은 도의道義 선사가 당나라로 유학을 갔다가 821년(헌덕왕 13년) 귀국하여 오랫동안 은거하던 곳으로 절터 주변에서 '진전陳田'이라 새겨진 기왓조각이 발견되어 절의 이름이 밝혀졌다.

도의는 784년(선덕여왕 5년)에 당나라로 건너가 마조도일의 선법禪法을 이어받은 지장에게 배웠고 821년에 귀국하여 설법을 시작하였다. 도의가 신라에 도입해 온 선종은 달마대사가 인도에서 동쪽에 전파한 것으로 "문자에 입각하지 않으며 경전의 가르침 외에 따로 전하는 것이 있으니, 사람의 마음을 가르쳐 본연의 품성을 보고 부처가 된다."는 뜻이었다.

그의 뜻은 다시 마조도일의 남종선南宗禪에 이르러 '타고 난 마음이 곧 부처'라는 뜻으로 이어졌다. "염불을 외우는 것보다 본연의 마음을 아는 것이 더 중요하다."고 외치고 다닌 도의의 사상은 당시 교종만을 숭상하던 시기에 맞지 않는 일이었다. '중생이 부처'라는 도의의 말은 신라 왕권(불교)에서 보면 반역이나 다름없었으므로 '마귀의 소리'라고 배척을 받을 수밖에 없었다.

도의선사는 이곳에 와 40여 년 동안 설법하다가 입적하였으며, 그의 선법은 그의 제자 염거화상에게 이어지고 다시 보조선사 체징(804~880)으로 이어져 맥을 잇게 된다. 보조선사는 구산선문 중 전남 장흥 가지산에 보림사를 짓고서 선종禪宗을 펼쳤는데, 그 뒤의 진전사에 대한 역사는 전해지지 않고 도의선사에 대해서도 알려진 바가 별로 없다.

다만 보림사 보조선사 비문에 "이 때문에 달마가 중국의 1조가 되고 우리나라에서는 도의선사가 1조, 염기화상이 2조, 우리 스님(보조선사)이 3조이다."라는

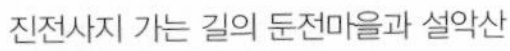
진전사지 가는 길의 둔전마을과 설악산

구절이 있을 뿐이다. 도의선사의 선종은 신라 말에 와서야 지방 토호들의 절대적인 지원을 받게 되었고, 그로 인해 구산선문이 이루어졌다. 그 뒤 고려 중기에 삼국유사를 지은 일연이 이 절의 장로였던 대웅의 제자가 된 것으로 보아 그 당시까지 사세를 이어 왔던 것으로 짐작할 수 있지만 『신증동국여지승람』에 이 절의 이름은 보이지 않는다. 조선 초기에 폐사가 된 것으로 추정되는 이 절에는 국보 제122호이며, 인물탑人物塔이라고도 부르는 진전사지 삼층석탑과 보물 제439호로 지정된 진전사지 부도가 있을 뿐이다. 진전사지는 강원도 기념물 제52호로 지정되어 있다.

설악산 아래 폐사지

1966년 2월 28일 국보 제122호로 지정된 진전사지 삼층석탑은 통일신라 8세기 후반에 세워진 것으로 추정되며, 통일신라 석탑의 전형적인 모습으로 2단의 기단 위에 3층의 탑신을 올려 놓았다. 아래층 기단에는 천의 자락을 흩날리는 비천상飛天像이 사방 각각 둘씩 모두 여덟이 양각되었고, 위층 기단에는 구름 위에 앉아 무기를 들고 있는 팔부신중八部神衆이 사방 둘씩 양각되었다. 1층 탑신에는 사방불四方佛이 각 면마다 양각되어 있다. 지붕돌은 처마의 네 귀퉁이가 살짝 올라가 경쾌하며, 밑면에는 5단씩의 받침을 두었다. 3층 상륜부相輪部에는 머리장식은 모두 없어지고 노반露盤만 남아 있을 뿐이다.

이 탑은 통일신라 시대 전성기의 정교함과 기품을 유지하고 있으면서도 화려하거나 장식적이지 않고 단아한 모습을 하고 있다. 전체적으로는 균형이 잡혀 있으면서 지붕돌 네 귀퉁이의 치켜올림이 경쾌한 아름다움을 느끼게 해 준다. 또한 기단에 새겨진 아름다운 조각과 탑신의 세련된 불상 조각은 진전사의 화려했던 모습을 엿볼 수 있게 한다.

불국사 삼층석탑의 장중함이 이 탑에서는 아담함으로 바뀌었으며, 불국사 삼층석탑이 중대 신라 중앙 귀족의 권위를 상징한다면 진전사지 삼층석탑은 지방

호족의 새로운 문화 능력을 과시한 것이라 할 수 있다.

석탑을 답사하고 산길로 난 오솔길을 따라 오르면, 좌측으로 저수지가 펼쳐지고 우측으로 산길이 나타난다. 이 지역에선 부두쟁이라고 부르는 골짜기를 한참 오르면 부도 앞에 이른다. 우리나라 부도의 일반적인 모습과는 상당한 차이를 보이는 아주 오래된 이 부도는 석탑의 2층 기단부 모습을 가지고 있다. 특이한 형태 때문에 이 부도를 부도의 모습이 구체화되기 이전의 형태, 즉 초기 부도로 보고 있다.

도의선사가 선종을 열기 전 신라의 큰스님(의상, 원효, 자장)들은 어느 누구도 부도를 남기지 않았다. 화엄의 세계에서 큰스님의 죽음은 죽음에 지나지 않았지만 '본연의 마음이 곧 부처'인 선종에서 큰스님의 죽음은 붓다의 죽음과 다르지 않게 보기 시작한 것이다. 그런 연유로 다비한 사리를 모시게 되었고, 부도가 우리나라에 만들어지기 시작했다.

진전사지 부도는 일반적인 다른 부도와는 달리 8각형의 탑신을 하고 있으면서

우리나라에서 최초로 조성된 진전사지 부도

그 아래 부분이 석탑에서와 같은 2단의 4각 기단을 하고 있어 보는 이의 호기심을 자아낸다.

2단으로 이루어진 기단은 각 면마다 모서리와 중앙에 기둥 모양을 새기고, 그 위로 탑신을 괴기 위한 8각의 돌을 두었는데, 옆면에는 연꽃을 조각하여 둘렀다. 8각의 기와집 모양을 하고 있는 탑신은 몸돌의 한쪽 면에만 문짝 모양의 조각을 하였을 뿐 다른 장식은 하지 않았다. 지붕돌은 밑면이 거의 수평을 이루고 있으며, 낙수면은 서서히 내려오다 끝에서 부드러운 곡선을 그리며 위로 살짝 들려 있다.

잘 생긴 석탑을 보고 있는 듯한 기단의 구조는 다른 곳에서는 찾아볼 수 없는 모습이다. 도의선사의 묘탑廟塔으로 볼 때 우리나라 석조 부도의 첫 출발점이 되며, 세워진 시기는 9세기 중반쯤으로 추정하고 있다. 전체적으로 단단하고 치밀하게 돌을 다듬은 데서 오는 단정함이 느껴지며, 장식을 자제하면서 간결하게 새긴 조각들은 명쾌하다.

관모산은 진전사지 뒤쪽에 자리 잡은 산으로 그 생김새가 관과 같다고 해서 지어진 이름이다. 진전사지에 돌담을 쌓은 흔적이 있는 안쪽 골짜기는 성안골이라고 부른다.

탑거리는 진전사 탑이 있는 버덩을 이르는 말이고, 탑이 있는 뒤쪽 골짜기가 탑골, 아래쪽 골짜기는 반찬골이라 부른다.

둔전 서북쪽에는 6·25전쟁 때 소실되어 흔적만 남은 학수암 터가 남아 있고, 둔전리 향산香山에는 물치천이 이루어 낸 폭포인 향산폭포가 있다. 그 모양이 중국 여산廬山의 향로봉 폭포와 닮았다고 해서 지어진 이름이다.

풍수에서는 "가보지 않은 것은 말하지 말라."는 말이 있는데, 진전사지 일대는 마음 비우고 가면 이곳저곳이 제대로 보이면서 '금뢰자金罍子'에 실린 이야기가 눈에 선하게 보일 듯한 곳이다.

어떤 선비가 몹시 가난하게 살면서도 밤이면 밤마다 향香을 피우고 하늘에 기도를 올리는 것을 그치지 않았다. 날이면 날마다 성의를 다하자, 어느 날 저녁 공중에서 갑자기 목소리가 들렸다.

"상제上帝께서 너의 성의를 아시고 나로 하여금 네가 원하는 바를 물어오게 하였다."

이 말을 듣고 선비가 대답하기를

"제가 원하는 것은 매우 작은 것입니다. 감히 말하오자면 이 인생은 의식衣食이나 조금 넉넉하여 산수山水를 유람하며 유유자적하다가 죽었으면 만족하겠습니다."

그러자 공중에서 큰 웃음소리와 함께 다음과 같은 말이 들려왔다.

"그것은 천상계天上界 신선들이 즐기는 낙樂인데 어찌 쉽게 얻을 수 있겠는가? 만일 부귀를 구한다면 가능할 것이다." 하였다.

이 말은 결코 헛된 말이 아니다. 세상에 빈천한 사람은 굶주림과 한파(기한飢寒)에 울부짖고 부귀한 사람은 또 명리名利에 분주하여 종신토록 거기에 골몰한다. 생각해 보건대, 의식이 조금 넉넉하여 아름다운 산수 사이를 유람하며 유유자적하는 것은 참으로 인간의 극락이건만 하늘이 매우 아끼는 바이기에 사람이 가장 쉽게 얻을 수 없는 것이다. 그러나 비록 필문규두蓽門圭竇(사립문과 문 옆의 작은 출입구-가난한 집을 뜻함)에 도시락 밥 먹고 표주박 물 한 잔 마시고서 고요히 방안에 앉아 천고千古의 어진 사람들을 벗으로 삼는다면 그 낙이 또한 어떠하겠는가? 어찌 반드시 낙이 산수 사이에만 있겠는가."

산천이 아름답고 청명한 곳에서 마음 맞는 사람과 정을 나누며 조촐한 행복을 느끼면서 사는 것이 그리 어려운 일이 아닐 것이다. 그런데도 사람들은 이런저런 조건을 붙여 만족하지 못하고 헤매고 있는 것은 아닌지 모른다.

"고요함이 자연이다.(希言自然) 그러므로 회오리바람은 아침나절을 마치지 못하며, 소나기는 종일을 다하여 쏟아지지 않는다.(故飄風不終朝驟雨不終日) 누가 이렇게 하는가? 천지다.(熟爲此者天地)"

노자의 『도덕경』에 나오는 구절처럼 자연에 순응하며 벗하여 살면 한 가지의 도道는 터득할 듯싶다. 더구나 산 좋고 물 좋은 이곳 둔전리의 아늑하고 포근한 마을에서 설악을 뒤에 두고 살아간다면 그 삶 또한 얼마나 아름다울까?

영암사지 가는 길

▶▶▶찾아가는 길

영암사 터가 있는 가회면 둔내리로 가는 길은 여러 갈래이다. 합천군 삼가면 소재지에서 60번 지방도를 따라가면 가회면 소재지에 이른다. 그곳에서 황매산 쪽으로 난 길을 따라 7~8km를 가면 둔내가 나온다. 또한 합천군 대병면에서 1026번 지방도를 따라 7km쯤 가다 칙목 삼거리에서 죄회전하여 둔내리에 이르는 길도 있으며, 산청군 신등면을 거쳐 가는 길도 있다.

32 경상남도 합천군 가회면 둔내리 영암사

언제나 그리운 그곳

나라 안에 있는 수많은 산을 오르내리며 본 바로 우리나라의 산들은 저마다 나름대로 아름다움을 간직하고 있다. 그래서 많은 사람들은 숨겨진 산의 아름다움을 만나기 위해 산을 오르는 수고로움을 마다치 않는다.

누군가 내게 그리 높지 않으면서 다녀오면 후회하지 않을 영남지방 산을 추천해달라고 하면 망설이지 않고 추천하는 산이 있다. 그 산은 해인사 건너편에 있는 매화산과 합천군 가회면에 있는 황매산이다.

황매산黃梅山은 경상남도 합천군 대병면 가회면과 산청군 차황면에 걸쳐 있는 산이다. 산 정상에는 성지가 있고, 우뚝 솟은 세 개의 봉우리가 있으므로 삼현三賢이 탄생할 것이라는 전설이 전해 내려왔다. 이곳에 사는 사람들은 합천군 대병면 성리에서 태어나 조선조 창업을 도운 무학대사無學大師와 삼가현 외토리에서 태어난 조선 중기의 거유 남명 조식, 전두환 전 대통령을 삼현이라 들고 있다. 그 세 사람이 황매산의 정기를 받아 태어났다고 믿고 있으며, 한편에서는 아직 세 번째 인물은 출현하지 않았다고 한다.

황매산의 높이는 1.108m 북쪽 월여산과의 사이에 떡갈재가 있고, 남쪽으로 천황재를 지나 전암산에 이른다. 산 정상은 크고 작은 바위들이 연결되어 기암절벽을 이루고 그 사이에 갖가지 나무들과 고산식물들이 번성하고 있으며 산 정상에서 바라보는 전망 또한 빼어나다. 정상 아래의 황매평전에는 목장지대와 철쭉나무 군락이 펼쳐져 있어 매년 5월 중순에서 하순까지 진홍빛 철쭉이 온 산을 붉게 물들인다. 능선은 남북으로 뻗고, 동남쪽 사면으로 흘러내린 계류들은 사정천을 이루며 양천에 합류된 뒤 경호강으로 유입되며, 북쪽의 사면에는 황강의 지류들이 흘러 나간다.

이 산 중턱에 있는 '무지개 터'라는 작은 연못은 한국 최고의 명당이라는 말들이 전해져 온다. 풍수지리설에 의하면 이곳에는 용마바위가 있어 비룡 상천 하는 지형이므로 예로부터 이곳에 묘를 쓰면 천자가 되며 자손만대 부귀영화를 누린다고 한다. 그러나 이곳이 명당자리이긴 하지만 함부로 묘를 쓰면 온 나라가 가뭄이 들기 때문에 누구도 써서는 안 될 자리라고 한다.

모산재의 깎아지른 벼랑 위에 얹혀 있는 바위 쪽으로 가서 산 아래 자락을 내려다보면 흡사 바위 전시장같이 기기묘묘한 바위들이 찬란하게 펼쳐 있다. 각시바위 위에는 신랑 모양으로 생긴 신랑바위가 얹혀 있고, 탕건바위 남쪽에는 자매처럼 생긴 자매바위가 있다. 구름이 많이 끼어 구름재라 부르는 고개 아래는 들판이 마치 섬처럼 푸르게 펼쳐 보인다. 제비재, 한샘잇재, 곶감논 등 이름도 정다운 그 이름들 속에 내능바위가 보이고, 그 아래에 영암사지가 그림 속의 정원처럼 펼쳐 있다.

경상남도 합천군 가회면 둔내리는 본래 삼가군 둔내면 지역으로 1914년 행정구역을 개편하면서 덕전동, 중심동, 복치동 일부를 병합하여 둔내리라고 지었다. 감바우마을 북쪽에 있는 폐사지廢寺址인 영암사지를 이 지역 사람들은 영암사 구

아름다운 폐사지 모산재 아래 영암사지

질靈岩寺 龜趺로 부른다. 신라 시대의 절터로서 사적 제131호로 지정되어 있는 이 절은 해발 1,108m의 황매산 남쪽 기슭에 있다.

어느 시절이었을까. 절은 망하고 터만 남아 있는 영암사지의 창건 연대는 아직도 알려지지 않고 있다. 비석은 찾을 길 없고 탁본첩만 남아 있는 적연국사자광지탑비명寂然國師慈光之塔碑銘에 "왕은 스님의 간절한 청을 받아들여 물러나 조용히 살 수 있도록 했다. 이에 영을 내려 가수현 영암사에 머물도록 했다."라고 실려 있는 것이 영암사에 대한 유일한 기록이다.

가수현은 삼가현의 옛 이름이라서 이곳이 분명한데, 고려 때인 1014년에 영암사에서 적연선사가 83세로 입적하였다는 기록이 남아 있어 그 이전에 세워졌던 것으로 추정하고 있다.

동아대학교 박물관에서 1894년에 절터의 일부를 발굴 조사하여 사찰의 규모를 부분적으로 밝혀냈다. 그때 밝혀진 바로는 불상을 모셨던 금당과 서금당 · 회랑 등 기타 건물들의 터가 확인되어 당시의 가람 배치를 파악하였다. 특히 회랑이 있었다는 것은 이 절의 품격이 어떠했는가를 알 수 있는 것으로 경복궁의 회랑에서 보듯이 왕조시대에서 회랑은 대체로 왕권의 상징이었다. 경주의 불국사와 황룡사, 익산의 미륵사지 등은 왕실과 깊은 관계였거나 국가적인 중요성을 갖는 절이었다.

영암사지 금당은 개축 등 세 차례의 변화가 있었음이 밝혀졌고, 절터에는 통일신라 때에 제작된 것으로 보이는 영암사지 쌍사자 석등과 삼층석탑, 그리고 통일신라 말의 작품인 귀부 2개가 남아 있다. 그뿐만 아니라 이 영암사지에는 그 당시의 건물의 초석, 즉 당시의 건물 축대석이 잘 보존되어 있으며, 발굴 결과 통일신라 말에서부터 고려 시대 초기에 이르는 각종 기와 조각 등이 다량으로 출토되었다. 그때 출토된 유물 가운데 높이가 11cm인 금동여래입상 한 점은 8세기경에 제작된 것으로 판단되어 영암사지의 창건 연대를 어렴풋이나마 짐작케 해 준다.

일주문도 없고 변변한 건물도 없이 그저 요사채만 지어진 영암사의 돌계단을 오르면 눈앞에 나타나는 것이 영암사 삼층석탑이다. 영암사지 삼층석탑은 높이가 3.8m이며 보물 제480호로 지정되었다. 이중 기단 위에 세워진 전형적인 신라 양식의 방형 삼층석탑으로 하층기단은 지대석과 면석을 단일석에는 가공한 4매의 석재로 구성하였다. 각 면에는 우주와 탱주 1주씩을 모각하였고 그 위에 갑석을 얹었다. 갑석의 윗면에는 2단의 범을 조각하여 상층기단을 받치게 하였다. 탑신부는 각 층마다 옥신과 옥개를 별석으로 만들었고 1층탑은 약간 높은 편이며 2, 3층은 크게 감축되었다.

옥신석에는 우주를 모각하였고, 옥개석은 비교적 얇어서 지붕의 경사도 완만한 곡선으로 흘러내렸으며 네 귀에서 살짝 반전하였다. 처마는 얇고 수평을 이루었으며, 4단의 받침을 새겼다. 상륜부는 전부 없어졌고, 3층 옥개석의 뒷면에 찰주공이 패어 있다. 이 탑은 상층기단과 1층 탑신이 약간 높은 느낌은 있으나 각 부재가 짜임새 있는 아름다운 탑으로 탑신부가 도괴되었던 것을 1969년에 복원하였다.

영암사지 뒤편으로 기암괴석이 신록과 어우러진 황매산이 보이고 그 바로 앞에 아름다운 석등이 있다.

질서도 정연하게 천년의 세월을 견디어낸 석축에 통돌을 깎아내서 계단을 만든 그 위에 영암사지 석등이 외롭게 서 있다.

바라볼수록 아름다운 영암사지 쌍사자 석등

영암사지 쌍사자 석등은 높이가 2.31m이며, 보물 제355호로 지정되어 있는 8각의 전형적인 신라석등 양식에서 간주만을 사자로 대치한 형식이다. 높은 8각 하대석의 각 측면에는 사자로 보이는 웅크린 짐승이 한 마리씩 양각되었고, 하대석에는 단판 8엽의 목련이 조각되었다.

상면에는 각형과 호형의 굄이 있고 한 개의 돌로 붙여서 팔각 기둥 대신 쌍사자를 세웠는데, 가슴을 대고 마주 서서 뒷발은 복련석 위에 세우고 앞발은 들어서 상대석을 받들었으며 머리는 뒤를 향하였다. 갈기와 꼬리 그리고 몸의 근육 등이 사실적으로 표현되었으나 아랫부분에 손상이 많아 바라보기가 안쓰럽다. 상대석은 하대석과 비슷하게 꽃잎 속에 화형이 장식된 단판 8엽의 앙련석이다. 화사석은 8각 1석이고 4면에 장방형 화창을 내었는데 주위에 소공小孔이 있어 창호를 달았던 듯하며, 남은 4면에는 사천왕 입상이 조각되었다. 옥개석의 처마 밑은 수평이며, 추녀 귀에는 귀꽃이 붙어 있고 상륜부는 전체가 없어졌다.

통일신라 말기의 미술품을 대표할 만한 작품인 이 석등은 1933년쯤 일본인들이 야간에 해체한 후 삼가에까지 가져가던 것을 마을 사람들(허맹도를 비롯한 청년들)이 탈환하여 가회면 사무소에 보관하였다가 1959년 원위치에 절 건물을 지으면서 다시 이전한 것이다. 그때 사자상의 아랫부분이 손상을 입었다.

속리산 법주사 쌍사자 석등과 겨룰 만큼 아름다운 쌍사자 석등과 금당의 기단에 새겨져 있는 선녀비천상을 보며, 나는 옛 사람들이 얼마나 지극한 정성으로 이러한 조형물을 만들었을까 하는 생각에 감사한 마음을 금할 길이 없다. 지금은 그을음만 남아 있는 이 석등에 한 시절 불이 켜져 있었을 것이다. 그리고 은은하게 불이 켜진 법당 안에서는 낭랑한 염불 소리와 목탁 소리가 들렸을 것이다. 불심 가득한 사람들이 이 절터로 몰려들고 그들의 기도 소리가 이 절터에 메아리쳤을 것이다.

지극한 정성으로 만든 석물들

금당터를 지나 옆으로 난 길을 따라가면 두 개의 귀부가 남아 있는 서금당에 이른다. 이수와 비신이 없어진 채로 남아 있는 동쪽 귀부는 1.22m이고, 서쪽 귀부는 1.06m로서 보물 제489호로 지정되어 있다. 법당지를 비롯한 건물의 기단들과 석등의 잔해까지 그대로 남아 있어 그 당시 사찰의 웅장함을 알 수 있는데, 이들 귀부는 법당지의 각각 동서쪽에 위치하고 있다. 동쪽 귀부가 서쪽 귀부보다 규모가 약간 큰데 똑바로 뻗은 용과 용두화된 귀두, 입에 여의주를 물고 있는 것 등이

영암사지 삼층석탑

거의 흡사하다. 동쪽 귀부의 등갑에는 전체에 육각으로 된 복각선문을 조각하였고, 등 중앙에 마련한 비좌의 주변에는 아주 정밀하게 사실적으로 묘사한 인동인권문을 조각하였다. 서쪽 귀부는 동쪽 귀부보다 평범하며 등갑에는 역시 복선갑문과 인동문을 조각하였다.

시도 때도 없이 자주 찾아가는 영암사 터에 어떤 날은 우리 일행 외에 아무도 없을 때가 있다. 고색창연한 석탑과 석등만 외롭게 서 있다 보면 문득 옛 사람들의 일화가 떠오르기도 한다.

> 어느 날이었다. 젊은 승려 한사람이 수행이 깊은 선사禪師에게 찾아와 다음과 같이 말했다.
>
> "새로 들어온 사람입니다. 저에게 가르침을 내려 주십시오."
>
> 선사는 그 승려의 물음에 다음과 같이 답했다.
>
> "그렇다면 그대가 들고 온 것을 내려놓게."
>
> 그러자 젊은 승려가
>
> "예? 손에는 아무것도 들려 있는 게 없는데요?"
>
> 그 말을 들은 선사는 다음과 같이 답했다.
>
> "그래? 그렇다면 계속 들고 있게."
>
> 그 말을 들은 젊은 승려는 큰 깨달음을 얻었다.

사람 하나하나가 독립된 우주라고 볼 때, 깨달음을 얻기 위해 평생을 헤매다가 세상을 하직하는 것도 한 우주의 몫이리라. 옛 선인들의 말대로라면 바위가 많고 물이 풍부한 황매산은 어디를 보아도 명산이고 이런 산을 오르내리면 몸과 마음이 저절로 건강해지는 것은 더할 나위가 없을 것이다. 가회면 일대가 마치 분지처럼 보이고, 푸른 대기저수지가 보이는 곳, 영암사지가 있는 가회면 둔내리 감바우 마을에 그림 같은 집 한 채 지어놓고서 사랑하는 사람과 한 시절을 보낸다면 얼마나 좋으랴!

미륵사지 전경

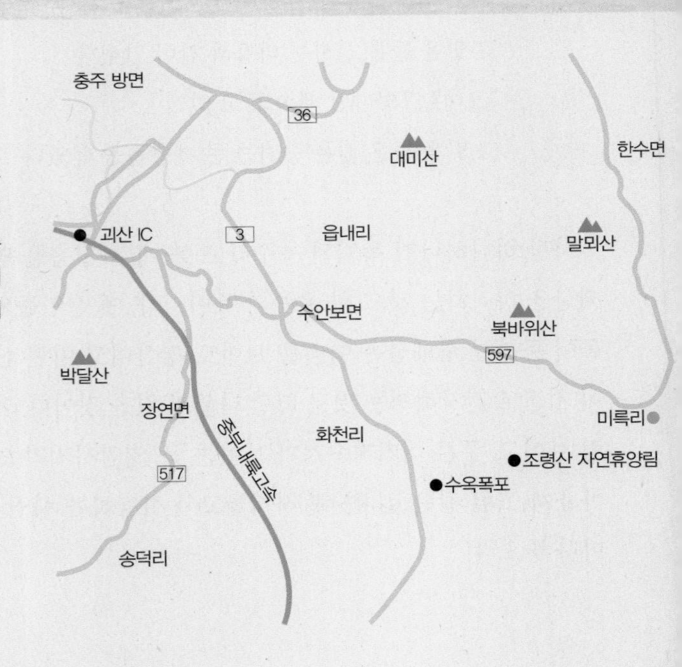

▶▶▶찾아가는 길

충주에서 3번 국도를 따라가면 수안보에 이르고 수안보에서 597번 지방도를 타고 8.3km를 가면 미륵리 버스정류장이 있다. 주차장에서 500미터쯤 가면 미륵리 절터에 이른다.

33 충청북도 충주시 상모면 미륵리

세속을 잊고 살기 좋은 곳

『금낭경』에는 "터의 위치가 털끝만 한 차이가 있어도 복록福祿이 천 리의 격차가 난다."고 하였는데, 온전히 아름다운 땅이란 없다는 의미의 풍수무전미風水無全美라는 말처럼 영원한 것은 세상에 하나도 없다. 세상을 편력하다 보면 그 영화로웠던 곳이 깨어진 기왓장 몇 조각이나 돌 몇 개로 남아 있는 곳이 많다. 하물며 사람의 일이야 말해 무엇하겠는가?

한때는 번성했을 것이라고 추정되는 하늘재 가는 길에 자리 잡은 미륵리 절터는 원래 연풍군延豐郡 고사리면古沙里面의 지역이었다. 미륵당이 있으므로 미륵댕이 또는 미륵동이라고 하였는데, 점말을 병합하여 미륵리라고 해서 괴산군 상모면에 편입되었다. 그 뒤 1963년에 중원군에 편입되었다가 충주시와 중원군이 합쳐지면서 충주시 상모면 미륵리가 되었다.

역사의 길목에 자리 잡은 마을

우리나라 각 지역의 지명은 그곳에 있는 유물이나 역사적 사실에서 유래된 것이 많다. 예를 들면 각 지역에서 가장 흔한 이름이, 돌이나 비석들이 많은 곳을 선돌 또는 비석거리라 하고 새로운 마을이 형성되는 곳을 신촌新村, 또는 신기新基마을이라 한다. 또한 그곳에 미륵이 있으면 미륵리나 미륵말, 미륵당이라 불린다. 전북 익산의 미륵사지처럼 이곳 미륵리 역시 그렇게 생겨 난 이름이다.

수안보를 거쳐 사문리 성문에서 미륵사지가 있는 곳으로 넘는 고개가 지릅재다. 삼국사기에 신라의 8대 임금인 아달라 왕 3년인 156년에 개척되었다고 기록되어 있는 계립령의 일부이다. 계립령은 마골점 혹은 마목현이라고 불렸다. 껍질 벗긴 삼대를 겨릅(사투리로는 지릅)이라고 하니 그것을 한자로 옮기면서 음을 따면 계립鷄立이 되고, 뜻을 따면 마골麻骨 또는 마목麻木이 되었으리라 짐작한다. 계립령 길은 지릅재를 지나 미륵리 하늘재를 넘어 갈평, 문경으로 이어진다. 하늘재는 2년 뒤에 개척된 죽령과 더불어 오랫동안 백두대간을 넘는 주요 교통로로 활용되었다. 고려 말쯤 지름길로 문경새재가 개척되었지만 조선 시대까지 주요 교통로 활용되었다. 그러나 현대에 들어와서 이화령과 죽령에 터널이 뚫리면서 그 기능을 잃고 말았다. 하지만 백두대간을 넘는 최초의 길은 하늘재라고 불리는 계립령이었다는 사실은 기억해 둘 필요가 있다.

미륵말에서 점말로 넘어 가는 재가 옛날에 말들이 쉬어 갔다는 말구리재이고, 지릅재를 넘으면 미륵리 절터가 나타나고 그 길을 따라 올라가면, 한글학회에서 발행한 『한국지명총람』에 하니재 또는 한원령恨源嶺으로 나오는 하늘재다.

미륵리 절터를 먼발치로 두고 하늘재를 오른다. 잘 닦인 길옆에 널찍한 건물터가 있다. 확실하지는 않지만 절에 딸린 부대시설이나 병영이 있었던 것으로 보인다. 대개 큰 고개 밑에는 여관이나 역원, 그리고 절이 있었는데 백두대간이 가로 놓인 하늘재 아래의 미륵사 부근이니 그런 것들이 있었으리라 짐작해 본다.

하늘재라고 쓰인 표지석을 지나 조금 오르면 오른쪽 길가에 부처님 머리 하나가 놓여 있다. 예전에 땅속에 묻혀 있던 것을 파서 꺼내 놓았다 한다. 근처에서 목 부분과 어깨에 이르는 부분이 발견되었다는 기록으로 보아 큰 부처상이 있었을 것으로 추정하지만 어디쯤에 어떤 형태로 세워져 있었는지는 분간할 방법이 없

미륵리 절터 전경

다. 이러한 유물을 볼 때마다 조선이 유교를 받아들이면서 불교가 수난을 당했던 역사를 들여다보는 것 같아 마음이 아파져 온다. 이곳에서 이삼십 분 오르면 하늘재 정상이고, 그곳이 바로 문경시 문경읍 관음리이다.

삼국 시대에서 조선 시대까지 남북간의 교통로였고 남한강 물길과 낙동강 물길을 이어주던 계립령 길에 자리 잡은 곳이 미륵리 절터이다. 이곳은 폐허가 된 채 찾는 사람이 별로 없었는데, 한국전쟁 이후 보살 한 분이 찾아와 칡덩굴을 걷고 세계사라는 절을 일구었다.

1970년대 말부터 발굴조사를 벌여서 나온 유물 가운데 '미륵당 원주院主 명창明昌 3年 대원사주지승원명大院寺住持僧元明'이라고 적힌 기와가 나와 이곳 지명이 미륵리의 미륵대원이었을 것으로 추정하고 있다.

충주 미륵리 오층석탑은 고려 시대의 석탑으로, 높이는 6m로 보물 제95호로 지정되어 있다. 단층 기단 위에 5층의 탑신을 세웠으며, 상륜부相輪部는 노반露盤과 복발覆鉢, 찰주擦柱가 남아 있다. 기단 면석은 자연석에 가까운 큼직한 방형석方形石으로 우주隅柱나 탱주의 표시가 없다. 갑석甲石은 매우 좁은 2매의 판석으로 되어 있고 밑에는 형식적인 부연副椽이 있으며 윗면은 경사가 뚜렷한데 중앙에 역시 형식적인 2단의 굄이 모각되어 있다.

미륵리 석탑을 바라보며

미륵리 오층석탑의 탑신부는 1층 옥개석屋蓋石이 2매일 뿐, 옥신屋身이나 다른 옥개석은 모두 1매씩이다. 각층 옥신에는 옥신의 넓이에 비하여 좁은 우주를 모각模刻하여 형식적인 느낌을 주며 각층의 체감비율도 고르지 않다. 옥개석은 일반형 석탑에 있어서의 옥신과 옥개석의 비례를 따르지 않고 급격하게 좁아져 석탑 전체의 균형과 미관을 손상시키고 있다. 옥개받침은 각 층 5단씩이지만 추녀가 짧아서 6단 받침같이 착각된다. 추녀 밑은 수평이고 윗면의 경사는 매우 급하며 전각轉角의 반전反轉도 거의 없는 편이다. 옥개석 정상면에는 낮은 굄 1단씩을 모각하여 그 위층의 옥신석을 받치고 있는데 이것 또한 형식적이다. 상륜부에는 보반과 복발, 찰주가 남아있는데, 노반은 6층 옥개로 착각하리만큼 큼직하고, 복발

미륵리 절터의 돌 거북

은 조각이 없는 반구형半球形이다. 정상에 찰주가 남아 있는 것은 대단히 희귀한 예이다.

5단의 옥개석 받침과 직선의 추녀는 신라 시대 석탑의 양식을 따른 것인데, 낙수면의 급경사와 각 부 굄대의 형식화, 우주의 모각과 석재의 치석이 고르지 못하고 소략한 것 등은 조형 감각의 둔화를 보여주는 것으로 건립 시기가 떨어짐을 보여준다. 석굴사원은 고려 초기에 건립된 것으로 추정되나 석탑은 고려 중기에 건립된 것으로 여겨진다.

높이 10.6m의 미륵리 석불입상은 보물 제96호로 지정되어 있다. 고려 시대에 유행했던 큰 불상 중의 하나로, 화강암 다섯 덩이를 연결해 거대한 불상을 조성하고, 머리에는 팔각형의 판석 한 덩어리를 올려 놓아 갓으로 삼았다. 양감이 없는 매우 위축된 신체에 비해 얼굴은 평면적이기는 하나 꽤 정성을 들였다. 그러나 낮은 육계와 나발, 초승달 같은 긴 눈썹, 직선적인 눈과 두꺼운 입술 등의 표현은 거불 조성의 거창한 의욕에는 미치지 못하는 기량을 드러내어 불격佛格이 효과적으로 표출되지 못하였다.

미륵리 석불입상은 어깨는 좁으며 위축되었고, 발 아래까지 같은 폭으로 이어져 신체는 입체감이 없는 원통형을 유지하고 있어 괴석塊石 같은 느낌을 준다. 팔 또한 형체만을 겨우 나타냈는데 가늘고 짧은 팔에 비해 가슴에 대고 있는 손은 비교적 커서 어색해 보인다. 왼손에는 연봉連峰 같은 것을 들고 있으나 역시 형식적이고 수인 또한 완벽하지 않다. 통견通肩의 법의는 몇 가닥 선으로 겨우 그 존재만을 표현했다. 이 불상이 보여주는 양식, 즉 머리에 팔각형 갓을 쓰고 있는 점이라든가 양감이 없는 원통형의 신체, 소략하고 생략된 옷 주름의 표현 등은 충청도 지방에서 제작된 고려시대의 석불들, 가령 관촉사 석조보살입상, 대조사 석조보살입상, 안국사지 석불입상 등의 양식과 공통되는 것으로 고려 시대의 퇴화된 조각기술과 충청도의 지방 양식을 보여주는 것이다.

특이한 점은 석불의 얼굴이 유난히 희다는 것인데 그것 때문에 얼굴은 새로 만들어 붙인 것이 아닐까 의심하는 사람들이 많다. 그렇지만 얼굴 아랫부분에는 푸른 이끼가 끼어 있어 신비하고 오래된 느낌이 난다. 또 하나의 의문점은 과거에 돌이 튈 정도로 큰 화재가 났었다는데, 미륵리 석불입상이 저렇게 온전하게 보존되고 있다는 것이 과연 가능한 일일까? 하지만 그 당시를 보지 못한 나로서는 판단을 보류할 수밖에 없다.

오층석탑 옆의 돌거북은 우리나라에서 가장 큰 것으로 원래 있던 자리의 돌을 다듬어 거북을 만들었다 한다. 이 돌거북은 머리 부분을 용의 모습으로 표현했던 나말 · 여초의 돌거북과는 달리 세모진 눈과 동그란 눈, 너부죽하게 다문 입과 조그맣게 뚫린 콧구멍 등이 사실적으로 표현되어 있다. 등 위에는 자그마한 거북이 두 마리가 어미의 등을 기어 올라가는 형상으로 그려져 있고, 등 가운데에 네모지게 비좌를 파 놓았으나 그곳에 세워 있었을 것으로 추정되는 비신은 찾을 길이 없다. 사람들은 그 거북에 기원이라도 하듯 물을 끼얹고 거북의 머리에 동전을 던진다.

절터 건너편에는 큰 바위가 있는데, 그 바위 위에 지름이 1m쯤 되는 둥근 돌이 있다. 전설에서는 이 바위가 고구려 제25대 평원왕의 딸인 평강공주와 결혼한 온달장군이 가지고 놀았던 공깃돌 중 하나라고 한다. 그러나 세계사世界寺 절 사람들은 그 바위를 '보주탑'이라고 부른다.

기록이 없어서 언제 누가 절을 세웠고 폐사가 되었는지 알 길은 없다. 그러나 전해오는 이야기로는 신라 말에 경순왕의 아들 마의태자가 나라의 멸망을 슬퍼하여 이곳에 와서 절을 조성하고 불상을 세운 후 개금강산, 즉 개골산皆骨山으로 들어갔으며, 그의 여동생은 제천의 덕주사 마애불德周寺 磨崖佛을 조성했다고 한다. 그러나 그 이야기는 그리 들어맞지를 않는다. 패망한 나라의 왕자가 이렇게 큰 절을 지을 경제력과 많은 사람들을 동원했을 것 같지는 않기 때문이다. 이 석굴의 규모나 거대한 불상으로 보아 고려 초기 국력이 왕성할 때 국방의 요지인 이곳에 절을 세웠을 것으로 추정하고 있다. 이후 몽고군이 침입한 13세기 중반에 충주 지역에서 몇 차례 큰 싸움이 전개되었다는 기록이 있는데, 이 절 역시 그때 화재를 당해 폐사지가 되었을 것으로 추측할 뿐이다.

절터를 지키는 역사는 오랜 연륜이 무색하게 소박하기 이를 데 없고, 세계사에서 바라보는 월악산 자락은 눈이 부시다. 내촌이라고 부르는 안말이 있고 안말 북쪽에 있는 낮은 고개는 암석이 절벽을 이루어 마치 벼루처럼 검다. 점촌은 안말 서쪽에 있는 마을로 옛날에 사기를 구웠다는 마을이고, 미륵사지가 있는 미륵말을 따라 내려가면 아름다운 송계계곡이 나타난다. 그곳에서 충주댐은 멀지 않다.

동서남북 어디를 보아도 산과 산이 겹겹이 둘러싸인 미륵리 절터에, 옛길과 산천을 벗 삼아 보낸다면 요거크 인디언들의 기도문이 가끔은 떠오를 듯하다.

"나는 거대한 산, 거대한 바위, 거대한 나무, 나의 육체, 그리고 마음과 대화를 나눈다."

해미읍성에 있는 해미현 동헌

▶▶▶찾아가는 길

서해안고속도로가 지나는 서산시 운산면 소재지에서 647번 지방도로를 타고 1.5km쯤 가다가 덕산으로 가는 618번 지방도를 따라 6~7km쯤 가서 우회전하여 들어가면 미륵불이 보이고, 그곳에서 서산 마애삼존불은 멀지 않다. 보원사지는 마애삼존불에서 1.5km쯤 더 들어가면 있다.

34 충청남도 서산시 운산면 용현리 가야산 기슭

시름은 사라지고 입가에 미소가 잡히네

한 나라의 상징을 잡아낸다는 것은 쉽지 않은 일이다. 실재하고 있는 나라도 그러할진대 역사 속에 실재했다가 지금은 흔적만 남기고 사라진 나라의 상징은 더더구나 어려운 일이다. 그중에서도 백제는 더 많은 아쉬움을 남기고 사라진 나라 중의 하나라서 더 어려운 일이다. 그렇다면 백제의 상징은 무엇이며 백제의 진정한 아름다움은 무엇일까? 생각하면 저절로 서산 마애삼존불의 천진스런 웃음이 떠오른다.

'백제의 미소'로 알려진 서산 마애삼존불이 있는 서산시 운산면 용현리는 원래 해미군 부산면 지역이었다. 1914년 행정구역을 개편하면서 보현동, 강당리, 갈동, 용비동과 이도면의 거산리 일부를 병합한 뒤 용현리라고 지은 뒤 서산군 운산면에 편입되었다.

잔잔한 미소가 안개처럼 감싸는 곳

서산 마애삼존불을 찾아가기 위해 용현계곡을 따라가다 보면 맨 처음 만나는 미륵이 있다. 차곡차곡 쌓여진 돌무더기 위에 우뚝 서서 알듯 모를 듯한 미소를 띤 채 서 있는 미륵은 얕은 부조로 장식된 보관과 양손을 가슴에 얌전하게 모으고 있는 자세가 당진 안국사 터의 보살상과 닮아서 고려 시대에 지방화된 보살상이라는 것을 미루어 짐작할 수 있다. 원래는 이 불상이 서 있던 자리에 백암사라는 절이 들어서면서 이 부근에 있던 아흔아홉 개의 절들이 모두 폐사가 되었다는 이야기가 있다. 미륵불을 지나 조금 오르다가 냇가를 건너서 한참 산길을 오르면 벼랑의 끄트머리에 마애삼존불이 새겨져 있다.

이 서산 마애삼존불상은 백제의 분위기를 가장 거리낌 없이 표현한 작품으로 꼽힌다. 운산면 일대 사람들에겐 고란사라고 알려진 서산 마애삼존불은 1959년에야 발견되어 국보 제84호로 지정되었다. 세 부처는 법화경 교리에 의하면 본존인 석가여래입상이 서 있고, 좌측에 제화갈라보살과 우측에 미륵보살이 서 있다고 보기도 한다. 그러나 당시 성행했던 신앙에 의하면 석가세존을 중심으로 관음보살과 미륵보살이 협시하고 있다고 보기도 한다. 석가여래불의 옷맵시에서 중국풍을 연상하기도 하지만 그 얼굴의 눈은 크게 뜬 옛날 양식의 것이면서도 활짝 웃는 미소는 틀림없는 백제의 미소라 아니할 수 없고 그 미소가 신비한 미소라고 불리는 것은 햇빛에 따라서 부처의 표정이 천차만별로 달라지기 때문일 것이다. 그 양옆의 협시보살들 또한 얼굴 가득히 웃음을 띤 여자다운 모습이라서 어떤 사람들의 말로는 살짝 토라진 본부인에 의기양양해서 한껏 기분이 좋은 첩 부처라는 장난스런 이야기도 전해 온다.

하지만 분명한 것은 누구나 편안하게 만드는 너그러운 미소는 고구려의 미소를 백제화한 한국 불상의 독특한 형태로 자리매김 되었음을 알 수 있다.

이 서산 마애삼존불이나 태안 마애삼존불 또는 보원사 터 등의 불교 유적들이 이 서산 일대에 산재해 있는 이유는 6세기 말엽의 백제의 정치사와 밀접한 연관을 가지고 있다.

그 당시의 백제는 한강 유역을 차지하고 있었고 고구려와 사이가 좋았던 시절에는 육로를 통해 중국과 교역을 하고 있었다. 그러나 고구려의 장수왕이 남하정

백제의 미소로 알려진 서산 마애삼존불

책을 펴고 신라에 한강 유역을 빼앗겨 버린 뒤에는 백제는 중국으로 가는 길을 바다에서밖에 찾을 수 없었을 것이라고 한다. 그때 당진과 태안 지역이 중국의 산둥반도와 가장 가까운 곳이었기 때문에 이곳 서산 일대가 교역항이 되었을 것이다. 당시 백제의 수도였던 공주와 부여로 가는 길이 이곳이었고, 또한 중국으로 가는 교역로였으므로 이 길목에다 그들의 안녕과 평안을 비는 큰 절, 즉 보원사나 개심사 같은 절과 서산 마애삼존불, 태안의 마애삼존불, 또는 화전리의 사면 석불이 만들어졌을 것이라고 추정된다.

서산 마애삼존불상 건너편에 있는 바위는 인印바위 또는 인암印巖이라고 부른다. 사면이 돌로 누벼져 있고, 이끼가 끼어 있는데, 상왕象王이 말[斗]만 한 인장을 바위 속에 넣었다는 전설을 지니고 있다. 예전에 이 고을의 원님이 이 인장을 꺼내기 위해서 석공을 시켜 바위를 떨어내려고 하는데, 별안간 구름이 일며 천둥번개가 치고 소나기가 퍼부어서 하는 수 없이 중지하고 돌아갔다는 이야기가 전해져 온다.

한 시름을 잊을 수 있는 곳

서산 마애삼존불상에서 용현계곡을 거슬러 올라가면 용현리에서 가장 큰 마을인 보현동에 이른다. 보현동 동쪽에는 강당동講堂洞 또는 강당리江堂里라고 부르는 마을이 있고 바로 그 근처에 보원사普願寺 터가 있다.

서산 마애삼존불상을 찾아온 답사객들이 대체로 놓치고 가는 답사 코스가 보원사 터이다. 정확하게 어느 때 누가 세웠으며 어느 때 폐사가 되었는지 내력조차 전해오지 않는 보원사는 통일신라 때 의상대사가 세운 화엄십찰 중 한 곳으로 이름을 날렸다고 전해진다.

사적 제361호로 지정된 보원사 터에는 보물 제103호로 지정된 당간지주가 절 앞에 인접하여 서 있다. 원래 세웠던 그 자리에 천 년을 넘게 서 있는 보원사 터 당간지주는 그 높이가 4.2m에 이르는데, 전체적으로 화려하지는 않지만 당간을 받치는 간대杆臺가 보기 드물게 완전한 형태로 남아 있다. 당간지주를 보고 탑쪽으로 가다가 보면 그 서쪽에 보물 제102호로 지정된 석조가 있다. 스님들의 목욕탕 구실을 했을 것이라느니 또는 물을 받아 두는 역할을 했을 것이라느니 등의 말들을 귓전에 흘리며 몇 군데가 깨어진 채로 서 있는 이 석조는 길이가 3.5m에 이르고 높이는 90cm다. 장성한 사람 예닐곱에서 열 명 정도가 들어앉을 것 같은 석조에 몸을 담근 뒤 개울을 건너면 아름다운 오층석탑이 나그네를 맞는다.

눈길 지나는 곳마다 깨어진 기왓장이 오랜 역사 속의 옛이야기들을 들려주는 풍경을 간직한 보원사지 오층석탑은 통일신라 시대 양식을 가장 잘 이어받았으면서도 백제탑의 전형을 가장 잘 간직하고 있다. 높이가 9m에 이르는 이 탑은 하층 기단의 면석을 형식적으로 칸을 나누었는데, 칸칸마다 사자상을 새겨서 열 두 칸에 열두 마리의 사자상이 들어 있다. 사자들은 제각기 다른 자세를 취하고 있고, 발 모양이나 표정들이 매우 생생해서 금방이라도 포효를 하며 뛰쳐나올 것 같은 착각에 사로잡힌다. 상층 기단에도 기둥 모양을 새긴 뒤 한 면에 두 개씩 팔부신장을 새겼는데, 그중 서쪽 면에 새겨진 아수라상이 가장 선명하다. 부여에 있는 정림사탑 이래로 백제탑의 양식을 그대로 이어온 탑으로 평가받는 탑 너머로, 경종 3년(978)에 건립된 법인국사法人國師의 부도와 부도비가 있다.

보원사지 삼층석탑

김정인이 글을 지었고 한윤이 글을 쓴 법인국사 부도비에는 가야산 보원사, 고국사 계증시, 법인삼존대사비라는 제액이 새겨 있으며, 비문에는 법인국사의 생애와 더불어 화엄종이 강력한 전제왕권을 수립하는 사상적 배경으로서 고려왕실의 정신적 지주 역할을 하였다고 기록되어 있다.

부도의 주인공인 법인국사는 나말 여초의 고승으로 경기도 광주에서 태어났다. 자는 대오大悟, 법명은 탑문坦文, 시호는 법인이고 성은 고씨이다. 전설에 의하면 그의 어머니가 꿈에서 귀신과 관계를 하고 있는데, 어떤 스님 한 분이 금빛의 자를 주고 갔다고 한다. 바로 그날 임신이 되어 태어난 사람이 법인국사라 한다.

법인국사는 원효대사가 살던 향성산의 옛 절터에 암자를 지은 뒤 수도를 하다가 장륙사의 신엄화상에게 화엄경을 배우고 신라 신덕왕 3년인 914년에 구족계를 받았다.

그 뒤 925년에 태조의 왕후 유씨가 임신을 하자 왕명을 받고 기도를 올려 아들을 낳게 되자 왕의 신임을 받았다 한다. 그의 기도로 낳은 아들이 고려 4대 임금인 광종이었다. 법인국사는 나이 50세가 되던 해인 949년에 광종이 즉위하자 대궐에서 법회를 베푼 뒤 개경에 새로 지은 귀법사의 주지가 되고 동시에 왕사로 추대되었다.

그때 법인국사가 광종의 즉위를 위하여 조성한 불상이 보원사 터 장륙철불좌상이다. 현재 국립부여박물관에 소장되어 있는 보원사 터 장륙철불좌상은 높이가 2.57m이고, 운산면 철불좌상이라고 부르는 철불좌상은 높이가 1.5m에 이른다.

그러나 조선 중기 때의 『신증동국여지승람』에서도 보원사는 찾아볼 길이 없는 것을 보면 그 이전에 폐사되었음이 분명하다. 들리는 말로는 보원사 주위에 아흔아홉 개의 절이 있다가 백암사라는 절이 들어서자 모조리 불이 나서 없어지고 말았다는 이야기만 남아 있을 뿐이다. 바람도 없는 가을이나 봄날에는 잘 다듬어진 부도비 옆에 몸을 누이고 한숨 자면서 그 옛날 번창했던 절 이야기를 듣는 것도 아름답지만, 몇 개의 문화유산만 남은 폐사지를 이리저리 쏘다녀도 싫지가 않은 곳이 보원사 터이다.

그러나 아쉬움이 드는 것도 한 가지 있다. 예전엔 보원사 터를 빛내 주던 것 중 하나가 내를 건너기 전부터 밭두렁 사이에 늘어서 있던 감나무들과 냇가에 우거진 다래 덩굴이었다. 봄이면 그 연푸른 감잎들이 보석처럼 빛나고 가을이면 붉은 홍시들이 주렁주렁 열렸었다. 휘늘어진 가지를 잡아당기거나 나무를 조금만 올

보원사지 들목에 있는 당간지주

라가면 냉큼 손에 잡히던 홍시를 먹는 재미에 빠져 다음 답사 여정을 놓치기도 했다. 그런데 절터를 정비한다는 핑계로 그 많던 감나무와 다래 덩굴들을 다 베어 내어 흥겹던 풍류 하나를 잃어버리고 만 것이다.

용현리에서 신창리로 넘어가는 고개는 옛날 구리가 나왔다고 해서 구르고개라 한다. 또한 보현동 남쪽에는 용비동龍飛洞 또는 용나름이라고도 부르는 마을이 있는데 마을 안에 용나름이라는 못이 있기 때문이고, 뒷산에는 비룡상천형飛龍上天形의 명당이 있다고 한다. 이 근처에 작은 집 한 채 지어 놓고 이곳저곳 돌아다니다가 아무 데나 드러누워 흘러가는 구름을 바라보며 사는 것도 욕심이라면 욕심일까?

성주사지의 석탑과 석불

▶▶▶찾아가는 길

보령시에서 40번 국도를 따라 성주터널을 지나서 조금 내려가면 성주면 소재지에 이르고, 그곳에서 좌회전하여 1km쯤 더 가면 성주사에 닿는다.

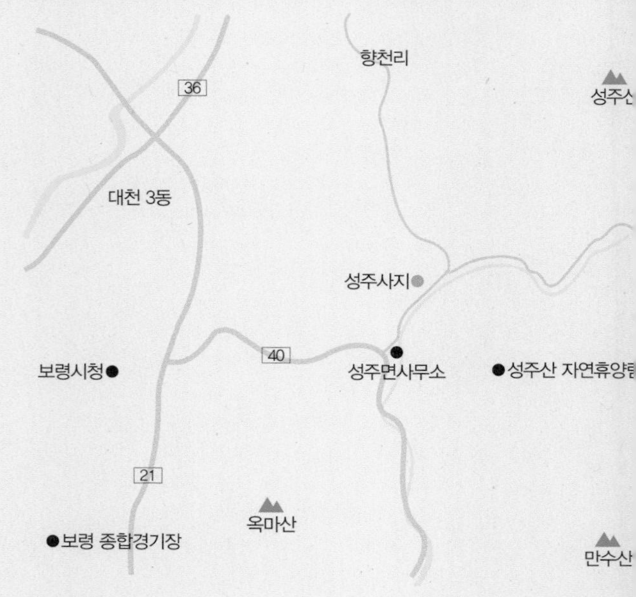

35 충청남도 보령시 성주면 성주리 성주사지

베일에 싸인 명당의 행방

"품성稟性을 내리는 것은 비록 하늘이 정한다고 하지만 화복禍福은 흔히 자기가 구하는 것이다."

풍수학의 고전인 『설심부』에 실린 글이다. 몸과 마음이 편안하고 행복해지는 길지를 찾는 것은 하늘의 뜻도 있지만 자신의 적극적인 노력이 필요하다는 것을 강조한 글이다.

화와 복은 스스로 구하는 것

충남 보령시 미산면은 원래 남포군 북외면이었다가 1914년 행정구역을 통폐합하면서 보령군에 편입되었다. 보령시 미산면의 화개리花開里는 성주산의 목단牧丹이 이곳에 와서 꽃이 핀다고 해서 화개 또는 개화開花라고 부른다. 한때 수많은 사람의 삶의 터전이던 성주탄광이 있었던 곳으로 시간의 흐름 속에서 지금은 이름이 바뀐 자리에 계화초등학교가 서 있다.

예로부터 골짜기가 그윽하고 들이 넓게 펼쳐진 곳마다 대를 이어 사는 부자들이 많았다. 그곳들은 대부분 여러 고을과 잘 통하고 뱃길이 편리하여 서울과도 가까운 곳이었다. 『택리지』를 지은 이중환뿐만 아니라 조선 후기 실학자들은 이러한 지역들을 살 만한 곳으로 보았다. 그 이유는 서울의 사대부들이 바닷길로도 오고 가기가 편리한 곳에 전답을 마련해 놓고 농사를 지은 뒤 그곳에서 생산된 농산물을 손쉽게 보급 받았기 때문이었다. 대개 이러한 곳들은 높은 산이 없어서 큰 골짜기는 없지만, 바닷가에 자리 잡은 한적한 지역이기에 큰 난리가 일어났을 때도 비교적 피해가 적었으므로 사람이 가장 살 만한 곳으로 여겼던 것이다.

부여 쪽 화개에서 석탄박물관 앞을 지나는 40번 국도를 따라가거나 보령에서 40번 국도를 타고 가다 성주터널을 지나면 성주면 성주리에 이른다. 원래 성주리는 남포군 북외면 지역의 성주산 아래이므로 성주골 또는 성주동이라 부른다.

전설에 의하면 옛날 이 산 아래 한 효자가 살고 있었는데 아버지가 죽을 병에 걸렸다. 아들이 근심으로 나날을 보내고 있던 중에 지나가던 어떤 도인이 말하기를, 자기 자식을 죽여 약으로 달여 드리면 아버지의 병이 나을 것이라고 말하였다. 그 말을 들은 효자는 고심 끝에 자기 자식을 죽여 약을 달여 드리자 아버지의 병이 씻은 듯이 나았는데, 바로 그 순간 그가 죽였던 아들이 살아서 문으로 들어서는 것이었다. 깜짝 놀라 여러 가지 정황을 살펴보니 그가 죽인 줄 알았던 아들은 진짜 아들이 아니라 동자삼이었다는 것이다.

성주산聖住山(680m)은 보령시 성주면과 청라면, 그리고 부여군 외산면 사이에 걸쳐 있는 산이다. 무연탄광인 성주탄광이 있었던 곳으로 삼림이 우거져서 목재를 비롯한 임산물이 많이 생산되는 곳이다. 또한, 가을에는 단풍이 아름답고 곳곳에 있는 소나무들이 울창함을 자랑하는 산이라서 찾는 사람들이 많다. 산 이름의 유래는 예로부터 성인聖人과 선인仙人들이 많이 살았으며, 문헌에 의하면 신라 태종무열왕의 8세손인 무염이 당나라에 가서 30년 동안 수행한 뒤 귀국하여, 이 산자락에 있는 오합사에서 입적하였는데 그 뒤 사람들은 성승聖僧이 살았던 곳이라

하여 성주사라 바꿔 부르고 산 이름도 성주산이라고 불렀다고 한다. 성문이 곳곳에 서 있으면서 선禪과 선仙의 규모를 이루며, 기암으로 이루어진 남쪽의 산세에서는 조선 후기에 독립투사를 많이 배출하기도 했다.

성주산에 있다는 팔모단八牡丹이라는 명당

이 산에 보령 출신의 기인奇人 이지함에 얽힌 전설이 있다. 이지함이 조상의 묘를 좋은 곳으로 쓰기 위해 백일기도를 드린 뒤 성주산에 있다는 팔모단八牡丹이라는 명당을 찾아 나섰다. 하지만 비범한 지술地術을 가진 그였지만 산신山神이 도움을 주지 않아 결국 그 명당을 찾지 못했다고 한다. 자신이 가진 능력도 중요하지만 무엇보다도 그곳에 사는 산신의 허락이 있어야만 소망을 이룰 수 있다는 것을 들려주는 말이다.

이 산자락에 구산선문九山禪門 중 하나로 성주산파의 중심 사찰이었던 성주사聖住寺가 있다. 1960년에 출토된 기왓조각으로 인하여 『삼국사기』에 기록되어 있는 백제 법왕 때 창건된 오합사烏合寺가 바로 성주사라는 사실이 확인되었다. 백제가 멸망하기 직전에 적마赤馬가 나타나 밤낮으로 이 절을 돌아다니면서 백제의 멸망을 예시했다고 전해진다.

한편 신라 문성왕 때 당나라에서 귀국한 무염국사無染國師가 김양金陽의 전교에 따라 절을 중창하였고 주지가 되면서 이름이 널리 알려지자 왕이 성주사라는 이름을 내렸다고도 한다.

「숭암산 성주사 사적」에 성주사의 규모가 불전 80칸에 행랑채가 800여 칸, 수각 7칸, 고사 50여 칸이 있었다고 기록되어 있는 것으로 보아 전체는 1천여 칸에 이르렀을 것으로 추정된다.

성주산파의 총 본산으로 크게 발전하였던 성주사에는 한때 2,500명쯤의 승려들이 도를 닦았다고 한다. 임진왜란 때 불에 탄 뒤 중건하지 못하여 폐사지만 사적 제307호로 지정되었다. 절이 번창하였을 때는 쌀 씻은 물이 성주천을 따라 십

리나 흘렀다고 하는데, 절 건물은 간 데 없고 석조물만 큰 절터를 지키고 있을 뿐이다.

성주사지에는 최치원崔致遠이 지은 사산비문四山碑文 중의 하나이자 국보 제8호로 지정된 낭혜화상백월보광탑비郎彗和尙白月寶光塔碑가 있다. 이 비의 주인공인 낭혜화상은 신라 말기의 고승이다. 어려서부터 신동 소리를 들었던 그는 열세 살에 설악산에 있는 오색석사에서 출가하였다. 부석사에서 석징釋澄에게 화엄경을 배우다가 그의 나이 스물한 살 때인 현덕왕 13년(821)에 당나라로 유학을 떠나 당시 당나라에서 유행하고 있던 선 수행에 몰두하였다. 그를 지켜 본 당나라의 여만선사如滿禪師는 "내가 많은 사람을 만나 보았지만 이와 같은 신라 사람을 만나 본 적이 없다. 뒷날 중국이 선풍禪風을 잃어버리는 날에는 중국 사람들이 신라로 가서 선법을 물어야 할 것이다."라며 크게 칭찬했다고 한다.

그가 터득한 깨우침을 가지고 중국의 이곳저곳을 돌아다니며 가난한 사람들을 보살피자 사람들은 그를 '동방대보살東方大菩薩'이라 불렀다고 한다.

25년간의 당나라 유학생활을 마치고 귀국길에 오른 것이 문성왕 7년인 845년이었다. 무염은 웅천지방의 호족이었던 김양의 권고로 오합사의 주지가 되면서 현실과 유리되었던 교종을 비판하기 시작했다. 말을 매개로 하거나 이론에 의존하지 않고 곧바로 이심전심以心傳心하는 것이 올바른 길이라고 하는 무설토론無舌土論을 주창하였다. 그의 혁신적인 사고방식은 많은 사람들의 호응을 받았으며 그가 이곳 성주사에 자리를 잡자 그를 따르는 제자가 급격히 늘어서 2천여 명에 이르렀다고 한다.

구산선문의 하나인 성주산문을 이룬 그는 나이 88세인 888년에 입적했으며, 그가 입적한 지 2년 뒤에 부도와 비가 세워졌다.

신라 진성여왕 4년인 890년에 세워진 낭혜화상의 비는 전체 높이가 4.5m에 달하는 거대한 외형에 듬직하고 아름다운 조각 솜씨를 발휘하여 신라 시대의 비석을 대표하고 있다. 이 비는 귀부龜趺의 일부에 손상이 있을 뿐 거의 완전한 형태로 남아 있다. 비신碑身은 성주가 주산지인 남포오석藍浦烏石으로 되어 있으며, 낭혜

성주사지 전경

화상의 행적이 모두 5천여 자에 달하는 장문으로 적혀 있다. 이 비의 글은 신라의 명문장가인 고운 최치원崔致遠이 지었고, 글씨는 최치원의 사촌동생이었던 최인곤崔仁滾이 쓴 것으로 고어 연구에 귀중한 자료가 되고 있다.

최치원이 지은 나머지 사산비문은 하동 쌍계사의 진감선사부도비眞鑑禪師浮屠碑, 경주 초월산의 대승국사비大乘國師碑, 봉암사의 지증대사부도비智證大師浮屠碑다.

성주사지에는 이 탑비 외에도 신라 말에 건립된 4기의 석탑이 있다. 보물 제19호인 성주사지 오층석탑과 보물 제20호인 성주사지 중앙삼층석탑 및 조각수법이 뛰어난 보물 제47호 성주사지 서삼층석탑, 그리고 충청남도 유형문화재 제40호인 성주사지 동삼층석탑과 석불입상이 있다.

심연동 동쪽에 있는 상수리재는 성주리에서 부여군 외산면으로 넘어가는 재다. 성주탄광聖住炭鑛은 성주산에 있던 석탄광산이고, 수람치기는 성주골 동쪽 심연동으로 가는 도중에 있는 모롱이로 바람이 세게 부는 곳이다.

백운교를 지나 좌측으로 난 길을 따라가면 숭암사崇岩寺라고도 부르는 백운사가 있으며 건너편에는 성주산 자연휴양림이 있다.

충남 보령시 동쪽 성주면 일대에 위치한 성주산 자연휴양림은 산림청에서 폐광지역을 개발하여 조성한 곳이다. 예전에는 휴양림을 포함한 성주면 일대가 광산지역이었는데 1991년에 성주산 내 약 500ha에 이르는 지역을 개발하여 자연휴양림으로 지정한 것이다.

성주산 자연휴양림은 화장골과 심연동계곡으로 크게 나누어지는데 양쪽 모두 관리사무소, 주차장, 야영장이 설치되어 있다. 성주산 휴양림은 봄에는 벚꽃과 더불어 온갖 야생화가 만발하여 자연의 화사함을 만끽할 수 있고, 가을이면 울창한 나무들이 화사한 옷으로 갈아입은 채 저마다 독특한 아름다움을 연출한다. 여러 갈래의 산책 코스를 따라 이곳저곳을 둘러보며 산림욕을 즐겨도 좋지만, 시간이 된다면 성주산 정상에 올라가 옥마산(601.6m), 무량산 등 충청도 일대의 산천을 굽어보는 것도 좋을 것이다.

비록 절은 사라지고 탑만 남았지만 폐사지 근처에서 사는 즐거움은 색다를 것이다. 바람한 점 없는 봄날에 탑 밑에 앉아 역사의 숨결이 배인 기왓장을 들춰내

최치원의 사산비문 중 하나인 성주사 낭혜화상 백월 보광탑비

며 하루를 보내는 것도 운치 있는 일일 것이다. 또한 날이 더우면 절터 아랫자락을 흐르는 성주천에 발을 담근 채 흐르는 세월을 바라보는 것도 이곳에 사는 사람의 특권이라면 특권일 것이다.

천하의 절경 내성천변의 회룡포

▶▶▶찾아가는 길

34번 국도가 지나는 예천군 용궁면에서 924번 지방도로를 따라가면 옛 시절 용궁현의 현청이 있던 향석리에 닿는다. 향석초교에서 유천면 방향으로 조금 가다가 좌회전하여 내성천을 건너면 장안사 가는 길과 회룡포로 가는 길이 나뉜다.

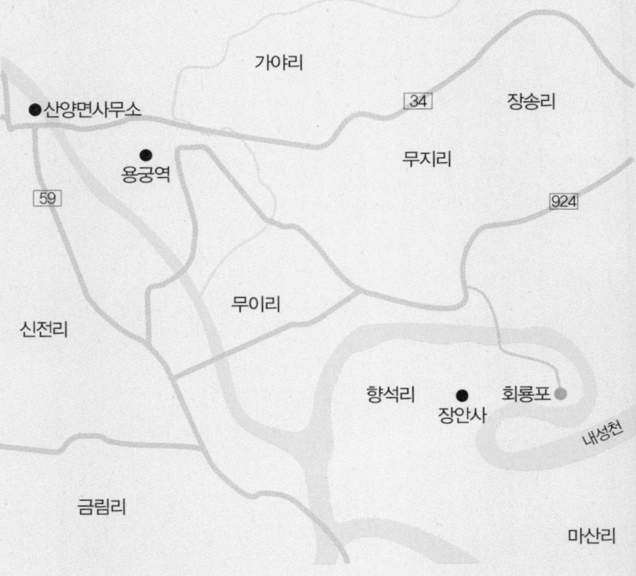

36 경상북도 예천군 용궁면 회룡포

강 가운데에 자리 잡은 천혜의 명당

"찾아 헤매기만 할 것이 아니라 발견을 해야 할 것이며, 판단을 할 것이 아니라 보고 납득해야 할 것이며, 받아들이고 그 받아들인 것을 소화해 내야 한다. 우리 자신의 본성이 삼라만상과 유사하며, 삼라만상의 한 조각임을 깨달아야 한다. 그럴 때 우리는 자연과 진정한 관계를 맺을 수 있다."

독일의 작가인 헤르만 헤세의 『유고 산문집과 비평』에 실린 글이다.

수십 년 동안 전국을 돌아다니다 보니 자연의 신비로움에 눈을 뜨게 되었고, 어느 순간 나도 하나의 자연이라는 것을 알게 되었다. 그러다가 가끔은 나도 자연도 자랑스럽다고 여겨지는 곳과 헤르만 헤세의 글에 가장 합당하다고 여겨지는 곳을 행운처럼 만나기도 한다.

사람이 관여하지 않았는데도 자연 그대로의 모습이 어찌나 신비로운지 입이 다물어지지 않아 멍하니 바라보는 곳, 그러한 곳 중의 하나가 낙동강과 내성천과 금천이 합쳐지는 곳에서 그리 멀지 않은 회룡포回龍浦(의성포義城浦라고도 부른다)이다.

유유히 흘러가는 강물이 갑자기 휘어 돌면서 거의 제자리로 돌아오는 물도리

동으로 이름난 곳은 안동의 하회마을과 조선 중기 정치가인 정여립鄭汝立이 기축옥사로 인해 의문사한 전북 진안의 죽도, 그리고 무주의 앞섬일 것이다. 그러나 그보다 더한 아름다움으로 천하 비경을 자랑하는 곳이 바로 예천군 용궁면 대은리의 의성포 물도리동이다. 대은리는 본래 용궁군 구읍면 지역으로 조선 시대 유곡 도찰방에 딸린 대은역이 있었으므로 대은역, 또는 역촌, 역골이라 부르기도 한다. 이곳에서 내성천을 건너면 장안사에 이른다. 장안사는 신라가 삼국을 통일한 뒤 국태민안을 위하여 나라의 세 곳에 세운 절, 즉 금강산 장안사, 양산 장안사, 예천 장안사 중의 하나이다.

장안사 아랫마을

고려 때의 문인 이규보는 그가 지은 『동국이상국집東國李相國集』의 고율시古律詩에 이곳 용궁현에 와서 원님이 베푸는 잔치가 끝난 뒤에 「십구일에 장안사에 묵으면서 짓다」라는 시 한 편을 남겼다.

> 산에 이르니 진금塵襟을 씻을 수가 없구나.
> 하물며 고명한 중 지도림(진나라 때 고승, 자는 도림)을 만났음에랴
> 긴 칼 차고 멀리 떠도니 외로운 나그네 생각이요
> 한잔 술로 서로 웃으니 고인의 마음일세
> 맑게 갠 집 북쪽에는 시내에 구름이 흩어지고
> 달이 지는 성 서쪽에는 대나무에 안개가 깊구려
> 병으로 세월을 보내니 부질없이 잠만 즐기며
> 옛 동산의 소나무와 국화를 꿈속에서 찾네

장안사의 뒷길로 300m쯤 오르면 전망대가 나타난다. 그곳에서 바라보는 의성포 물도리동은 자연이라는 것이 얼마나 경이롭고 신비로운가를 깨닫게 해 준다.

산수山水가 서로 어울리면 음양이 화합하여 생기를 발하기 마련이며, 그렇기 때문에 산수가 서로 만나는 곳은 길지라고 한다. 그러나 회룡포는 회룡 남쪽에 있는 마을로서 내성천이 감돌아 섬처럼 되어 있으므로 조선 시대에는 귀양지였다. 조선 후기인 고종 때 의성 사람들이 모여 살아서 의성포라고 하였다고도 하고, 1975년 큰 홍수가 났을 때 의성에서 소금을 실은 배가 이곳까지 왔으므로 의성포라 부르기 시작했다고도 한다.

정감록에 실린 십승지지

육지 속에 고립된 섬처럼 떠 있는 의성포의 물도리동은 『정감록』의 비결서에 '십승지지十勝之地'로 손꼽혔고, 비록 오지이지만 땅이 기름지고 인심이 순후해서 사람이 살기 좋은 곳이라고 했다.

회룡포로 가는 길은 두세 갈래가 있다. 예천군 호명면에서 내성천변에 가로 놓인 개포면의 경진교를 지나서 내성천의 제방둑을 따라가는 13km 길이 그 하나이다. 경진리京津里는 안동지방 사람들이 서울로 가는 길목이라서 '서울나드리' 또는 '경진京津'이라고 부르는 나루터로 내성천과 한내漢川가 합류하는 지점에 있다. 또 하나의 길은 개포면 소재지에서 신용리를 지나 경진교에서 온 길과 만나서 이르는 10km 길이고, 마지막 길이 신당에서 회룡교를 지나 회룡마을에서 내성천을 건너 가는 길이다. 회룡포를 들어갈라치면 새하얀 모래밭 위에 길게 드리운 철판 다리를 만나게 되는데, 공사장 철판을 연결하여 다니는 임시 다리이다. 그러나 발아랫자락을 흐르는 내성천의 물소리를 들으며 낭창낭창 휘어지는 철판을 걸어가는 느낌은 말로 표현할 수 없이 재미가 있다. 그런가하면 마을 사람들은 4륜구동 경운기를 이용하여 생필품과 농기구 등을 운반하기도 한다. 그 철판 다리를 건너가면 11가구가 오순도순 모여 사는 의성포 마을이 있다.

경진교를 지나서 오는 자동차 길은 아직도 비포장 길이 대부분이어서 조금은 걱정스러운 마음을 가지고 회룡포를 찾아가지만 그렇게 우려할 정도는 아니다.

하지만 좌측으로 유장하게 흐르는 내성천의 강물 소리도 소리지만, 건너편 만화리 마산리 일대의 병풍 같은 산들을 바라보며 가는 길과 비포장 흙길이 주는 편안함이 말 그대로 한적한 아름다움이 무엇인지를 깨닫게 해 준다.

나 자신을 축복하고 나 자신을 노래하고

회룡포 주민들은 그림 같은 농토에서 농사를 짓고 살아서인지 인심 또한 후하기로 소문이 자자하다.

"나 자신을 축복하고 나 자신을 노래하고 한가로이 노닐면서 내 영혼을 불러들인다."는 휘트먼의 싯구가 생각날 만큼 아름다운 의성포를 따라서 내려가면 만나는 나루가 삼강나루이다.

예천군 풍양면 삼강리는 본래 용궁군 남산면의 지역으로서 낙동강, 내성천, 금천錦川의 세 강이 마을 앞에서 몸을 섞기 때문에 삼강三江이라 하였다. 물맛이 좋기로 소문난 예천의 물줄기는 모두 한 곳에서 만난다. 안동댐에서 흘러내린 낙동강의 큰 흐름이 태백산 자락에서 발원한 내성천과 충청북도 죽월산에서 시작하는 금천을 이곳 풍양면 삼강리에서 만나는 것이다.

예로부터 "한 배 타고 세 물을 건넌다."는 말이 있는 삼강리는 경상남도에서 낙동강을 타고 오르던 길손이 북행하는 길에 상주 쪽으로 건너던 큰 길목이었다. 또 삼강리는 낙동강 하류에서 거두어들인 온갖 공물과 화물이 배에 실려 올라와 바리 짐으로 바뀌고 다시 노새나 수레에 실려 문경새재를 넘어갔던 물길의 종착역이기도 했다. 여기에서 낙동강 줄기를 따라 더 올라가면 안동 지방과 강원도 내륙으로 연결된다.

안동댐이 건설되기 전에는 500m가 넘었고, 서울로 가던 소몰이꾼들이 소를 싣고 건너던 삼강나루엔 이제 나룻배 대신 현대식 다리가 놓여 있다. 조선 후기까지만 해도 낙동강을 오르내리던 소금배들이 물물교환을 했다는 이곳엔 이 시대의 마지막일지도 모르는 주막酒幕이 남아 있다. 바람이 거세게 불면 무너질 듯한 집

회룡포 부근의 내성천

채 곁엔 오래 묵은 회화나무(홰나무)가 풍상을 함께 하며 서 있다.

2005년에 90세를 일기로 작고한 유옥연 할머니가 꽃다운 나이에 재 너머 풍양면 우망리에서 이 마을로 시집을 왔단다. 그러나 행복했던 시절도 잠시 청상과부로 세 살배기 막내아들을 등에 업고 이 주막으로 들어온 때가 서른여섯이었다.

이후 새마을 운동이 시작되면서 낙동강 아래 위로 다리가 놓이자 사공이나 길손의 발길도 끊어져 버리고 근근이 흐른 세월이 60여 년, 사람들은 아흔을 앞둔 그 주모를 '뱃가할매'라고 불렀다 한다.

지금은 세월 따라 변해버린 주막에 들러 지난날 길손들이 술을 마셨을 마루에 앉아 있으면 바람이 지나가면서 옛이야기를 들려줄 뿐이다.

시골에 있는 외딴 주막은 대부분이 서민들이 이용하는 곳으로, 길가는 나그네는 물론이고 이 장 저 장 떠돌아다니는 상인들이 많이 이용하였다. 주막의 기능 중에 가장 두드러진 것은, 첫째는 손님에게 술을 파는 것이요, 둘째는 요기를 할 수 있는 밥을 제공하는 것이며, 셋째는 숙박처를 제공하는 일이다. 다음으로, 많은 사람들이 오가는 곳이어서 정보의 중심지 구실을 하였고, 서로 수준이 다른 사람들이 함께 모이는 곳이어서 문화의 전달처 구실을 하였다. 그런가 하면 피곤한 나그네에게는 편안한 휴식처가 되었고, 여가가 많은 사람들에게는 유흥을 즐기는 오락장 구실도 하였다.

이긍익李肯翊의 『연려실기술』에 기록되어 있는 주막에서 있었던 이야기를 한 토막 소개하면 다음과 같다.

"정승 맹사성孟思誠이 고향 온양에서 상경하다가 용인의 주막에서 하룻밤을 지내게 되었다. 주막에 먼저 들었던 시골양반이 허술한 맹사성을 깔보고 수작을 걸어왔다. 그는 '공'자와 '당'자를 말끝에 붙여 문답하여 막히는 쪽에서 술을 한턱내기로 하자는 것이었다. 맹사성이 먼저 "무슨 일로 서울 가는공?"하니 그 양반이 "과거보러 가는당." 하였다. "그럼 내가 주선해 줄공?" 하니, "실없는 소리 말란당." 하였다. 며칠 뒤 서울의 과거장에서 맹사성이 그 시골양반을 보고 "어떤공?" 하였더니 그는 얼굴빛이 창백해지면서 "죽어지이당." 하였다. 맹사성은 그를 나무라지 않고 벼슬길을 열어 주었다고 한다."

회룡포의 유일한 다리 뽕뽕다리

언제 가 보아도 내성천이 한가로이 흘러가고 후한 인심이 지금도 살아 있는 그곳이 지금도 나는 눈에 아른거린다. 언젠가 '6시 내 고향'이라는 텔레비전 프로그램에서 삼강나루터에 예전의 주막을 고쳐서 새로 열었다는 소식을 들었다. 마을 아주머니 셋이서 주모 공채에 나와 노래도 부르고 부침개도 부치고 술도 마시는 풍경도 보았다. 술을 좋아하지 않는 사람일지라도 회룡포 부근을 소요하다 주막에 들러 따뜻한 이웃과 더불어 술 한잔 나눌 수 있다면 이 얼마나 가슴이 따뜻해져 올까?

▶▶▶ 찾아가는 길

거창에서 안의 쪽으로 3번 국도를 따라 가다가 마리휴게소에서 우회전하여 37번 국도를 따라간다. 마리면 율리에서 좌회전하여 37번 지방도로를 따라 3km쯤 가면 정온 고택이 있는 강천리에 이르고 수승대는 바로 근처에 있다.

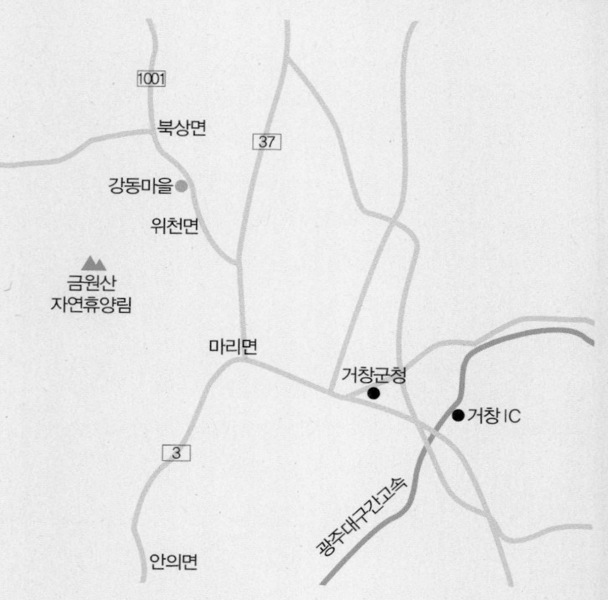

37 경상남도 거창군 위천면 강천리 강동마을

역사가 살아 숨 쉬는 명당

거창군 위천면 강천리 강동마을에 동계桐溪 정온鄭蘊 선생의 아름다운 옛집이 있다. 강동마을은 본래 안의군 고현면 지역으로 새앙골, 또는 강동, 강천이라고 부르다가 1914년 행정구역 개편에 따라 마항동과 병합하여 강천리라는 이름으로 위천면에 편입되었다.

정온은 벼슬이 이조참판에까지 이르렀으며, 광해군 때 영창대군의 처형을 반대하다가 십여 년간 귀양살이를 하였다. 병자호란 때에는 청나라 군사가 남한산성을 포위하자 명나라를 배반하고 청나라에 항복하는 것은 옳지 못하다 하였다. 인조가 청 태종에게 항복하기 위해 남한산성에서 내려가자 스스로 칼로 배를 찔러 죽으려 했다. 정온의 아들이 창자를 배에 넣고 꿰매었고 그는 오랜 시간 후에 깨어났다고 한다. 정온은 전쟁이 끝나고 청나라 군사가 돌아가자 고향으로 돌아가 다시는 조정에 나가지 않았다. 그 지조를 높이 산 정조 임금은 제문祭文과 함께 한 편의 시를 지어 보냈다고 한다.

세월이 흘러도 푸른 산이 높고 높듯

천하에 떨친 정기 여전히 드높아라.

북으로 떠날 사람 남으로 내려간 이, 그 의로움 매한가지,

금석같이 굳은 절개 가실 줄이 있으랴.

그러나 흐르는 세월은 지조 높았던 충신의 후손이 왕조를 뒤엎기 위해 선조와 다른 길을 걷게 되었는데, 그가 바로 정온의 후손으로 안음에 거주하다 순흥으로 이사 했던 정희량鄭希亮이다. 그는 1728년 이인좌 · 박필현朴弼顯 등과 함께 공모하여 역모를 꾀하였다. 영조가 임금에 오른 뒤 벼슬에서 물러난 소론 일파의 호응을 받아 이인좌를 원수로 하여 군사를 일으킨 뒤 청주를 습격하였다. 한때 정희량은 안음 · 거창 · 합천 · 삼가 등의 고을을 제압하였으나 오명항嗚命恒이 이끄는 관군에 패배하였고 그 뒤 정희량은 거창에서 체포되어 참수당했다.

『신증동국여지승람』의 「연혁」편에는 "역적 정희량이 역모하여 혁폐하고, 현의 땅을 함양과 거창에 분속시켰다." 라고 기록되어 있는데, 이후 안의 사람들뿐만이 아니라 경상도 사람들은 벼슬길에 오르지 못하다가 백여 년의 세월이 흐른 1815년에야 다시 복권이 되었다. 하지만 일제에 의한 행정구역 개편 때 안의군은 면으로 바뀌어 오늘에 이르렀다.

『동국여지승람』「안음현」조에 실려 있는 "억세고 사나우며 다투고 싸움하기를 좋아한다."는 말 탓인지 함양군 사람들은 흔히 "안의 송장 하나가 함양 산 사람 열을 당한다."라고 말한다. 이 말은 그만큼 안의 사람들이 기질이 세다는 말이다. 정희량의 난과 관련된 지명이 위천면 대정리에 있는 보름고개이다. 동촌 동쪽에 있는 이 고개에서 이인좌와 정희량 두 사람이 서울에 있는 보름고개에서 만나자고 한 것을 잘못 듣고서 이곳에서 보름을 기다리다가 관군에게 패배한 통한의 장소라는 것이다.

당시는 안의현이었다가 현재는 거창군 위천면 강천리로 행정구역이 바뀐 강동마을의 중심에 정온의 고택이 있고 여든이 넘은 종부宗婦가 그 집을 지키고 있다. 남방적 요소가 강하면서도 북방적 요소가 뚜렷한 우리나라 건축문화의 이중성

을 잘 보여준다는 평가를 받고 있는 정온 고택의 솟을대문에는 선홍색 바탕에 하얀 글씨로 '문간공동계정온지문文簡公桐溪鄭蘊之文'라는 글이 쓰여 있다. 이것은 정려旌閭라고 부르는 정문旌門인데, 조선 시대에 좋은 풍속을 북돋우기 위해서 충신, 효자, 열녀에게 나라에서 내리던 표창의 하나로 인조 임금이 내린 것이라고 한다. 좋은 문간채, 사랑채, 중문채, 안채, 곳간채, 뜰아래채, 사당과 집을 둘러싼 담장으로 이루어 있다.

아름다운 조선집이 있는 마을

고택의 사랑채 상량대에 적힌 묵서명墨書銘에 의하면 조선 순조 20년인 1820년에 세운 것으로 밝혀진 이 고택은 조선 후기 사대부 주택 연구에 귀중한 자료가 된다고 평가되어 중요민속자료 제205호로 지정되었다. 한번은 미닫이 문이 아름다운 동계 정온의 안채 마루에서 이 집의 종부에게서 다음과 같은 이야기를 들었다. "내가 경주의 13대 만석꾼으로 이름난 최 부잣집 큰딸이고, 하회마을 유씨(유성룡)의 종부는 바로 아래 동생이여, 우리 시고모가 해남 윤씨(윤선도) 집으로 시집을 갔어."

정희량의 난 이후 주모자들은 쑥대밭이 되고 그나마 남은 남인들은 정국에서 소외당할 수밖에 없었다. 그 남인들은 자구지책으로 같은 파벌끼리 혼사를 맺어 그 맥을 이어 가야 했다. 그 말을 들으니 요즘 재벌이나 정관계의 고위 인사들의 서로 얽히고 얽힌 혼맥을 보는 듯 혼맥을 통해서 파벌의 끈을 그렇게 이어갔다는 사실이 가슴을 먹먹하게 하였다.

강동마을 앞에는 강동집앞이라는 논과 사구배미라는 논과 다람바위라는 바위 이름이 있다.

이중환이 "안음 동쪽은 거창이고 남쪽은 함양이며 안음은 지리산 북쪽에 있는데, 네 고을은 모두 땅이 기름지다. 함양은 더구나 산수굴山水窟이라 부르며, 거창·안음과 함께 이름난 고을이라 일컫는다. 그러나 안음만은 음침하여 살 만한 곳이 못 된다."고 말한 이유도 거기에 있다.

옛 시절 안음현이었던 거창군 위천면 강천리와 황산리 사이에 수승대搜勝臺가 있다. 밑으로는 맑은 물이 흐르고 조촐한 정자와 누대가 있으며 듬직한 바위들이 들어서 있는 수승대는 거창 사람들의 소풍이나 나들이 장소로 애용되는 곳으로, 이곳에 서린 이야기들이 많다.

거창군은 예로부터 지리적으로 백제와 맞붙은 신라의 변방이었기 때문에 항상 영토 다툼의 전초기지였다.

그래서 백제가 세력을 확장했을 때는 백제의 영토가 되기도 하였는데, 거창이 백제의 땅이었을 무렵, 나라가 자꾸 기울던 백제와는 달리 세력이 날로 강성해져 가는 신라 쪽으로 백제의 사신이 자주 오갔다. 그때나 지금이나 약소국이 느끼는 설움은 깊고도 깊어 신라로 간 백제의 사신은 온갖 수모를 겪는 일은 예사요, 아예 돌아오지 못하는 경우도 더러 있었다. 그렇기 때문에 백제에서는 신라로 가는 사신을 위해 위로의 잔치를 베풀고 근심으로 떠나보내지 않을 수 없었다.

백제와 신라의 사신들이 이별을 나누던 수승대

그 잔치를 베풀던 곳이 이곳으로, 근심으로 사신을 떠나보냈다 하여 '수송대愁送臺'라 불렀다고 한다. 그러나 넓게 생각해 본다면 절의 뒷간이 '해우소解憂所', 즉 근심을 푼다는 의미의 이름으로 불리는 것처럼, 아름다운 경치를 즐기며 '근심을 떨쳐버린다'는 뜻이 수송대의 원래 뜻이었을 것이고, 더 깊이 생각해 본다면 백제의 옛땅에서 대대로 살아온 민중들이 안타깝고 한스러운 백제의 역사를 각색하여 입으로 전해왔는지도 모른다. 수송대에서 지금처럼 수승대로 바뀐 것은 조선시대에 와서이다.

수승대에서 흐르는 세월을 벗하며

거창에서 널리 알려진 가문 중에 거창 신씨居昌愼氏가 있다. 그들이 자랑스럽게 내세우는 사람이 요수樂水 신권愼權이다. 그는 일찌감치 벼슬을 포기하고 이곳에 은거한 채 학문에만 힘을 썼다. 수승대 앞의 냇가에 있는 거북을 닮은 바위를 암구대岩龜臺라 이름 짓고 그 위에 단을 쌓아 나무를 심었으며, 아래로는 흐르는 물을 막아 보를 만들어 구연龜淵이라 불렀다. 암구대 옆 물가에는 구연재龜淵齋를 지어 제자들을 가르쳤으며, 이곳을 구연동龜淵洞으로 부르기 시작했다. 냇물 건너편 언덕에는 아담한 정자를 꾸미고 자신의 호를 따서 요수정樂水亭이라는 편액을 걸었다. 지금의 요수정은 임진왜란 때 불에 타 버린 것을 1805년에 다시 지은 것이다.

어느날 자연 속에 살던 그에게 반가운 기별이 왔는데, 아랫마을인 영송마을(지금의 마리면 영승마을)에서 이튿날 당대의 이름난 유학자인 이황이 찾아오겠다는 전갈이었다. 1543년 이른 봄날, 정갈히 치운 요수정에 조촐한 주안상을 마련하고 마냥 기다리던 요수를 찾은 것은 퇴계가 아니라 그가 보낸 시 한 통이었다. 급한 왕명으로 서둘러 서울로 가게 된 이황은 다음과 같은 시를 보내고 떠났다.

> 수승搜勝이라 대 이름 새로 바꾸니
>
> 봄 맞은 경치는 더욱 좋으리다.

먼 숲 꽃망울은 터져 오르는데
그늘진 골짜기엔 봄눈이 희끗희끗
좋은 경치 좋은 사람 찾지를 못해
가슴속에 회포만 쌓이는구려.
뒷날 한 동이 술을 안고 가
큰 붓 잡아 구름 벼랑에 시를 쓰리다.

그 시를 받아든 신권은 다음과 같은 화답을 보냈다.

자연은 온갖 빛을 더해 가는데
대의 이름 아름답게 지어 주시니
좋은 날 맞아서 술동이 앞에 두고
구름 같은 근심은 붓으로 묻읍시다.
깊은 마음 귀한 가르침 보배로운데
서로 떨어져 그리움만 한스러우니
속세에 흔들리며 좇지 못하고
홀로 벼랑가 늙은 소나무에 기대어 봅니다.

위천에 있는 수승대의 거북바위

두 사람의 만남은 이루어지지 못했지만 두 사람이 주고받은 시는 만남보다도 더 정에 겨웠다. 이황은 수송대라는 이름의 연원이 좋지 못하다고 생각하여 '수승대'라는 새 이름을 지은 것이며, 그때부터 이곳을 수승대라 부르게 되었다고 한다.

거북바위인 암구대에는 이곳에 찾아왔던 선비들의 이름이 빼곡히 들어차 있으며, 퇴계 이황의 시 옆에 새겨진 시는 거창 지방의 선비였던 갈천葛川 임훈林薰의 시다.

강 언덕에 가득한 꽃 술동이에 가득한 술
소맷자락 이어질 듯 흥에 취한 사람들
저무는 봄빛 밟고 자네 떠난다니
가는 봄의 아쉬움, 그대 보내는 시름에 비길까.

한편 거북바위에는 전설 하나가 서려 있다. 장마가 심했던 어느 해, 불어난 물을 따라 위 고을 북상의 거북이 떠내려 왔다. 이곳을 지키던 거북과 싸움이 벌어져 결국 여기 살던 거북이 이겼으며, 떠내려온 거북은 죽어 바위로 변했는데, 그것이 바로 거북바위라 한다.

그가 생전에 제자들을 가르쳤던 구연재는 구연서원龜淵書院이 되었다. 서원의 문루가 관수루觀水樓인데 정면 3칸, 측면 2칸의 2층 누각 겹처마 팔작지붕으로 기둥은 용틀임을 하는 모양새의 자연스러운 나무를 썼다. 관수루는 조선 시대 회화사에 빛나는 업적을 남긴 문인화가 관아재觀我齋 조영석趙榮祏이 안음(지금의 함양군 안의면) 현감으로 재직하던 1740년에 지었다고 한다.

동계 정온의 그 정갈한 옛집이 있는 강동마을에 터를 잡고서, 한 십여 분만 나가면 도착할 수승대에서 흐르는 강물을 바라보며 한세상을 보내는 것도 괜찮은 일일 듯싶다.

알뫼오름에서 바라본 성산포 일대

▶▶▶찾아가는 길

제주시에서 12번 제주 일주도로를 따라 동쪽으로 동쪽으로만 가다가 보면 성산읍에 이르고, 오조한도교 입구에서 좌회전하여 들어가면 성산읍에 닿는다.

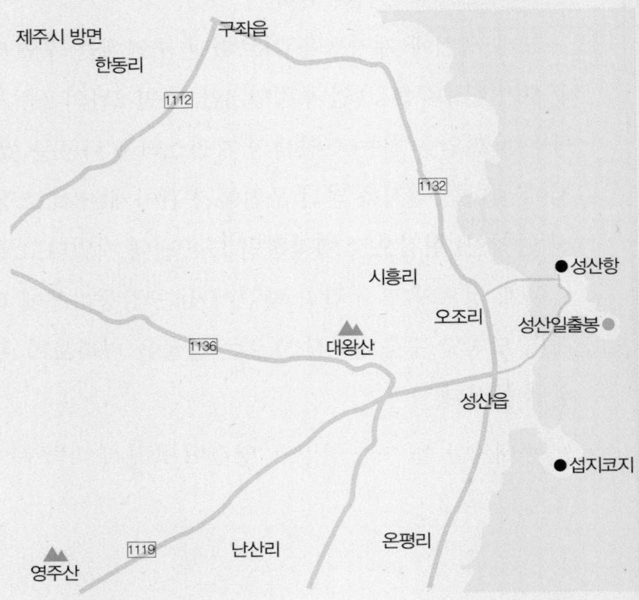

38 제주도 서귀포시 성산읍 성산일출봉 아래

나라에서 이름난 절경-아래 마을

1978년 4월부터 1980년 10월까지 약 2년 반 동안 있는 정 없는 정, 정을 붙이고 살았던 곳이 한국의 최남단에 있는 제주도다. 군대를 제대하자마자 연고도 없는 제주도를 목포에서 무려 일곱 시간 배를 타고 무작정 찾아갔던 것은 소설 속의 이상향 '이어도'에 대한 환상 때문이었는지도 모른다. 그곳에서의 생활은 사실 생각하기조차 힘든 인고의 시절이었다. 지금도 그때를 떠올리면 가슴이 뭉클하면서 다시 가고 싶기도 하고 한편으로는 고개를 저으면서 가고 싶지 않은 곳, 그곳이 바로 제주도다. 그때만 해도 제주도는 개발의 초기 단계라 어느 곳을 가도 그곳만의 옛 풍속들을 많이 볼 수가 있었다.

나의 이상향 이어도

그 시절 나는 쉬는 날이면 그 피로한 몸을 버스에 싣고서 이곳저곳을 뒤지고 다니는 게 휴식이었다. 어느 집이든지 뒷간에 들어가면 요즘 관광객들이 즐겨 먹는 똥돼지를 볼 수가 있었고, 땅값이 올라서 벼락부자가 된 사람들도 매일 공사판에 잡부로 나가는 것을 부끄럽게 여기지 않았으며, 도시락을 들여다보면 보리밥 일색이었다. 농토는 척박하고 가난이 찌든 곳이라서 전해오는 말로 "좁쌀 세 말을 못 먹고 시집을 간다."는 말이 남아 있었는데, 지금은 천지개벽을 한 것처럼 변하고 또 변해서 옛 모습을 상상할 수조차 없게 되었다.

그 당시 내 처지는 말이 아니었다. 그러나 다행스럽게도 지칠 대로 지쳐 쓰러진 내 영혼을 마다하지 않고 받아 주고 어루만져 주던 곳이 있었다. 틈만 나면 자주 찾아가다 보니 나중에는 자그마한 집이라도 사서 살고 싶은 곳이 있었다. 그곳이 바로 성산포였다.

첫새벽 동해바다를 뚫고 솟아오르던 일출도 일출이지만 아흔아홉 개의 봉우리로 감싸인 분화구에 푸른 풀들과 나무들이 마치 나를 향해 존재하는 것 같던 성산포는 본래 정의군 좌면의 지역으로 성산 밑에 있다.

테우리동산은 축항 동남쪽에 있는 동그란 등성이로 목동들이 앉아 망을 보며 점심을 먹었다고 하며, 성산 일광사 남쪽에 있는 수마포水馬浦마을은 조선 시대 목장이 있었던 곳이다. 수마포 동쪽에 있는 터진목마을은 앞이 훤히 터져서 갯물이 드나드는 곳이다.

오정개 동쪽에 있는 용당龍堂은 매년 정월에 마을 주민들이 제사를 지내는 곳이며, 성산에 있는 돌촛대인 등경석燈檠石은 고려 때 삼별초의 김통정 장군이 성산에 성을 쌓고 등경석을 만들어 밤에는 불을 밝히고 적을 감시하였다는 곳이다.

이곳 성산 일출봉에는 세계에서 그러한 예를 찾아볼 수 없을 정도로 키가 큰 설문대 할망의 전설이 전해 온다.

전설에 의하면 설문대 할망은 몸집이 얼마나 크고 힘이 세었던지 삽으로 흙을 떠서 던지자, 그것이 한라산이 되었고 할망이 신고 다니던 나막신에서 떨어진 흙들이 삼백 몇십 개에 이르는 제주도의 '오름'이 되었다고 한다.

오름들 중에 꼭대기가 움푹 파인 것들은 그가 흙을 집어 놓고 보니 너무 많아서 그 봉우리를 발로 탁, 차 버렸기 때문이다. 그는 제주 섬 안의 깊은 못들은 자신의 키로 다 재 보았는데, 아무리 깊은 못이라도 그가 들어가 보면 겨우 무릎밖에 차지 않았다고 한다. 그는 한라산에 엉덩이를 깔고 앉아 한쪽 다리는 제주 앞바다에 있는 관탈섬에 올려놓고, 또 다른 다리는 서귀포 앞바다에 있는 지귀섬이나 대정 앞바다에 있는 마라도에 올려놓고서, 성산포 일출봉을 빨래 바구니로 삼고 우도를 빨랫돌 삼아 빨래를 했다 한다.

어느 날, 설문대 할망은 제주 사람들을 모아 놓고 자기에게 명주 속옷 한 벌만 지어 주면 육지까지 다리를 놓아 주겠다고 했다고 한다. 제주도 사람들은 그 일을 의논하기 위해 모였는데 할머니의 속옷을 만들기 위해서는 명주 100동이 필요했다. 한 동이 50필이니 100동이면 명주가 5천 필쯤 되었다.

그래도 제주 사람들은 다리를 놓는 것이 더 좋겠다 싶어 각자 가지고 있는 명주를 다 내놓아 할망의 속옷을 만들기로 의견을 모았다. 그런데 사람들이 가진 명주를 다 끌어모아도 99동밖에 되지 않았다. 그래도 그것으로 할망의 속옷을 만들고자 했으나 실패하는 바람에 결국 제주와 육지 사이에 다리는 만들어지지 않았다.

제주도를 뺑 둘러 가며 바닷가에 불쑥불쑥 뻗어 나온 곶들은 그때 설문대 할망이 제주도와 육지를 이으려고 준비했던 흔적이다. 남제주군 대정읍 모슬포 해변에 불쑥 솟아오른 산방산은 할망이 빨래하다가 빨랫방망이를 잘못 놀려 한라산의 봉우리를 치는 바람에 그 봉우리가 잘려 떨어져 나왔다고 한다. 그러한 전설이 숨 쉬고 있는 성산 북쪽에는 축항이라는 나루가 있다.

일출봉에서 떠오르는 해를 바라보며

성산城山은 성산봉, 일출봉, 성산성, 성산봉수, 구십구봉 등 여러 이름으로 부르는데, 99개의 바위 봉우리들이 분화구를 성처럼 둘러싸고 있으며 물과 이어진 남쪽 부드러운 능선은 넓은 초원을 이루고 있는 곳이다. 일출봉을 오르는 초입의 초지에서 조랑말을 타는 재미도 있고, 땀 흘리며 오르다 중간중간 쉬면서 보는 한라산과 바다, 아른거리는 해안선, 옹기종기 모여 있는 마을 정경은 기억에 오래 남을 풍경이 될 것이다. 삼면이 바다로 이루어진 성산 일출봉은 깎아 세운 듯한 절벽이 병풍처럼 둘러 있고, 봉우리가 3km 가량의 분지로 되어 있다. 둘레에는 기이한 봉우리가 99개로 이루어져 있는데, 이곳에 올라 바라보는 해 뜨는 광경은 그 장관이 나라 안에서는 물론이고 세계 제일이라고 알려져 있다. 지방기념물 제3-36호로 지정된 성산 일출봉은 역사적으로도 의의가 있는 곳이다. 삼별초의 김통정金通精 장군이 토성을 쌓고 적을 방어하였던 곳이며, 조선 시대에는 봉수대가 있어서 북쪽으로 수산봉수, 남쪽으로 독자악봉수에 응하였다.

성산포에서는 이생진 시인의 「그리운 바다 성산포」를 읽는 것도 좋다.

> (…)
> 저 섬에서 한 달만 살자.
> 저 섬에서 한 달만 뜬눈으로 살자
> 저 섬에서 한 달만 그리움이 없어질 때까지!
>
> 성산포에서는 바다를 그릇에 담을 수 없지만
> 뚫어진 구멍마다 바다가 생긴다.
> 성산포에서는 뚫어진 그 사람의 허구에도 천연스럽게 바다가 생긴다.
> 성산포에서는 사람은 절망을 만들고
> 바다는 그 절망을 삼킨다.
> 성산포에서는 사람이 절망을 노래하고
>
> 바다가 그 절망을 듣는다.

부두에서 바라본 성산포

그리운 성산포, 그래서 살고 싶은 그 성산포, 만약 그곳에서도 지치면 성산포항에서 배를 타고 우도로 가 보는 것도 좋다.

우도는 제주도 북제주군 우도면牛島面을 이루는 섬으로 소섬, 우도, 또는 연평演坪이라고 부른다. 이 섬의 서남쪽에는 커다란 구멍이 있는데 입구는 작은 배 한 척이 들어갈 만하고 조금 더 들어가면 대여섯 척의 배가 머물 만하며, 그 위에는 큰 바위가 지붕처럼 있어 햇빛이나 별빛이 비치면 아주 기운이 음산하고 차서 모골이 송연해진다. 7~8월에는 고깃배가 지나가면 큰 바람이 불고 천둥과 폭우가 쏟아지는데, 마치 신룡神龍이 살아서 조화를 부리는 것 같다고 한다. 해안선 길이 17km로 제주도의 부속 도서 중에서 가장 면적이 넓으며, 성산포에서 북동쪽으로 3.8km, 구좌읍 종달리終達里에서 동쪽으로 2.8km 해상에 있다. 부근에 비양도飛揚島와 난도蘭島가 있다.

1697년(숙종 23)에 국유목장이 설치되면서 국마國馬를 관리 · 사육하기 위하여 사람들의 거주가 허락되었으며 1844년(헌종 10년) 김석린 진사 일행이 입도

하여 정착하였다. 원래는 구좌읍 연평리에 속하였으나 1986년 4월 1일 우도면으로 승격하였다. 섬의 형태가 소가 드러누웠거나 머리를 내민 모습과 같다고 하여 우도라고 이름 지었다.

남쪽 해안과 북동쪽 탁진포濁津浦를 제외한 모든 해안에는 해식애가 발달하였고, 한라산의 기생화산인 쇠머리 오름이 있을 뿐 섬 전체가 하나의 용암대지이며, 고도 30m 이내의 넓고 비옥한 평지이다.

섬의 가장 북쪽에 있는 전흘동은 '돈놀래'라고도 부르는데, 예전에 이 근처 바다에서 돈을 가득 실은 배가 침몰하여서 붙여진 이름이라고 하며, 고수동古水洞은 본래 생수가 없어 빗물을 받아 음료수로 썼다고 한다. 고수동 동쪽에 있는 독진곶은 벋장다리처럼 생겨서 비중다리라고 부르는데, 한 노인이 해마다 정월 초하룻날이면 이곳에서 서울을 바라보고 세배를 하였다고 해서 세배곶이라고도 부른다. 우도에서 떨어져 있는 섬인 비양도飛揚島에서 해 뜨는 광경을 바라다보면 수평선 속에서 해가 날아오르는 것 같다고 하며, 후해동 남쪽에 있는 산인 쇠머리산은 지형이 소의 머리와 같아 우두악이라고 부른다.

우목동은 그 모양이 소의 눈처럼 생겼다고 해서 붙여진 이름이고 천진동은 마

성산포 해변가

을 앞에 큰 개가 있으므로 하늘이 큰 늘이라고도 부른다.

부서진 산호로 이루어진 백사장 등 빼어난 경관을 자랑하는 우도 8경이 유명하며, 인골분 이야기를 비롯한 몇 가지 설화와 잠수 소리, 해녀가 등의 민요가 전해진다. 남서쪽의 동천진동 포구에는 일제강점기인 1932년 일본인 상인들의 착취에 대항한 우도 해녀들의 항일항쟁을 기념하여 세운 해녀노래비가 있으며, 남동쪽 끝의 쇠머리오름에는 우도등대가 있다. 성산포에서 우도나루로 가는 정기 여객선이 한 시간 간격으로 운항한다.

우도항에서 남서쪽으로 바라보는 성산포는 섬이 아니지만 제주도에서 떨어진 섬같이 보인다. 섬에서 보면 섬이 되는 성산포로 가는 바다는 잠잠할 때가 많다. 그러나 성산 일출봉에서 바라보는 바다는 항상 살아 있음을 증명이라도 하는 듯 일렁이고 있다. 그리움의 영원한 고장, 성산포에서 한시절이나마 바다를 바라보고 살 수 있다면 세상의 그 무엇이 부러울까?

추사 김정희가 유배생활을 했던 집

▶▶▶찾아가는 길

제주시에서 서쪽으로 난 12번 도로를 따라가다 보면 서귀포시 대정읍에 이르고 대정읍에서 12번 도로를 따라 3.9km쯤을 가면 수많은 사람들의 한과 슬픔이 서린 유배지 안성리에 이른다.

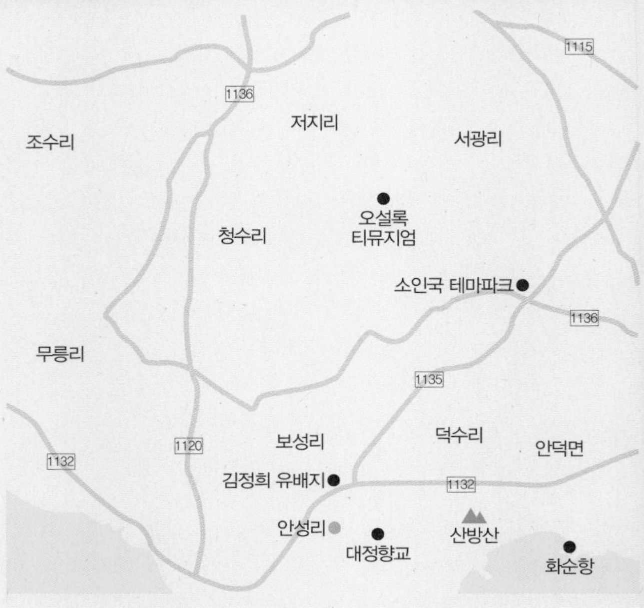

39 제주도 서귀포시 대정읍 안성리

김정희의 자취가 서린 마을

일 년 중 활짝 개는 맑은 날이 적고 바람이 많은 제주도를 일컬어 "땅은 메마르고 백성은 가난하다."고 하였으며, 어떤 이는 말하기를 "꽃은 사월에 피나 봄바람은 사월에 분다."고 하였다. 지금은 비행기로 금세 도착하는 섬이지만 교통이 발달하기 전만 해도 제주도는 육지에서 멀고도 먼 섬이었다. 그래서 예로부터 제주도는 역사 속의 한 많은 유배지였다.

세월 속에 변한 삶터

유배流配는 유형流刑이라고 부르는데 죄인을 먼 곳으로 보내어 유주留住하게 하는 형벌로 오형五刑 중의 하나였다. 조선의 형벌은 대명률大明律에 의거하여 다섯 가지 형벌, 즉 사형死刑, 유형流刑, 도형徒刑, 장형杖刑, 태형笞刑으로 나누었다. 이 중 유배형은 죄를 범한 사람을 차마 사형에는 처하지 못하고 먼 곳으로 보내어 죽을 때까지 고향에 돌아오지 못하게 하는 형벌이다. 귀양, 정배定配, 부처付處, 안치安置, 정속定屬, 충군充軍, 천사遷徙 등으로 표현하였다.

유배는 대개 거리에 따라 2천 리, 2천5백 리, 3천 리 등 3등급으로 구분하여 보냈다. 보내기 전에 반드시 곤장으로 볼기를 치는 장형과 함께 이루어졌으므로 장 100이란 볼기를 100대 맞고 간다는 말이다. 죄인이 의금부나 형조에서 유배의 형을 받으면 도사 또는 나장들이 지정된 유배지까지 압송하여 고을 수령에게 인계하였다. 수령은 조인을 보수주인保授主人에게 위탁한다. 보수주인은 그 지방의 유력자로서 한 채의 집을 배소로 제공하고 유죄인 감호의 책임을 졌으며 그곳을 배소配所, 또는 적소謫所라고 하였다.

그런데 우리나라는 땅이 비좁기 때문에 아무리 먼 곳이라도 중국처럼 3천 리가 되는 곳이 없었다. 그래서 생각해 낸 것이 곡행曲行이라는 편법을 썼다. 정조 때 김약행金若行이라는 사람은 3천 리 유배형으로 기장현으로 배소를 받았는데 그 거리가 970리 밖에 안 되었다. 하지만 3천 리를 꼭 채워야 한다는 여론이 들끓었고 정조에게 밉게 보이기까지 하였다. 결국 한양에서 강원도 평해(지금은 경북 울진군 평해읍)까지 간 뒤에 함경도 단천까지 가서 다시 기장으로 돌아오면 3천 리가 되므로 구불구불 왔다 갔다 하는 방법을 써서 그 거리를 채우게 했다.

배소에서의 유죄인의 생활비는 그 고을 부담의 특명이 없으면 대개 스스로 부담하는 것이 원칙이었으므로 자연히 가족의 일부가 따라갔으나 조선 중기를 지나면서부터는 대부분이 혼자 갔던 것으로 보인다.

조선 시대에 지금의 남제주군의 대정읍인 대정현으로 유배를 온 사람이 많았다. 동계 정온鄭蘊 · 우암 송시열 · 면암 최익현을 비롯하여 추사 김정희도 제주로 유배를 왔었다. 김정희는 이곳에서 9년여의 세월을 보내야 했고 그 지난한 세월이 쌓여 그 유명한 세한도歲寒圖를 남길 수 있었다.

추사 김정희의 적소였던 대정읍 안성리는 당시 대정골성 동쪽 안이 되므로 동성 또는 안성이라 하였으며 대정군청이 있었던 곳이다. 안성 남쪽에 추사가 유배와서 지냈던 김추사 터가 있고, 보성초등학교 앞에는 동계 정온 선생의 유허비가 서 있다.

추사와 동계의 유배지

정온은 대북파들이 영창대군을 역모자로 만들어 강화도로 유배시킬 때 부당하다고 지적하였다. 그 뒤 영창대군이 살해되자 그 부당성을 들어 상소를 올리며 그 일을 주도한 강화부사 정항鄭沆을 문책할 것과 영창대군을 예로써 장례를 치른 후 사후 추증하는 은혜를 베풀 것을 주장하다가 이곳 대정현 인성리에 유배된 것이다. 그때가 1614년이었다.

유배될 적에 수많은 서적을 가지고 온 정온은 대부분 시간을 근방에 있던 유생들을 가르치며 지냈고, 그 나머지 시간은 오로지 독서로써 소일하였다. 『동계집桐溪集』에는 다음과 같은 글이 실려 있어 그 당시 정온의 행적을 엿볼 수 있다.

"대정 백성들은 장유의 차례와 상하의 구분이 없었다. 선생이 이를 구별하여 늙은이를 먼저하고, 젊은이를 뒤에 하여 그 좌석을 구별하였다. 또 연소한 자들을 뽑아 글을 가르치고 인륜을 베푸니 이로부터 장유와 상하가 조금은 조리가 있었다. 또 전후하여 부임해 온 수령들이 모두 무인으로 날마다 백성들을 사냥에 동원시켰으므로 백성들은 농사를 지어서 삶을 영위할 수가 없었다. 선생이 현감에게 말하여 당시 사냥하는 사람들을 모두 농토로 돌아가게 하니 백성들이 모두 선생을 우러러 사모하였으며 귀양에서 풀려 돌아갈 때에는 울면서 그를 따라 친척을 이별하는 것과 같았다."

'십 년이면 강산이 변한다.' 는 말이 있는데, 십 년 유배를 마치고 돌아온 그 세월 속에 변한 것은 정온의 생활뿐만이 아니었다. 그동안 병자호란이 일어났고 조선은 크나큰 위기에 직면해 있었다. 남한산성에서 임금이 내려와 삼전도에서 항복했다는 소식을 전해 들은 정온은 할복자살을 결행하였다. 그러나 가까스로 살아남아 정온은 나라의 충신이 되었지만 역사는 돌고 도는 것이라서 그의 4대손인 정희량은 이인좌의 난에 가담하며 집안 자체가 쑥대밭이 되고 말았다.

정온 선생 뒤에 이곳에 왔던 추사 김정희金正喜는 청나라의 고증학을 기반으로 한 금석학자이자 실사구시의 학문을 제창한 경학자로 불교학에도 조예가 깊었다. 그는 5~6세 때부터 글씨로 이름을 날렸고, 대학자 박제가朴齊家에게서 배웠다. 24세 때 연경燕京에 가서 당대의 거유巨儒 완원阮元 · 옹방강翁方綱 · 조강曹江 등과 교류하면서 경학經學 · 금석학金石學 · 서화書畵에서 많은 영향을 받았다. 1840년(헌종 6년) 윤상도尹尙度의 옥사에 연루되어 제주도로 유배되어 위리안치 되는 형벌을 받았다.

김정희에게 내려진 위리안치라는 형은 유배지에서 달아나지 못하도록 가시 울타리(탱자나무 가시)를 치고 그 안에 가둔 뒤 보수주인保授主人(감호하는 주인)만 드나들 수 있는 가혹한 중형이었다. 지나가는 사람도 볼 수 없는 유배지의 고독과 절망 속에서 김정희는 우리가 오늘날 '추사체'라고 부르는 독특한 경지의 글씨를 만들어 냈다. '날이 차가워진 뒤에야 소나무 잣나무의 푸르름을 안다'는 「세한도歲寒圖」도 그 당시 유배지인 제주도에서 그렸는데 그것은 유배지에 있는 동안 정성을 다해 연경에서 구한 책을 보내 준 이상적李尙迪에게 준 것이다. 그 무렵 그의 동생 명희에게 보낸 편지 한 편을 보자.

> "가시 울타리를 치는 일은 이 가옥 터의 모양에 따라 하였다네. 마당과 뜨락 사이에서 또한 걸어다니고 밥 먹고 할 수 있으니, 거처하는 곳은 내 분수에 지나치다고 하겠네. 주인 또한 매우 순박하고 근신하여 참 좋네. 조금도 괴로워하는 기색이 없는지라 매우 감탄하는 바일세. 그밖의 잡다한 일이야 설령 불편한 점이 있더라도 어찌 그런 것쯤을 감내할 방도가 없겠는가."

기다림과 그리움으로 보낸 세월

그가 제주도에 유배되어 간 지 3년째 되는 1842년 11월 13일 그의 아내 예안 이씨가 세상을 떠났다는 부음을 받는다. 그때 김정희의 마음은 어떠했을까? 몸은 비록 떨어져 있지만 자나깨나 남편을 위해 찬물饌物을 보냈던 아내, 김정희는 그

추사 김정희의 적거 유허비

런 아내에게 이런 편지를 보내곤 했다.

"이번에 보내온 찬물은 숫자대로 받았습니다. 민어는 약간 머리가 상한 곳이 있으나, 못 먹게 되지는 아니하여 병든 입에 조금 개위開胃가 되었고, 어란魚卵도 성하게 와서 쾌히 입맛이 붙으오니 다행입니다. 여기서는 좋은 곶감을 얻기가 쉽지 않을 듯하오니 배편에 4, 5접 얻어 보내 주십시오."

이렇게 수도 없이 보냈던 편지를 이제 다시는 아내에게 보낼 수 없게 된 것이다. 그는 하늘이 무너지고, 땅이 꺼지는 듯한 절망과 슬픔 속에서 시詩 한 편과 가슴에 사무치는 제문을 지었다.

> 월하노인 통해 저승에 하소연해
> 내세에는 우리 부부 바꾸어 태어나리.
> 나는 죽고 그대만이 천 리 밖에 살아남아
> 그대에게 이 슬픔을 알게 하리.

김정희는 아내의 부음 소식을 듣고도 머나먼 타향 유배지에서 갈 수도 없을 뿐만 아니라 살면서도 잘해주지 못한 일들이 떠오르자 위와 같은 시를 지은 것이다. 그 내용은 중매의 신인 월하노인에게 하소연해 다시금 죽은 그의 아내와 부부의 연을 맺게 해달라는 것이었다. 그는 이어서 다음과 같은 제문을 지었다.

> 임인년 11월 을사 삭 13일에 정사에 부인이 예산의 묘막에서 임종을 보였으나, 다음 달 올해 삭 15일 기축 저녁에야 비로소 부고가 바다 건너로 전해져서, 남편 김정희는 상복을 갖추고 슬피 통곡한다. 살아서 헤어지고, 죽음으로 갈라진 것을 슬퍼하고 영원히 간 길을 좇을 수 없음이 뼈에 사무쳐서 몇 줄 글을 엮어 집으로 보낸다. 글이 도착하는 날 그(상청에 드리는 제사)에 인연해서 영구靈柩 앞에 고할 것이다.
>
> (…)
>
> 예전에 일찍이 장난으로 말하기를 부인이 만약 죽으려면 나보다 먼저 죽는 것만 못할 것이니 그래야 도리어 더 좋을 것이라 하면, 가버려서 듣지 않으려고 하였었다. 이것은 진실로 세속의 부녀자들이 크게 싫어하는 것이나 그 실상은 이런 것이니, 내 말은 끝까지 장난에서 나온 것만은 아니었다. 그런데 지금 마침내 부인이 먼저 죽고 말았으니, 먼저 죽은 것이 무엇이 시원하겠는가. 내 두 눈으로 홀아비가 되어 홀로 사는 것을 보게 할 뿐이니 푸른 바다, 넓은 하늘처럼 나의 한스러움만 끝없이 사무치는구나.

1848년 풀려났지만 3년 뒤인 1851년(철종 2) 헌종의 묘천廟遷 문제로 다시 북청으로 귀양 갔다가 이듬해 풀려났다. 『실사구시설』을 저술하였으며, 70세에는 선고묘先考墓 옆에 가옥을 지어 수도에 힘쓰고 이듬해인 1856년에 봉은사奉恩寺에서 구족계具足戒를 받은 다음 귀가하여 세상을 떴다.

여모창 서쪽에는 대정현의 사직단社稷壇이 있었고, 안성 북쪽에 있는 이별동산은 안성 북쪽에 있는 등성이로 대정현감이 떠날 때 이곳에서 이별했다고 하며 이

별동산 북쪽에 있는 들은 오리정五里亭이 있어서 오리정들이라고 부른다. 평등이왓 동쪽에 있는 등성이는 망을 보았다고 해서 망동산이고, 테우리동산 남쪽에 있는 밭은 관솔이 많이 있어서 관솔왓이라고 부른다.

안성 서남쪽에는 수월이라는 기생이 놀았다는 수월이못이 있고, 동네 남쪽에 있는 정호소(더리물이라고도 부름)라는 소沼는 그 깊이가 3백여 길이 되었다고 한다. 안덕면 화순리에 있는 안덕계곡은 일명 창천계곡이라고도 불리는데, 조면암으로 형성된 양쪽 계곡에는 기암절벽이 병풍처럼 둘러 있고, 계곡의 밑바닥은 매끄럽고 결이 고운 암반으로 이루어져 있으며 그 위를 맑은 물이 흘러내린다. 전설에 의하면 옛날 하늘이 울고 땅이 진동하면서 태산이 솟아났는데 그 암벽 사이로 시냇물이 굽이굽이 흘러서 치안치덕治安治德하던 곳이라 하여 안덕계곡이라는 이름을 붙였다고 한다. 예로부터 많은 선비가 찾아 즐기던 곳으로 대정에 유배왔던 추사 김정희金正喜와 동계 정온鄭蘊 등도 이곳에서 젊은 이들을 가르쳤다고 한다.

안성리는 본래 대정군 우면의 지역으로 대정골성 안쪽이므로 동성 또는 안성이라고 불렀다.

고려가 원나라에 복속되어 있을 때, 원나라의 조회를 기다릴 때에 바람을 기다리던 서림포西林浦는 대정현의 서쪽 12리에 있었고, 지금은 사라진 법화사法華寺는 대정현 동쪽 45리에 있었다는데, 그 법화사를 승려 혜일慧日은 다음과 같이 노래했다.

"법화암法華庵 가에 물화物華가 그윽하다. 대를 끌고 솔을 휘두르며 홀로 스스로 논다. 만일 세상 사이에 항상 머무르는 모양을 묻는다면, 배꽃은 어지럽게 떨어지고 물은 달아나 흐른다."

제주도는 한때 유배의 땅으로 수많은 사람들의 한이 서린 곳이었으나 지금은 그들의 숨결이 살아 있는 곳이라서 오히려 자주 찾는 곳이다. 옛 사람들의 숨결이 바람으로 머물러 있는 곳에서 그들이 들려주는 이야기를 귀담아 들으며 보낼 수 있다면 이 얼마나 가슴이 따뜻해질까?

아름답고 유서 깊은 절집인 영주 부석사

▶▶▶찾아가는 길

중앙고속도로 풍기 IC에서 나와 931번 지방도로를 타고 순흥을 지나 부석면까지 이른 뒤, 부석면 소재지에서 좌회전하여 935번 지방도를 타고 주욱 올라가면 부석사 주차장에 이른다. 주차장에서 부석사까지는 500m이다.

40 경상북도 영주시 부석면 부석사

영험을 지닌 신비의 사찰

조선 시대 실학자인 이중환이 지은『택리지』에 다음과 같은 글이 실려 있다.

> "태백산과 소백산 사이에 아름다운 절이 있는데, 신라 때의 절로 부석사浮石寺라는 절이다. 부석사 무량수전 뒤에 큰 바위 하나가 가로질러 서 있고, 그 위에 큰 돌 하나가 지붕을 덮어 놓은 듯하다. 언뜻 보면 위아래가 서로 붙은 듯하나, 자세히 살피면 두 돌 사이가 서로 눌려져 있지 않다. 약간의 빈틈이 있어, 새끼줄을 건너 넘기면 거침없이 드나들어서 비로소 떠 있는 돌인 줄을 알게 된다. 절은 이것으로써 부석사라는 이름을 얻었는데 돌이 뜨는 이치는 이해할 수 없다."

막연한 그리움으로 늘 자리하고 있는 절

누구나 한 번쯤은 가게 되는 곳, 가게 되면 경탄하게 되고 그래서 머물러 살고 싶은 곳, 그곳이 바로 부석사다.

"나는 내가 행복해지는 데 나 자신만으로 충분한, 그러한 순간을 갈망한다."고

고백한 비카르 사보나르의 말이 아니라도 내가 그 자리에 있다는 것만으로도 마치 신神과 마찬가지로 자기 자신만으로 충분한 그런 자리와 시간을 제공하는 곳이다.

부석사를 처음 찾았던 때가 1980년대 말쯤이었을 것이다. 지인의 학교에서 단양의 소백산 등산을 간다고 하기에 얼떨결에 따라나섰지만 나는 금세 후회하고 말았다. 원래가 조용하게 차창 밖을 바라보며 책을 읽다가, 졸다가 하는 나의 여행과는 사뭇 다른 여행이 내게 맞지 않아서였다.

아니나 다를까? 도착하자마자 저녁밥을 먹은 일행들은 잘 놀기 위해 단양으로 나갔고 그때 생각난 사람이 철원에서 군대생활을 할 때 고락을 같이한 전우였다.

지철호, 기억 속에서도 희미한 그 이름을 찾아 114로 전화번호를 물었고 알려준 전화번호로 전화를 걸자, 마침 군대 시절 면회를 와서 결혼에 골인했던 그의 아내가 전화를 받았다. 친구와는 다음날 오후 희방사에서 만나기로 했다. 뒤쳐진 일행들은 상관할 바 없이 희방사에서 친구를 만난 나는 우선 부석사 쪽으로 가자고 차를 몰았고, 내리자마자 주차장에서 5백 미터 거리에 있는 부석사를 단숨에 올라갔다. 영문도 모르는 채 숨이 가쁘게 따라오던 친구가 한 말이 지금도 귓전에 생생하다. "자네는 문화재를 굉장히 좋아하는가 봐!" 그렇게 도착해서 부석사를 바라보고서야 황동규 시인의 시 「겨울의 빛」이 이해가 되었다.

> (…)
> 혹은 소백산맥의 안 보이는 부석사가 되어 떠다니다
> 보이는 부석사를 만날 수 있을 것인가
> 혹은 들리는 부석사가 되어
> 돌계단을 오르며 겨울바람 소리를
> 인간의 귀를 모두 막아도 들릴 수 있게 했을 것인가
> 그리하여 매일 자신으로 태어나는 일을 잠시 멈추고
> 태어나는 일 자체가 될 수 있었을 것인가

태어남, 만남, 그리고 모든 것의 시작이
이루어질 수 있었을 것인가
(…)

한 번 가고 두 번 가고 자꾸만 가도 다시 가고 싶은 절, 부석사는 경상북도 영주시 부석면 북지리 봉황산 자락에 자리 잡고 있다. 신라 문무왕 16년에 속성이 김씨인 의상義相이 창건한 절이다. 의상 스님은 29세에 황복사에서 불문에 들어간 뒤 660년에 당나라로 들어갔다. 장안 종남산 화엄사에서 지엄을 스승으로 모시고 불도를 닦은 의상이 670년에 당나라가 신라를 침공하려 한다는 소식을 전하려고 돌아왔다. 그 뒤 다섯 해 동안 양양 낙산사를 비롯하여 전국을 다니다가 마침내 수도처로 자리를 잡은 곳이 이곳이다.

의상 스님이 이 절에 주석하여 수많은 제자들에게 화엄사상을 가르치고 길러내면서 부석사는 화엄華嚴 종찰로서 면모를 일신하였다.

선묘낭자의 도움으로 창건한 절

이 절에 대한 기록들은 수없이 많다. 그 중 일연스님이 지은 『삼국유사』에 수록된 절의 창건 설화를 살펴보자.

당나라로 불교를 배우기 위해 신라를 떠난 의상은 상선을 타고 등주 해안에 도착했다. 그곳에서 어느 선사의 집에 며칠을 머무는 동안 그 집의 딸 선묘가 의상을 사모하여 결혼을 청하였다. 의상은 선묘의 청을 받아들이지 않자 선묘는 "영원히 스님의 제자가 되어 공부와 교화와 불사를 하는 데 도움이 되겠습니다." 하였다. 의상이 종남산에 있는 지엄을 찾아가 화엄학을 공부하고 신라로 떠나던 날 그가 떠난다는 소식을 전해들은 선묘가 부두에 나아갔으나 배는 이미 멀리 떠난 뒤였다.

선묘는 의상에게 주기 위해 가지고 온 옷가지가 든 상자를 바다에 던지며 "이 상자를 저 배에 닿게해 주소서." 하였더니 그 상자가 물길을 따라 의상이 탄 배에 닿았다.

선묘는 이어서 "이 몸이 용이 되어 의상 스님이 귀국하는 뱃길을 호위하게 하소서." 하고는 바다에 몸을 던졌고 소원대로 선묘는 용이 되어 의상의 무사귀환을 도왔다. 그 뒤 온 나라를 돌아다니던 의상 스님이 부석사에 터를 잡고자 하였다. 하지만 그 당시 부석사 터에는 5백여 명에 이르는 도둑들의 근거지가 되어 있었다. 그 상황을 접한 선묘가 사방 십 리나 되는 커다란 바위로 변하여 도둑들을 위협하자 두려움을 느낀 도둑들이 그 자리를 비웠다. 지금도 부석사의 무량수전 뒤에는 부석이라는 바위가 있는데 그 바위가 선묘인 용이 변했던 바위라고 한다.

이 절에는 의상 스님과 선묘 낭자의 사랑 이야기만 있는 것이 아니고 고려 때 사람인 이인보李寅甫와 한 여인의 사랑 이야기가 『보한재집補閑齋集』에 실려 있다.

부석사 뜬돌

"고려 사천감司天監 이인보는 경주도慶州道 제고사祭告使로서 산천山川을 돌아가며 제사를 지냈는데, 일이 끝나 돌아가던 저녁 무렵에 부석사에 닿았다. 객우客宇가 조용하고 좌우에 사람이 없었는데, 홀연히 한 여인이 언뜻 마루 사이로 보이더니 조금 뒤에 춤추듯 마당을 돌아와서 절을 하였다. 절을 마친 뒤에 스스로 섬돌에 올라 방으로 들어와 앉았다. 이인보는 이상하게 생각했지만 그 여인이 자색姿色이 뛰어났으므로 차마 거절하지 못했다.

여인이 이인보에게 말하기를. "제가 사는 곳은 여기서 멀지 않아요. 높으신 뜻을 혼자 사모해서 왔습니다." 하고서 이인보에게 다가왔다. 그 여인과 사흘 밤을 함께 묵고 역참에서 숙박하고 있는데 그 여인이 하느적하느적 따라왔다. "왜 또 왔소." 하고 묻자 그 여인이 대답하기를, "뱃속에 당신의 아기가 있어요." 다시 하나를 더 하고자 한 것이오." 하였다. 그러다 새벽이 되자 작별을 고하고 흥주興州로 들어갔다. 막 잠자리에 들려고 하는데 여인이 또 왔다. 후환이 될 것 같은 생각이 든 이인보는, 여인을 보고도 못 본 척 상대를 하지 않았다. 그러자 여인은 발끈 화를 내면서 방문을 나갔다. 그때 회오리바람이 땅을 말아 올려 그 집의 문짝하나를 부서뜨리고 나뭇가지를 꺾어 놓고 갔다."

신비하기도 하고 기이하기도 한 사연이 깃든 부석사를 안은 봉황산은 충청북도와 경상북도를 경계로 한 백두대간의 길목에 자리 잡은 산이다. 서남쪽으로 선달산, 형제봉, 국망봉, 연화봉, 도솔봉으로 이어진다.

부석면 소재지에서 탑평마을을 지나면 소백산 예술촌으로 가는 935번 지방도로가 나뉘고 사과나무 과수원 길을 오르면 부석사 주차장에 닿는다. 일주문을 지나면 마치 호위병처럼 양 옆에 은행나무와 사과나무가 서 있고, 당간지주를 지나고 천왕문을 나서면 9세기쯤에 쌓았을 것으로 추정되는 대석단과 마주치고 계단을 올라가면 범종루에 이른다.

범종각은 안양루 아래에 있는 전각으로 건축 연대는 확실하지 않다. 다만 이 건축물은 조선 영조 시대에 영춘永春현감이 자기 관내에 있는 목재를 시주하여서

범종각에서 안양루를 올라서면 피안의 세계에 이른다.

중수하였다는 현판이 남아 있다. 이 범종각에는 종과 운판雲板, 목어木魚, 큰 북 등이 있다. 범종각을 지나면 그 장엄한 돌 축대가 보이고, 그 돌 축대를 지탱하며 안양루가 서 있다. 안양루의 창건 연대는 알 수 없지만 조선 선조 13년에 사명당이 중창하였다는 현판이 있다. 안양문은 무량수불의 세계, 즉 극락세계에 들어가는 문이라는 뜻으로 안양安養은 극락의 또 다른 이름이다.

안양루 밑으로 계단을 오르면 통일신라시대의 석등 중 가장 우수한 석등이라고 평가받고 있는 부석사 석등(국보 제17호)이 눈앞에 나타나고, 그 뒤로 나라 안에서 가장 아름다운 목조건축인 무량수전이 있다. 1916년 해체 수리할 때에 발견한 서북쪽 귀공포의 묵서에 따르면, 고려 공민왕 7년(1358)에 왜구의 침노로 건물이 불타서 1376년에 중창주인 원응국사가 고쳐 지었다고 한다. 무량수전은 '중창' 곧 다시 지었다기보다는 '중수', 즉 고쳐 지었다고 보는 것이 건축사학자들의 일반적인 의견이다. 원래 있던 건물이 중수 연대보다 100~150년 앞서 지어진 것으로 본다면 1363년에 중수한 안동 봉정사 극락전(국보 제15호)과 나이를 다투니 현존하는 가장 오래된 건축물로 보아도 지나치지 않겠다. 이 같은 건축사적 의

미나 건축물로서의 아름다움 때문에 무량수전은 국보 제18호로 지정되어 있다.

무량수전 안에 극락을 주재하는 부처인 아미타불이 모셔져 있다. 흙을 빚어 만든 소조상이며, 고려 시대의 소조불로는 가장 규모가 큰 2.78m의 아미타여래조상은 국보 제45호로 지정되어 있다.

『신증동국여지승람』에 의하면 이 절 동쪽에는 선묘정善妙井이 서쪽에는 식사용정食沙龍井이 있어 가물 때 기도를 드리면 감응이 있었다고 한다.

이 우물들을 두고 박효수朴孝修는 "새 울고 꽃 져서 꽃다운 나이 이우는데, 나그넷길 시간은 빨리도 가네. 어느 날 마셔 보리. 용정龍井의 차맛을, 마루에 가득한 솔과 달 인연을 함께 해보세."라는 시를 남겼다.

자연과 어우러진 부석사의 절 건물들을 바라보면 인간과 자연의 조화가 얼마나 아름다운지를 체감할 수가 있는데, 미술사학자인 최순우崔淳雨(1916~1984) 선생은 「부석사와 무량수전」이라는 글에서 다음과 같이 예찬했다.

> "무량수전 앞 안양문에 올라앉아 먼 산을 바라보면 산 뒤에 또 산, 그 뒤에 또 산마루, 눈길이 가는 데까지 그림보다 더 곱게 겹쳐진 능선들이 모두 이 무량수전을 향해 마련된 듯싶어진다. 무량수전 배흘림기둥에 기대서서 사무치는 고마움으로 이 아름다움의 뜻을 몇 번이고 자문자답했다. (…) '무량수전은 고려 중기의 건축이지만 우리 민족이 보존해 온 목조건축 중에서는 가장 아름답고 가장 오래된 건물임이 틀림없다. 기둥 높이와 굵기, 사뿐히 고개를 든 지붕 추녀의 곡선과 그 기둥이 주는 조화, 간결하면서도 역학적이며 기능에 충실한 주심포의 아름다움, 이것은 꼭 갖출 것만을 갖춘 필요 미美이며, 문창살 하나, 문지방 하나에도 나타나 있는 비례의 상쾌함이 이를 데가 없다. 멀찍이서 바라봐도 가까이서 쓰다듬어 봐도 너그러운 자태이며 근시안적인 신경질이나 거드름이 없다."

부석사 무량수전 위쪽에 서 있는 삼층석탑에서 바라보면 소백산으로 이어진 백두대간이 파노라마처럼 펼쳐지고 석탑을 지나 산길을 한참 오르면 조사당이 있다. 조사당은 국보 제19호로 의상 스님을 모신 곳으로 1366년 원응국사가 중창 불사할 때 다시 세운 것이다. 정면 3칸, 측면 1칸인 이 건물은 단순하여서 간결한 아름다움이 돋보인다. 또한 조사당 앞에는 의상스님의 흔적이라는 나무가 있는데 본래 이름이 골담초라고 하는 선비화가 『택리지』에 다음과 같이 실려 있다.

"절 문밖에는 생모래 덩어리가 있는데, 옛날부터 부서지지도 않고, 깎으면 다시 솟아나서 살아나는 흙덩이 같다. 신라 때의 승려 의상이 도를 통하고 장차 서역 천축국에 들어가려고 할 때 기거하던 방문 앞 처마 밑에다 지팡이를 꽂으면서 '내가 여기를 떠난 뒤에 이 지팡이에서 반드시 가지와 잎이 날 것이다. 이 나무가 말라 죽지 않으면 내가 죽지 않은 줄로 알아라.'고 하였다. 의상이 떠난 후에 절 중창 밖에서 곧 가지와 잎이 돋아났는데 햇빛과 달빛은 받으나 비와 이슬에는 젖지 아니하고 늘 지붕 밑에 있으면서도 지붕을 뚫지 아니하고, 겨우 한 길 남짓한 것이 천년을 하루같이 살고 있다. 경상감사 정조鄭造가 절에 와서 이 나무를 보고 '선인이 짚던 것으로 나도 지팡이를 만들고 싶다.' 하면서 톱으로 자르게 한 뒤 가지고 갔다. 그러나 나무는 곧 두 줄기가 다시 뻗어나서 전과 같이 자랐다. 인조 계해년(1623)에 정조는 역적으로 몰려 참형을 당하였다. 나무는 지금도 사철 푸르며, 또 잎이 피거나 떨어짐이 없으니 스님들은 비선화수飛仙花樹라 부른다. 옛날에 퇴계 선생이 이 나무를 두고 읊은 시가 있다."

옥과 같이 아름다운 이 가람의 문에 기대어 스님의 말씀을 들으니
스님의 말은 지팡이가 신령스러운 나무로 화했다 한다.
지팡이 머리에 스스로 조계수(중국 광동에 있는 냇물)가 있어서
하늘이 내리는 비와 이슬의 은혜를 입지 않는구나.

절 뒤편에 있는 취원루는 크고 넓으며 아득한 것이 하늘과 땅의 한복판에 솟아 난 듯하고, 기개와 정신이 남자답게 경상도를 위압할 듯하며, 벽 위에는 퇴계의 시를 새긴 현판이 있다.

그러나 『택리지』에 나오는 취원루는 지금은 사라지고 없지만 『순흥읍지』에 의하면 무량수전 서쪽에 있었다고 한다. 그 북쪽에 장향대, 동쪽에는 상승당이 있었다고 하고, 취원루에 올라서서 바라보면 남쪽으로 3백 리를 볼 수가 있다고 하며 안양 문 앞에 법당 하나가 있었다고 한다.

또한 일주문에서 1리쯤 아래쪽으로 내려간 곳에 영지가 있어서 "절의 누각이 모두 그 연못 위에 거꾸로 비친다."고 하였다. 물에 비친 부석사의 아름다움을 상상해 보는 것만도 가슴 설레는 일이지만 150여 년의 세월 저쪽에 있었다는 영지는 지금은 흔적조차 찾을 길이 없으니 그 또한 애석하기 그지없는 일이다.

그러나 부석사는 누가 뭐래도 우리나라에서 기이한 옛 모습을 가장 많이 간직한 절이다. 부석사 아랫마을 사과밭에 과일이 주렁주렁 열리는 가을이나 사과꽃이 피는 봄날이거나를 막론하고 그 일대는 언제 가 봐도 신비롭고 아름다운 곳임이 틀림없다.

허무거리라고 불리는 신기新基마을, 신기 동쪽에 있는 방동마을, 갓띠(북지리)마을, 갓띠 남쪽에 있는 속두들(송고)마을이 부석사 부근에 있는 마을들이다.

"가 본 부석사와 못 가본 부석사가 만나 서로 자리를 바꾸는 광경이 나타난다."고 황동규 시인이 노래했던 것처럼 마음속으로 그리는 부석사와 눈으로 보는 부석사, 그리고 오래 머물면서 보는 부석사는 무어라 설명할 수 없는 깊이가 있다.

언제나 늘 그랬듯이 등 뒤로 점점 멀어지다가 이내 사라지는 부석사를 하염없이 바라보고 또 바라보면서 아쉬운 발길을 돌린다.

부석사 부근에 집 한 채 장만하고 시간이 허락할 때마다 절을 오르내린다면 얼마나 가슴이 청량해질까?

외암 민속마을의 풍덕 고택

▶▶▶찾아가는 길

경부고속도로 천안 IC를 거쳐 오는 방법과 서해안 고속도로 서평택 IC를 경유해 오는 방법이 있다. 온양온천역에서 외암마을까지는 20~30분이 소요되며, 온양에서 100번 시내버스를 타도 된다.

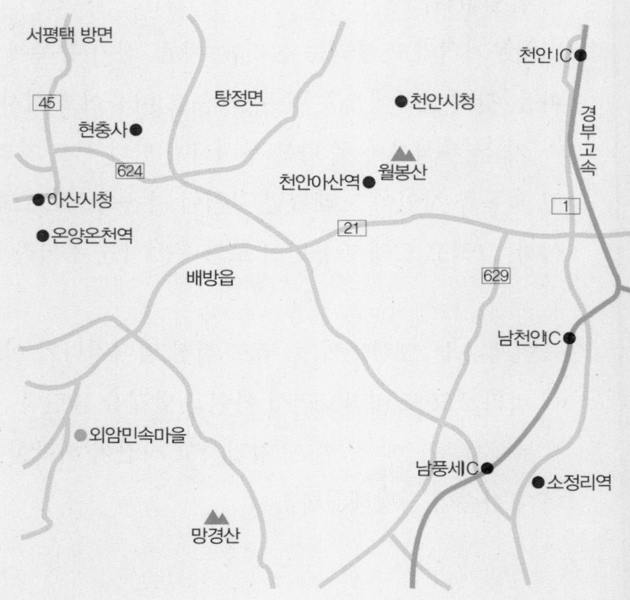

41 충청남도 아산시 송악면 외암 민속마을

오래된 추억들이 떠오르고 사라져 가는 마을

답사 길에 시간이 허락하면 꼭 들러서 오는 곳이 나라에서 지정한 민속마을이다. 그 마을에 들어가면 잘 지어진 기와집과 초가집들이 옹기종기 모여 있기도 하고, 멀찌감치 떨어져서 그 자태를 뽐내고 있다. 그곳이 답사에 관계가 있건 없건 개의치 않고, 위풍도 당당한 솟을대문을 열고 들어가면 마치 내 집에 들어선 것처럼 편안하다.

언제든지 문을 열고 들어가면 나를 반기는 옛집의 사랑채나 안채 대청마루에 걸터앉아 나는 세상에 지친 내 정신을 잠시라도 쉬게 한다.

이런 곳 중의 한 곳이 충남 아산시 송악면에 있는 외암 민속마을이다. 송악면 외암리는 조선 시대 시흥역이 있을 때 말을 가두어 먹이던 곳이므로 오양골이라고 부르던 곳으로 500여 년 전에는 강씨姜氏와 목씨睦氏가 살았다고 전해진다. 그 뒤 조선 명종 때 장사랑將仕郎을 지낸 이정李挺 일가가 낙향하여 이곳에 정착하면서 예안禮安 이씨李氏의 400여 년에 이르는 집성촌이 되었다. 그 뒤 이정의 6대손이자 조선 숙종 때 학자인 이간李柬(1677~1727)이 설화산雪華山의 우뚝 솟은 형상을 따서 호를 외암巍巖이라 지은 뒤 마을 이름을 외암으로 부르게 되었다. 그 뒤에 마을이름은 한자만 다른 외암으로 바뀌었다.

마을의 주산은 설화산이고, 멀리 남서쪽에 서 있는 봉수산(옛 이름은 송악산)이 조산朝山이며 마을 남서쪽에 자리 잡은 면잠산이 안산案山이다. 광덕산에서 설화산으로 이어진 산줄기가 좌청룡이 되므로 이 지역 사람들은 외암리의 내맥을 회룡고조回龍顧祖의 형국으로 해석하고 있다. 이 산은 충청남도 아산시 좌부동과 송악면, 배방읍에 걸쳐 있는 해발 441m인 산인데, 이중환이 지은 『택리지』에 이 아산과 설화산 부근에 대해 다음과 같이 실려 있다.

> "차령에서 서쪽으로 뻗어 나간 산줄기가 북쪽으로 떨어져 광덕산廣德山이 되었으며, 다시 떨어져 설라산雪羅山(설화산)이 되어 온양의 동쪽에 자리 잡고 있다. 민중보전閩中莆田의 호공산壺公山(중국 복건성 포전현 남쪽에 있는 산)과 같이 하늘 높이 빼어나 그 모습이 우뚝한 홀笏(벼슬아치들이 임금을 만날 때 손에 쥐던 물건으로 상아홀과 목홀이 있음)과 같은 모습인데, 이 산과 비슷하다. 이 산을 '동남쪽에 있는 길방吉方(길한 방위)'이라고 하는 것은, 아산과 온양 등의 여러 고을에서 높은 벼슬을 지낸 사람과 학문으로 이름을 날린 선비가 많이 나기 때문이다."

이른 가을부터 늦은 봄까지 눈이 덮여 장관을 이룬다고 해서 설화산이라고 불리는 이 산은 대한민국의 명산인 설악산과 그 의미가 같다.

"한가위에 덮이기 시작한 눈이 하지夏至에 이르러 녹는다 하여 설악雪嶽이라 한다." 『신증동국여지승람』에 실린 글이다.

산 정상은 붓끝같이 뾰족한 봉우리가 솟아 있어서 그 기세가 매우 영특하고 산세가 아름답기 때문에 문필산文筆山으로도 불리는데, 이 산기슭에서 인물이 많이 난다고 한다.

그런 조건을 갖춘 지역이라 설화산 북쪽 산기슭에 최영 장군의 손자사위이며 조선 시대 정승이자 청백리로 이름이 높았던 맹사성孟思誠이 살았던 고택 맹씨 행

외암마을의 민가

단이 있고, 남쪽 산기슭 아래 외암민속마을이 있다.

외암리 민속마을의 전체 가구 수는 모두 60여 가구로, 20채의 기와집과 30채쯤의 초가집이 고루 뒤섞여 있는데, 대개 100년에서 200여 년쯤 되었다.

마을 전체 집들을 둘러싼 돌담은 흙을 채우지 않고 막돌을 허튼층쌓기(규칙 없이 아무렇게나 쌓는 방법)로 쌓았는데, 이 아름다운 돌담을 이으면 약 5.3km나 된다.

외암민속마을에 들어서서 광덕산에서 흘러내려 온 앞내를 건너며 바라본 마을 풍경은 아늑하면서도 평화롭다. 이 마을은 서쪽이 낮고 동쪽이 높은 지형 조건이라 다른 전통 마을과는 약간의 차이가 있다. 하지만 약간 부족한 것을 마을 왼편에 자리 잡은 소나무 숲과 마을 북서쪽에 울창한 소나무 숲을 조성하여 보완하였다. 집은 거의 서남향 또는 남향으로 지어졌으며 마을 앞으로 작은 내가 흐르고 있다. 하지만 전통 풍수風水에서 말하는 전형적인 '배산임수背山臨水' 지형이 아닌 것을 이 땅을 살았던 사람들이 보완하여 살기 좋은 곳으로 만든 것이다.

배산임수의 '배산背山'은 '뒤로 산을 등지고 있다'는 뜻이고, '임수臨水'는 '앞으로 강, 시냇물, 연못 등의 물을 내려다보거나 물에 닿았다'는 뜻이다.

설화산이 병풍처럼 그늘을 드리운 곳에 자리 잡은 외암마을은 드넓은 평야와 물이 어우러져 예로부터 사람이 살기에 적당한 곳이었다. 이러한 곳에 자리를 잡은 마을을 두고 홍만선洪萬選(1643~1715)은 『산림경제山林經濟』에 다음과 같이 평했다.

> "치생을 함에 있어서는 반드시 먼저 지리를 가려야 한다. 지리는 물과 땅이 아울러 통하는 곳을 최고로 삼는다. 그러므로 뒤에 산이 있고 앞에 물이 있으면 곧 훌륭한 곳이 된다(治生必須先擇地理 地理以水陸並通處爲最 故背山面湖乃爲勝也)"

사람이 살기 좋은 곳을 풍수에서는 '좋은 터'라고 부르는데, 그 '좋은 터'는 뒷산에서 흘러들어온 기氣가 모인 곳이다. "기는 바람을 타면 흩어지고, 물을 경계로 하면 멈춘다. 옛사람이 기를 모아 흩어지지 않게 하고, 기가 다니게 하다가 멈추고자 하여 이를 풍수라 불렀다.(氣乘風則散 界水則止 古人聚之使不散 行之使有止 故謂之風水)"

중국 동진(東晋)의 풍수사인 곽박郭璞(276~324)이 지은 『장서葬書』에 실린 글로 배산임수에 자리 잡은 터는 바로 이러한 지세를 말하는 것이다.

그렇다면 조선 시대에 사대부들이 살만한 곳을 찾아다닌 뒤 『택리지』라는 명저를 남긴 이중환이 생각한 '사람이 살만한 땅'은 어떤 곳이었을까?

> "사람이 살만한 곳을 고를 때는 첫째로 지리地理가 좋아야 하고, 다음 그곳에서 얻을 경제적 이익, 즉 생리生利가 있어야 하며, 다음 그 고장의 인심이 좋아야 하고, 또 다음은 아름다운 산수가 있어야 한다. 이 네 가지에서 하나라도 충족시키지 못한다면 살기 좋은 땅이 아니다. 지리는 비록 좋아도 그곳에서 생산되는 이익이 모자란다면 오래 살 곳이 못 되고, 생산되는 이익이 비록 좋

을지라도 지리가 좋지 않으면 이 또한 오래 살 곳이 못 된다."

이중환은 사람이 살만한 곳을 선택하는 데 꼭 필요한 조건을 갖춘 곳이 외암리 일대였다.

그렇다면 서양에서는 어떤 곳을 사람이 살만한 곳으로 보았을까? 아리스토텔레스는 『정치학』에서 이상적인 삶터를 잡을 때 보아야 할 네 가지 조건을 이렇게 제시했다.

첫째는 생태적으로 건강한 곳, 둘째는 동풍을 받을 수 있는 곳, 즉 동쪽을 향한 경사면이거나 겨울에 북풍을 피할 수 있는 남향, 셋째는 군사적인 이유로 외부인은 쉽게 접근하기 어렵고 거주민들은 쉽게 탈출할 수 있는 곳, 넷째는 수원의 공급이 원활한 곳.

마을 입지 조건이 좋고 일조량이 많으며 겨울에 북서계절풍울 막아 주는 등 지형적 이점이 있어 일찍부터 마을이 형성된 외암 민속마을은 2000년 1월 7일에 중요민속자료 제236호로 지정되었다.

마을에 들어서자 눈에 들어오는 풍경이 울창한 소나무 숲과 돌담 너머로 보이는 기와집과 초가집들, 그리고 550년이 넘었다는 커다란 느티나무가 한눈에 들어온다.

"사람이 나무를 지나갈 때, 그 나무가 있고, 나무를 사랑한다는 사실에 행복해하지 않고, 어떻게 나무 옆을 지나갈 수 있는지, 나는 이해할 수 없다. 삶의 매 걸음마다 방탕아까지도 경이롭게 느끼는 놀랄 만한 일들이 얼마나 많은가?"

도스토예프스키의 글을 떠 올리며 바라보는 나무는 건장한 사내를 보는 것 같다. 이 마을 사람들은 매년 정월 열나흘에 이 나무에서 장승제를 지내고 느티나무

제를 지낸다. 골목길을 걷다가 보니 천연염색을 하는 집이 보이고 이 집 주인인 장석미 씨(53세)의 지도하에 유치원 아이들이 치자열매로 물을 들이고 있다. 그 작은 손으로 하얀 천이 노란빛으로 물드는 그 경이로운 풍경을 바라보자 문득 떠오르는 중국 시인 황경인의 「술에서 깨어나」라는 시 구절이 있다.

꿈속에 치자꽃 향기 살랑 코끝을 스치더니
눈을 뜨니 베갯머리 한기가 서리네.

그래. 봄이 엊그제인 듯싶었는데, 그새 가을이로구나. 돌담을 따라 천천히 걸어가자 눈에 띄는 집이 풍덕댁이다. 풍덕이라면 함경도 지명인데, 왜 이런 이름이 지어졌을까? 궁금해서 들어가자 이 집의 안주인이 청국장을 쑤고 있었다. 이 집이 바로 아산시에서 농가맛집 사업장으로 지정한 풍덕고택이다.

"어째서 이 집을 풍덕고택이라는 이름으로 부릅니까?" 물었더니 "저희 7세 선조인 이택주 어르신께서 함경도 풍덕 군수를 지내셔서 풍덕댁이라는 택호가 지어졌어요." 하신다.

그 집에서 참판댁은 멀지 않다. 1984년 12월 24일 중요민속자료 제195호로 지정된 참판댁은 19세기 말 규장각의 직학사와 참판을 지낸 이정렬李貞烈이 고종에게 하사받아 지은 집이다. 이 집, 큰집의 사당과 작은집의 대문채, 사당은 20세기 초에 건립한 것으로 보인다.

동남향에 지은 큰집과 서남향에 지은 작은집이 담장을 사이에 두고 이웃하여 따로 곽廓을 이루면서 자리 잡고 있다. 큰집은 솟을대문이 시설된 一자형 대문채 뒤편에 사랑채와 곳간채가 안채와 함께 안마당을 둘러싸면서 ㅁ자형을 이루고 있다.

이 집은 큰집의 대문간 앞으로 돌담을 내 쌓아 고샅처럼 공간을 연출하였다. 그뿐만 아니라 대문채는 사랑채의 정면을 바라볼 수 없도록 서쪽으로 틀어져 있고, 사당은 안채의 서북쪽 뒤편에 자리 잡고 있다.

자연을 고스란히 끌어들인 아름다운 송화댁의 정원

사랑채에 앉아서 타작을 위해 마당에 널어놓은 들깨 다발들을 보며 옛 기억들을 떠올려 본다. 잘 익은 홍시도 따야 하지만 콩도 뽑아야 하고, 수수도 베고, 도토리도 주워야 하고 눈코 뜰 새 없이 바쁘던 그 사람들, 그 손길은 지금 어디쯤 가고 없는지….

한편 이 집에서 대대로 이어오는 가주인 엽연주는 찹쌀로 빚은 누룩에 연뿌리와 줄기 잎을 넣어 만드는 술로 무형문화재 제11호로 지정되어 있다.

외암 이간을 모신 외암 사당을 지나 고샅길을 내려오자 만나는 집이 송화댁松禾宅이다.

대문채에 들어서자마자 울창한 나무숲이 우거져 마치 숲으로 들어선 듯한 느낌이 드는 정원이다. 넓은 대지에 낮은 둔덕을 이용해 자연스레 조성한 정원 사이로 사랑채와 안채인 살림채가 자리 잡고 있다.

이 집의 정원은 건재고택이나 교수댁처럼 정자를 갖춘 정제된 정원은 아니다. 하지만 작은 언덕과 집 가운데를 흘러가는 냇물의 흐름은 자연스럽기가 그지없다. 음양을 주제로 한 조선 후기의 반가 정원으로 이름난 고택인 이 집은 순조

純祖 10년 식년시에 진사를 지낸 이사종의 9세손으로 호사 초은樵殷 이장현李章鉉(1779~1841)이 지은 집이다. 그가 송화 군수를 지냈으므로 송화댁이라는 택호가 붙여진 것이다.

나라 안의 수많은 사대부 집들에 울창한 나무숲을 조성한 경우는 별로 없는데 이렇게 마을과 집들에 나무들을 많이 심은 것 또한 마을의 허한 부분을 채우기 위해서였다. 그런데 이 집 주인은 집을 가운데 두고 나무 숲 우거진 정원을 자연스럽게 연출하는 놀라운 안목을 지닌 사람이었음에 틀림이 없다.

송화댁의 정원은 설화산 계곡 물을 집 안에 끌어들여 정원을 갖춘 외암마을 사대부가 중에서 가장 자연스러운 멋을 지니고 있는데, 이 집만 그러한 것이 아니다. 이 마을 전체가 설화산 계곡에서 흘러내린 개울물을 모든 집에서 사용할 수 있도록 냇물이 들어오는 입구를 주택지의 가장 뒤로 정해 놓았던 것이다.

물은 마을의 집집을 휘감아 돌고 나서 마을 앞에 앞내로 들어가는데, 겨울철에는 물길을 막아서 수로가 파손되는 것을 막았다.

이 마을 사람들이 어떤 연유로 마을 안에 수로를 만들었을까? 그것은 마을의 주산인 설화산의 이름에 들어 있는 화의 발음이 불 화火 자와 비슷하다고 여겨 화기火氣를 제압하기 위해 물을 마을 안으로 끌어들였다는 것이다.

필자가 태를 묻은 고향, 흰바우마을에도 마을 앞 집집마다 거쳐서 지나가는 작은 냇물이 있었다. 백운의 진산인 덕태산(전북 진안군)에서부터 시작된 시냇물이 아버지의 외갓집과 동네 고모집, 그리고 현자네 집과 상관이네 집을 지나 영진이, 영수 당숙네 집을 거친다. 그리고 마을 앞들을 적신 뒤 큰 냇가로 들어가서부터 흰바위마을 백운동천을 흘러서 섬진강의 본류로 들어갔다.

마을 사람들 모두가 다 그 물에서 나물을 씻고 빨래를 했으며, 그 물에서 세수를 하였고, 밤중에는 목욕을 하기도 하였다. 할머니는 매일 아침 물동이를 이고서 물을 길어오면 그 물이 가라앉기를 기다려 하얀 사발에 정갈한 물[清水] 한 그릇을 떠 놓고 내가 알아듣지 못할 소리로 무엇인가 소원을 빌었다.

지금 생각해 보면 이러한 마을들이 이중환이 『택리지』에서 언급한 지리를 잘 활용한 경우라고 볼 수 있는데, 이중환이 언급한 '지리'의 내용을 살펴보자.

> "어떤 방법으로 지리를 살펴볼 수 있을 것인가. 제일 먼저 물이 흘러나오는 수구水口를 보고, 다음 들판의 형세를 본다. 다음에는 산의 생김새를 보고, 다음에는 흙의 빛깔을, 다음에는 앞에 멀리 보이는 높은 산과 물, 즉 조산朝山과 조수朝水를 본다. 물이 흘러나오는 곳이 엉성하고 넓기만 한 곳은 아무리 좋은 밭과 넓은 집이 있다 하더라도 다음 세대까지 이어지지 못하고 저절로 흩어져 없어진다. 그러므로 집터를 잡으려면 반드시 수구가 꼭 닫힌 듯하고, 그 안에 들이 펼쳐진 곳을 골라서 구해야 할 것이다."

이와 같이 사람의 손길을 최대한 배제하고 자연을 그대로 살려 만든 이 정원은 한옥과 잘 어울리는 한국 전통 정원의 대표적인 예라고 볼 수 있다.

송화댁을 나와 다시 돌담길을 천천히 내려오면 만나는 고택이 1998년 1월 5일 중요민속문화재 제233호로 지정된 아산건재고택牙山建齋古宅이다. 이 집은 조선 숙종 때의 문신 이간(1677~1727)이 태어난 집을 조선 후기인 고종 6년(1869)에 현 소유자의 증조할아버지인 건재建齋 이상익李相翼(1848~1897)이 현재의 모습으로 건립하였다. 이상익이 전라도 영암 군수를 지낸 바 있어 택호를 영암댁靈岩宅이라고도 부른다.

마을 중심에 서남향으로 배치되어 있는 이 집은 평지에 가까운 대지에 행랑채를 두고 그 안쪽에 '一'자형 사랑채와 'ㄱ'자형 안채, 그리고 부속채가 안마당을 가운데 두고 튼 'ㅁ'자 집을 하고 있다.

사랑채 앞은 넓은 마당이 펼쳐져 있는데, 연못을 조성하고 정자를 지어 아름다운 정원을 만들었다.

사랑채 앞마당을 빈 곳으로 두거나 화단을 조성하여 나무를 심는 우리나라 전통 정원과 달리 이 집은 자연경관을 위주로 한 정원을 만들었다. 설화산 계곡에서 흐르는 냇물이 마당을 거쳐 연못으로 흐르게 하면서 그 사이사이에 소나무와 은행나무 그리고 감나무 등의 나무들을 마당 전체에 자연스럽게 배치했다.

우리나라의 정원과 일본의 정원을 절충하여 조성한 건재고택의 정원에는 두 개의 정자가 세워져 있어 사대부들의 휴식공간으로 활용되었음을 미루어 짐작할 수 있다.

이 집안에는 조상 대대로 전해져오는 고서와 화첩 등 유물 300여 점이 보관되어 있다. 그중 사랑채에 보관되고 있는 이 마을에 터를 잡았던 '이간李柬'의 교지는 '입향조入鄕祖'의 근거자료가 되고 있다.

이 집은 조선 후기 충청도 일대의 사대부들이 짓고자 했던 전형적인 건축으로, 외암리 민속마을에서 가장 잘 지어진 한옥이다.

이 집에서 서쪽으로 난 길을 올라가면 설화산 쪽으로 교수댁이라고 부르는 집이 있다. 이 집은 이사종의 13세손인 이용구가 경학으로 성균관 교수를 지냈다고 하여 이름 붙은 집으로 지금은 그 원형이 사라지고 없지만 예전에는 사랑채는 물론 안채에 연못까지 갖춘 큰 규모의 집이었을 것으로 추정하고 있다. 이 집의 다른 점은 이 마을의 다른 집들과 다르게 나무나 돌 등 자연을 주제로 정원을 만들지 않고, 절에서 볼 수 있는 부도浮屠나 연자방아와 주춧돌 등의 석재물들이 여기저기 놓여 있다.

오래도록 세월의 무게가 내려앉은 돌각담장이 펼쳐 놓으면 5km가 넘는다는 외암마을을 따라 이런 이야기도 전해지고 저런 이야기도 전해져 온다. 그 이야기를 따라 가다가 마을 숲을 만나기도 하고, 연자방아나 디딜방아, 그리고 숲에서 그네 뛰는 아이들을 만난다. 그렇게 마을 고샅을 어정거리다가 찾아든 집이 신창댁이다.

외암리 민속마을에서 유일하게 식사를 할 수 있는 신창댁에 들어서자 반기는 것이 구수하게 익어가는 청국장 맛이고 노란 은행알들이다.

구워 먹어도 좋고 밥에 넣어도 맛이 좋은 은행들을 몇 알 만지며 "저녁 먹을 수 있어요?" 하고 물으면 "예!" 하고 나오는 초로의 할머니,

"어디서 시집오셨어요?"

"스물세 살 때 세종시에서 왔어요."

"신랑 얼굴을 보시고 시집오셨어요?"

"맞선 보고 시집 안 오려고 했어요."

"왜요?"

"총각 얼굴이 형사처럼 무섭게 생겨서 시집 안 간다고 했어요. 그랬더니 얼굴은 무섭게 생겼어도 마음은 비단결보다 고우니까 시집가도 괜찮다고 해서 왔는데 정말로 신랑이 너무 착해서 아무 탈 없이 47년간을 잘 살았어요."

마음이 고와야지, 얼굴 가지고 어떻게 사람을 알겠나. 보우스님의 『태고화상어록』 중 한 구절이 떠오른다.

"달이 연못을 비침에 둘도 아니요, 연못이 달을 비침에 하나가 아니니, 둘도 아니고 하나도 아님이여, 곧 마음이로다."

그 사이에 밖에 나갔던 신랑이 들어오는데, 노부부의 모습이 잘 익은 간장처럼 느껴지는 것은 한세상을 같이 산 연륜 때문인 걸까?

돌담과 한옥 초가집이 자연스레 어우러진 마을이 외암리 민속마을이다.

은행 넣은 햇쌀밥에 구수한 청국장을 곁들여 차린 한 상을 다 먹고서 밥값을 물으니 5천 원이란다.

"왜 이렇게 가격이 싸요?"

"손님들이 7천 원 받아도 되겠다고 하는데, 용돈이나 하려고 하니 그 정도만 돼요."

어딘가 느린 것 같기도 하고 아닌 것 같기도 한 충청도 사투리가 정겨운 신창댁을 나와 허수아비가 반기는 마을 앞 논두렁에 서서 바라보는 외암마을에 해가 지고 있다.

『오래된 미래』라는 책의 제목처럼 외암마을은 여러 가지를 보여 주고 느끼게 한다. 잘난 것은 잘 난 것대로, 못난 것은 못난 것대로 제각각의 의미를 보여주는 곳, 그래서 "못난 놈들은 못난 놈 얼굴만 봐도 좋다"라는 속담의 의미가 아니라 모든 것이 서로 어우러지고 공존하는 곳, 오래된 것들이 더 사랑스러운 마을이기도 하다.

외암마을의 오래 묵은 돌담길에 줄지어 선 과일나무들, 잘 익은 홍시에다, 수확이 끝난 대추와 호두나무를 바라보는 사이 잊었던 옛 기억이 주마등처럼 떠올랐다. 어린 시절, 내 일과는 이 감나무에서 저 감나무로, 대추나무에서 호두나무로 이어지는 노정이었다.

옛사람들의 생활상을 쉽게 찾아볼 수 있고 체험할 수 있는 마을, 어느 집을 가건, 그 집을 살다간 삶의 흔적이 남아 있고, 전통과 현대가 공존하는 마을이 외암마을이다.

그뿐만이 아니다. 자연 속에 초가집과 기와집이 절묘한 조화를 이루고 있는 마을이라 어정거리기 좋고, 느리게 소요하기 좋은 마을, 이 마을에서 광덕산 쪽으로 조금 올라간 곳 아산시 송악면 강당리講堂里다.

이간李柬과 윤혼尹焜이 관선재를 짓고 후진을 양성하던 곳으로 순조 때 외암서원巍岩書院으로 고쳐서 이간과 윤혼을 배향하였다. 그 뒤 고종 때 헐리고 지금은 강당사가 있으므로 강당리가 되었다.

강당골 주차장 근처 앞 냇가에 용이 하늘로 오르다가 떨어져서 물이 많을 때는 실이 한 타래가 들어간다는 용추계곡과 석문이 있다.

가을 해가 저물어가는 외암마을에서 나는 여러 추억이 떠올랐다가 다시 가라앉고 여러 번 되풀이하다 사라져 가는 풍경을 오래오래 바라보고 있었다.